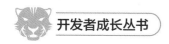
开发者成长丛书

仓颉TensorBoost学习之旅
人工智能与深度学习实战

董昱◎著

清华大学出版社
北京

内 容 简 介

本书以基础知识和实例相结合的方式，详细介绍仓颉 TensorBoost 的基本使用方法和常见技术，从最基本的神经元开始，讲述神经网络的发展历程，以及深度神经网络、卷积神经网络和循环神经网络的基本用法。

全书共 11 章，第 1～4 章介绍仓颉 TensorBoost 的底层逻辑，探寻神经网络的原理；第 5～9 章介绍常用的算子，以及如何通过仓颉 TensorBoost 构建深度神经网络；第 10 章和第 11 章分别介绍卷积神经网络和循环神经网络，并实现图像识别和序列预测。

本书面向仓颉语言初学者，以及神经网络、深度学习的初学者，无论您是否有仓颉语言的编程基础，也无论您是否了解深度学习，都可以打开本书，一览究竟。

图书在版编目(CIP)数据

仓颉 TensorBoost 学习之旅：人工智能与深度学习实战/董昱著.—北京：清华大学出版社，2024.9
(开发者成长丛书)
ISBN 978-7-302-64231-2

Ⅰ.①仓…　Ⅱ.①董…　Ⅲ.①程序语言－程序设计　Ⅳ.①TP312

中国国家版本馆 CIP 数据核字(2023)第 136005 号

责任编辑：赵佳霓
封面设计：刘　键
责任校对：申晓焕
责任印制：刘海龙

出版发行：清华大学出版社
　　　　网　　　址：https://www.tup.com.cn，https://www.wqxuetang.com
　　　　地　　　址：北京清华大学学研大厦 A 座　　　邮　　编：100084
　　　　社 总 机：010-83470000　　　　　　　　邮　　购：010-62786544
　　　　投稿与读者服务：010-62776969，c-service@tup.tsinghua.edu.cn
　　　　质量反馈：010-62772015，zhiliang@tup.tsinghua.edu.cn
　　　　课件下载：https://www.tup.com.cn，010-83470236
印 装 者：三河市人民印务有限公司
经　　销：全国新华书店
开　　本：186mm×240mm　　印　张：22.75　　　　　字　　数：511 千字
版　　次：2024 年 9 月第 1 版　　　　　　　　　　印　　次：2024 年 9 月第 1 次印刷
印　　数：1～2000
定　　价：89.00 元

产品编号：099684-01

前言
PREFACE

近 10 年来,人工智能的发展突飞猛进,针对不同领域、不同数据源的算法层出不穷,形成了百花争艳的局面。各类 AI 产品也在悄无声息地融入我们的日常生活中,为生产与生活带来巨大便利。甚至,AI 被许多学者誉为第 4 次工业革命的重要驱动力。不过,AI 的范畴很大,而其中发展最为迅速,最具有活力的算法就是大名鼎鼎的深度学习,而深度学习的根基则是传统的神经网络。从卷积神经网络、循环神经网络再发展到如今的 Transformer,包括 GPT 系列等语言大模型在内的各类 AI 产品似乎都离不开神经网络的根基。那么,什么是神经网络? 如何构建神经网络? 神经网络又有怎样的优势呢? 本书希望能够给读者一个基本的答案。

仓颉语言是华为公司最新推出的全场景编程语言,包含较为完善的标准库和第三方库,其中,仓颉 TensorBoost 提供了神经网络构建的基本框架,而且其优良的语言特性可以提高神经网络的运行效率。另外,仓颉的语法糖还可以用于简化代码,方便初学者学习。本书是一本面向仓颉语言初学者,以及神经网络、深度学习初学者的书籍,意在提供关于仓颉 TensorBoost 的使用说明书。无论您是否有仓颉语言的编程基础,也无论您是否了解深度学习,都可以打开本书,一览究竟。本书会从最基本的神经元开始,讲述神经网络的发展历程,以及深度神经网络、卷积神经网络和循环神经网络的基本用法。

本书共 11 章,其中第 1~4 章介绍仓颉 TensorBoost 的底层逻辑,探寻神经网络的原理,通过“手搓”代码的方式实现了最为简单的神经网络,即多层感知机;第 5~9 章介绍更加复杂的算子,以及如何通过仓颉 TensorBoost 构建深度神经网络,实现通用性 AI 模型;第 10 章和第 11 章分别介绍两种非常经典且实用的神经网络——卷积神经网络和循环神经网络,并实现了图像识别和序列预测。需要注意的是,自从仓颉 0.39.7 版本以来,仓颉 AI 已经更名为仓颉 TensorBoost。本书采用的仓颉和仓颉 TensorBoost(仓颉 AI)版本为 0.39.4,只是版本和名称不同,绝大多数的 API 仍然保持不变。

素材(源码)等资源:扫描封底的文泉云盘防盗码,再扫描目录上方的二维码下载。

本书的写作得到了华为编程语言实验室和仓颉 for AI 团队的大力支持,感谢华为编程语言实验室仓颉编程语言项目经理王学智、仓颉 for AI 团队主管赵平及仓颉技术专家涂功博士的指导和鼓励。同时,感谢清华大学出版社赵佳霓编辑在本书写作中提出的宝贵意见,感谢我的爱人王娜,以及我的两个儿子董沐晨松、董沐晨阳的支持。限于笔者的水平,本书难免出现疏漏,恳请广大读者批评指正。

感谢读者对本书的支持和鼓励,祝大家身体健康,学有所获!

董 昱

2024 年 8 月

目 录
CONTENTS

教学课件(PPT)

本书源码

第1章

初探深度学习

忽如一夜春风来,短短几年间许多行业掀起了人工智能(Artificial Intelligence,AI)的浪潮,然而,人工智能并不是什么新概念,而是几乎伴随着整个计算机技术的起源和发展。20世纪中叶,人工智能之父图灵(Turing)发表了《机器能思考吗?》(*Can Machines Think?*)论文,并提出了判断计算机是否能够思考的重要判断原则——图灵测试。人工智能的篇章从此拉开了帷幕。随后的几十年,人工智能随着计算机技术一同发展,携手并进。神经网络作为AI领域的重要技术,经历了"三次浪潮"和"两次寒冬":从MP神经元到多层感知机,再到如今如日中天的深度学习,每次跨越不仅依赖于计算机算力的提高,更是数学模型的不断修正和演进。

2023年更是精彩纷呈的一年,短短几个月里许多大模型出现了不可估量的创新和演进,不仅见证了拥有多模态和图片输入的OpenAI GPT-4,也见证了Google PaLM模型、Anthropic Claude模型及Midjourney的更新迭代。在国内,百度和阿里巴巴也分别推出了大语言模型文心一言和通义千问。AI高速发展的步伐让我们拥有更加强大的工具,也逐步走向寻常百姓家。

在人工智能广泛应用的背景下,正在襁褓中的仓颉编程语言从设计之初就在为其AI能力打下坚实的基础,其自动微分的特性更像是对AI领域的一次宣战。在介绍仓颉TensorBoost的具体用法前,本章首先分析常见的基本概念,从历史的角度分析神经网络和深度学习的发展,并介绍几种比较常见的深度学习框架。本章的核心知识点如下:

- 人工智能、机器学习、神经网络、深度学习等基本概念。
- 神经网络的3次浪潮。
- 深度学习框架和MindSpore。

1.1 人工智能的基本概念

本节介绍人工智能、机器学习、神经网络、深度学习等基本概念,以及这些概念之间的关系。

1. 人工智能

什么是人工智能?许多学者给出了不同的定义。这主要因为"智能"这个词本身有一定的争议。或者说,智能具有一定的级别。从最理想的层面说,人工智能应该具有意识,至少应该具有一定的智慧或者学习的能力。可理想和现实总是存在差距的。实用主义认为,人工智能应该能够帮助、辅助人类完成某些复杂的工作,减轻人的工作负担,而从最为广义的角度看,凡是具有能够帮助人类解决某些特定问题能力的载体都可以称为人工智能。从这个角度讲,哪怕是具有计算"1+1=2"能力的计算器都可以在一定程度上划为人工智能的范畴,所以很多企业和媒体找到了"噱头",把一些原本技术含量很低的电子产品"无耻"地向人工智能的概念靠拢。打着人工智能的幌子,卖着非人工智能的产品的例子数不胜数,因此找到人工智能和传统计算机技术之间的范畴边界至关重要。

比较被大众接收的人工智能定义是:人工智能是研究、开发用于模拟、延伸和扩展人的智能的理论、方法、技术及应用系统的一门新的技术科学。一直以来,计算机很容易实现严谨的数学运算,并且效率极高,但是,当面对真实世界中具体的、特殊的事物(现实世界的直观信息)时,传统的计算机算法却难以应付。例如,如图1-1所示的手写数字,对于普通人而言能够清晰、快速且准确地阅读。那么,如果读者通过一个计算机程序来识别这张图像中的数字呢? 恐怕问题就比较复杂了。

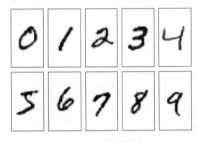

图1-1　手写数字

Ian Goodfellow 等在其著作 *Deep Learning* 中提出"人工智能的真正挑战在于解决那些对人来讲很容易执行,但很难形式化描述的任务"。这就将人工智能的研究主题和传统的计算机技术划开了界限。传统的计算机技术研究抽象的、形式化的问题,例如数学计算、数据分析等,而人工智能面对的问题则是真实世界中的直观性问题,例如图像识别、语音识别、自然语言理解和翻译等。这些问题对于普通人来讲可以根据直觉快速分析和解决,但是很难通过传统计算机算法解决。人工智能的目的就是让计算机像人一样拥有直面真实世界的勇气和智慧,来解决传统计算机算法难以企及的实际问题,例如那些着重于验证过程的领域,如违规信息鉴别、法律审判、病历诊断等。

人工智能和计算机技术如影随形。在18世纪,当人类第1次构思可编程计算机时,就已经在思考如何让计算机变得智能,而现在,人工智能也只是计算机科学的一个分支。不过,笔者并不希望把人工智能局限在计算机领域,而是将其放到更高的站位上。实际上,人工智能是人类对"智能"的探索,理论上可以通过很多不同的"人工"方式实现"智能",例如用生物手段实现脑科学人工智能、用化学的方式实现纳米机器人等。人工智能不仅是单纯的计算机技术,而是涉及数学、物理学、哲学、人类科学、脑科学、神经科学、心理学、社会学等众多领域,甚至人工智能也是一门艺术。只不过,受限于技术发展阶段,当前人工智能的载体只有计算机而已。

2. 机器学习

对于人类来讲,呱呱坠地的新生儿似乎没有任何智慧可言。人类的真正智慧来自经验,来自不断地学习和实践。从人出生开始,就在不断地接触世界、学习生存及生活技能、掌握新的知识。对于人工智能,也需要一个获取经验和知识的过程,这主要包括知识库方法和机器学习方法。

所谓知识库方法(Knowledge Base),就是将关于世界的知识进行人为抽象,并将其硬编码到计算机中,随后计算机通过这些硬编码的数据来理解真实世界。经验告诉我们,这种方法是笨拙且低效的,所以需要让人工智能自己学习,获取并处理关于真实世界的知识,这个过程就是机器学习。

机器学习(Machine Learning,ML)是解决真实世界复杂问题的一盏明灯,是人工智能领域中最能够体现智能的分支。所谓"学习"就是在构建一个具体的数学模型的基础上,通过训练(Training)的方式让这个数学模型的参数发生变化,使其能够通过某些特征来识别和分析事物。根据数学模型的不同,机器学习拥有众多算法,例如分类与回归树(CART)、K 近邻算法、支持向量机(SVM)、随机森林算法、神经网络等。

"学习"的过程就是获取经验和知识的过程,在这个过程中离不开数据。机器学习从旧数据中获得规律,并利用规律对新数据进行预测。这里的旧数据称为训练数据,也称为训练样本(Training Sample);新数据称为测试数据,也称为测试样本(Test Sample)。训练样本就像练习题,不断地向计算机灌输经验和知识,而测试样本就像考试题,检验学习成果。所有的训练样本和测试样本构成了数据集(Dataset)。这些样本从形式上都是一样的,包含了一系列特征和结论。例如,采用机器学习的方法从颜色、形状和光泽等特征来判断其属于苹果还是香蕉,这些样本可能形如表 1-1 所示。这里展示了 6 个不同的样本。样本中,颜色、形状和光泽为特征,类型为结论。在机器学习实践中,根据所学知识的复杂程度,通常需要成千上万个这样的样本。例如,可以随机性地将 80% 的样本作为训练样本,将 20% 的样本作为测试样本参与机器学习研究。当然,也可以根据实际情况调整其比例。

表 1-1　水果数据集

颜色	形状	光泽	类型
红色	圆形	光面	苹果
绿色	椭圆	光面	苹果
深红色	椭圆	褶皱	苹果
黄色	长条形	漫反射	香蕉
绿色	长条形	漫反射	香蕉
黄褐色	长条形	褶皱	香蕉

美国大法官斯图尔特说:关于什么是色情,我永远不可能给出一个明确的定义,但是当我看到它时,我就能认出它。这充分反映了验证过程领域数据分析中的痛点——几乎无法用语言描述分析的标准。这时,只能将我们心目中的标准隐含在大量的样本数据中,输入机器学习框架内,计算机通过样本来拟合我们心目中的标准。

根据训练数据是否具有标记结论信息,机器学习可以分为监督学习(Supervised Learning)和非监督学习(Unsupervised Learning)。监督学习就是在训练样本中标记结论信息,例如分别给出几组香蕉和苹果的图片(训练样本)供计算机学习,其中每张图片都标记了这是苹果或者香蕉的结论,从而让计算机具备分辨香蕉和苹果的能力,如图 1-2 所示。分类(Classification)和回归(Regression)是监督学习的代表,并且本质是相通的。两者主要的区别在于分类面对的数据是离散型数据,而回归面对的数据是连续型数据。

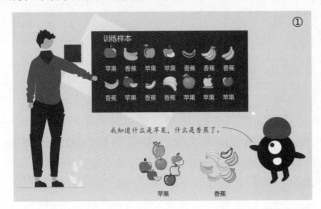

图 1-2　监督学习

非监督学习不会在训练样本中标记结论信息,需要计算机自行寻找特征并分析结论。例如,同样给出几组香蕉和苹果的图片供计算机学习,但是计算机并不清楚哪些是香蕉,哪些是苹果,如图 1-3 所示。通过非监督学习,计算机能够将这些图片分成两类或更多类型。对于新出现的苹果(或香蕉),计算机也能够将其放置到正确的类别中,但是自始至终计算机始终不知道这两类物质究竟是什么东西。Apriori 算法及 K-means 等聚类算法都是典型的非监督学习算法。

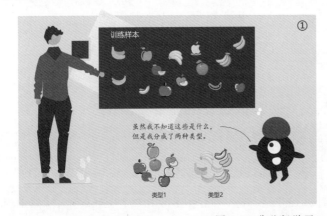

图 1-3　非监督学习

3. 神经网络和深度学习

近年来,最为瞩目的机器学习算法莫过于神经网络(Neural Network,NN)了。这里所讲的神经网络是人工神经网络(Artificial Neural Network,ANN)。ANN 是受到生物学中的生物神经网络(Biological Neural Networks)的启发而设计的机器学习算法。

注意 虽然 ANN 参考了生物学神经网络,但是现阶段 ANN 很难再从脑神经科学中获取更多的灵感。这主要受限于技术手段,我们难以分析人脑中的众多神经是如何连接的,更不要说去指导 ANN 的发展了。

ANN 的基本形式非常简单,由许多模拟的神经元(Neuron)构成,并分布在不同的层次,从而形成网络结构。神经网络和神经元的结构将在 1.2 节中介绍。深度学习(Deep Learning)是一种特殊的神经网络,所谓"深度"是指神经元分布的层次很多,而通过层次很多但很简单的神经网络就可以解决复杂的人工智能任务。

随着对深度学习研究的不断深入,其算法的适用性、准确率和效率十分惊人。深度学习的发展主要得益于两方面:一是计算机性能不断提高,特别是云计算、GPU 技术的进步使深度学习的运算速度大幅提高。二是随着互联网的高速发展,获取海量数据变得容易得多。现如今,深度学习已经渗透到人工智能的各个领域之中,已经是目前人工智能的主流技术。

注意 深度学习不仅可以完成监督学习,也可以实现非监督学习。

人工智能、机器学习、神经网络和深度学习之间存在着包含关系,其范畴及关系如图 1-4 所示。

图 1-4 人工智能、机器学习、神经网络和深度学习之间的关系

1.2 神经网络的 3 次浪潮

本节介绍神经网络将近 80 年的起起伏伏,并从历史发展的角度介绍神经元和神经网络基本结构的不断演进。

1.2.1 第 1 次浪潮:感知机的诞生和应用

20 世纪 40 年代到 20 世纪 60 年代期间,改变世界的控制论诞生且快速发展。控制论(Cybernetics)是研究生命体、机器和组织的内部或彼此之间的控制和通信的科学。此时,许多学者开始通过计算机算法来模拟生物脑神经之间的连接。1943 年,McCulloch 和 Pitts 提出了最早的神经元模型,即 McCulloch-Pitts 神经元(MP 神经元)。神经网络的雏形就此诞生。

1. 生物神经元

为了理解 MP 神经元,首先介绍生物神经元的基本结构。生物中的神经元是高度分化的细胞,除了细胞体以外,还包含了向外延伸的突触。突触能够和其他神经元(或者肌肉细胞等)相连接,并进行细胞间通信。根据功能的不同,突触分为树突和轴突,如图 1-5 所示。

(1)树突:通常接收来自其他细胞的信息,并传递到细胞体。细胞体根据这些信息决定是否发生细胞冲动。

(2)轴突:轴突通常很长,可以将细胞体发生的神经冲动传递到细胞远端,并作用于其他细胞。

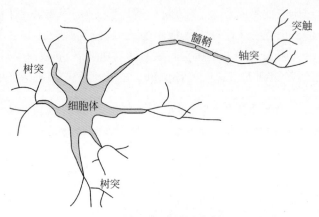

图 1-5　神经元的树突和轴突

神经元通常可以通过树突接收其他多个细胞的信息。这些信息可能是促进性的,也可能是抑制性的。这些信息会共同刺激神经元的细胞体。神奇的是,细胞体似乎有一个阈值,当这些刺激达到这个阈值后,神经元就会发生神经冲动。神经冲动是一种突然发生的电信号,就像神经元突然打了一个喷嚏,通过轴突传递到其他细胞。由于神经突的本质是电信号,而轴突又很长,所以髓鞘细胞会对轴突进行包裹绝缘,这就像一根包裹了绝缘皮的电线一样神奇。更难以想象的是,我们聪明的脑瓜就是由 100 亿左右这样的神经元组成的。

2. MP 神经元

MP 神经元通过线性模型模拟生物神经元。来自其他细胞的信息用 x 表示,并且 x 可以为正,也可以为负,分别用于表示促进性和抑制性的信息。MP 神经元用一个 $f(x,\omega)$ 函数来处理这些信息:

$$f(x,\omega)=x_1\omega_1+x_2\omega_2+\cdots+x_n\omega_n \tag{1-1}$$

其中,$x_1,x_2,\cdots,x_n$ 为信号输入,$\omega_1,\omega_2,\cdots,\omega_n$ 为权重,$f(x,\omega)$ 模拟了细胞体的处理结果。当 $f(x,\omega)$ 超过某个阈值 θ 时,模拟神经冲动,用 1 表示;反之,不发生神经冲动,用 0 表示,即 MP 神经元的输出结果 y 为

$$y=\begin{cases} 1 & \text{当 } f(x,\omega)>\theta \\ 0 & \text{当 } f(x,\omega)\leqslant\theta \end{cases} \tag{1-2}$$

MP 神经元发生神经冲动的过程,也称为神经元激活,其工作流程如图 1-6 所示。

MP 神经元的权重 ω 和阈值 θ 由人工进行设定和调整,所以只能用来解决较为简单的问题。

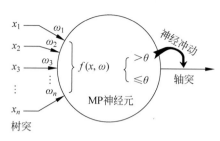

图 1-6 McCulloch-Pitts(MP)神经元

【实例 1-1】 用 MP 神经元根据天气状况和距离情况进行出行决策:因工作需要去往地铁站,如果是下雨天或者距离超过 2km,则打车前往,否则步行前往。

天气状况和距离情况属于决策的两个基本特征。为了方便计算,分别用 0 和 1 表示这两种特征的特征值,如表 1-2 所示。

表 1-2 特征与特征值

特 征	特 征 值
天气状况(x_1)	晴天用 0 表示,雨天用 1 表示
距离情况(x_2)	小于或等于 2km 用 0 表示,大于 2km 用 1 表示

构造具有两个信号输入,并且权重 $\omega_1=1,\omega_2=1$,阈值 $\theta=0$ 的 MP 神经元:当 MP 神经元输出为 1 时,则打车前往;当输出为 0 时则步行前往。下面分成 4 种情况验证 MP 神经元的输出,结果如下:

■ 当晴天且小于或等于 2km,$f(x,\omega)=0\times1+0\times1=0$,此时 $f(x,\omega)\leqslant\theta$,MP 神经元输出 0,步行前往。

■ 当雨天且小于或等于 2km,$f(x,\omega)=1\times1+0\times1=1$,此时 $f(x,\omega)>\theta$,MP 神经元输出 1,打车前往。

■ 当晴天且大于 2km,$f(x,\omega)=0\times1+1\times1=1$,此时 $f(x,\omega)>\theta$,MP 神经元输出 1,打车前往。

■ 当雨天且大于 2km,$f(x,\omega)=1\times1+1\times1=2$,此时 $f(x,\omega)>\theta$,MP 神经元输出 1,打车前往。

可以发现,在当前权重和阈值设置下 MP 神经元可以得到正确的结果。用仓颉语言实现该实例中的 MP 神经元,代码如下:

```
//code/chapter01/example1_1.cj
//MP 神经元
func mp_neuron(x1 : Int64, x2 : Int64) : Int64{
    let w1 = 1                          //权重
    let w2 = 1                          //权重
    let theta = 0                       //阈值
    let f = x1 * w1 + x2 * w2           //计算 f(x,ω)函数
    return if (f > theta) { 1 } else { 0 }   //判断是否激活 MP 神经元

}
```

```
//根据神经元的激活状态,转换为实际的行动
func output_str(res : Int64) {
    if (res == 1) { "打车前往" } else { "步行前往" }
}

main(){
    var res = 0                        //神经元激活状态
    res = mp_neuron(0, 0)              //晴天且小于或等于2km
    println("晴天且小于或等于2km: ${output_str(res)}")
    res = mp_neuron(1, 0)              //雨天且小于2km
    println("雨天且小于2km: ${output_str(res)}")
    res = mp_neuron(0, 1)             //晴天且大于2km
    println("晴天且大于2km: ${output_str(res)}")
    res = mp_neuron(1, 1)             //雨天且大于2km
    println("雨天且大于2km: ${output_str(res)}")
}
```

注意　仓颉语言的相关语法可参见第 2 章的相关内容。

　　MP 神经元用 mp_neuron 函数抽象,包含自定义的两个权重和 1 个阈值。在 main 函数中,为 MP 神经元提供了不同的输入特征值,MP 神经元通过函数返回的方式提供神经冲动结果(激活状态)。最后,通过 output_str 函数将激活状态转换为实际的决策结果。

注意　为了方便,在代码中用英文字母 w 代表希腊字母 ω,后文不再赘述。

　　编译并运行程序,输出的结果如下:

```
晴天且小于或等于2km: 步行前往
雨天且小于或等于2km: 打车前往
晴天且大于2km: 打车前往
雨天且大于2km: 打车前往
```

　　由于 MP 神经元采用操作人员手工方法设置权重和阈值,所以还不具有学习功能,很少在应用中单独使用 MP 神经元。

3. 感知机

　　1958 年,感知机(Perceptron)的诞生让 MP 神经元具有了一定的学习能力,并直接推动神经网络的第 1 次浪潮达到了高潮。感知机的本质就是一个比较简单的神经网络,并且可以自动调整各种参数,从而具备学习能力。

　　为了表述方便,后文用偏置 b 代替 MP 神经元的阈值 θ:

$$f(x) = x_1\omega_1 + x_2\omega_2 + \cdots + x_n\omega_n + b \tag{1-3}$$

　　此时,MP 神经元的输出结果只需判断 $f(x)$ 的正负:

$$y = \begin{cases} 1, & f(x) > 0 \\ 0, & f(x) \leqslant 0 \end{cases} \tag{1-4}$$

　　这种 MP 神经元的工作流程如图 1-7 所示,实际上这种神经元和图 1-6 的 MP 神经元从本质上是一致的,只是表述方式不同而已,但是,图 1-6 的表述方式更加符合线性代数的习

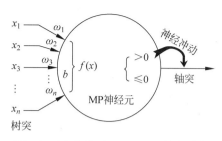

图 1-7 McCulloch-Pitts(MP)神经元的
另一种表述

惯,形式上也更加简单。

感知机需要若干样本进行训练,每次在训练时依次执行以下两个步骤。

(1)计算 $f(x)$ 期望值 r 和实际值 a 的差异,即误差 e:

$$e = r - a \qquad (1\text{-}5)$$

(2)更新权重 ω 和偏置 b:

$$\omega' = \omega + e \times x \qquad (1\text{-}6)$$

$$b' = b + e \qquad (1\text{-}7)$$

【实例1-2】　用感知机根据天气状况和距离情况进行学习并决策出行策略,其具体问题和实例1-1相同,并且天气状况和距离情况的特征值选取同表1-2。

为训练感知机,首先需要构建样本和数据集。在这个实例中,由于样本量很小,并且所有情况可以被穷举,所以训练样本和测试样本共用如表1-3所示的数据集。

表 1-3　出行决策数据集

天气状况(x_1)	距离情况(x_2)	出 行 决 策
晴天(0)	小于或等于2km(0)	步行(0)
雨天(1)	小于或等于2km(0)	打车(1)
晴天(0)	大于2km(1)	打车(1)
雨天(1)	大于2km(1)	打车(1)

通过仓颉语言构建感知机及其训练函数,代码如下:

```
//code/chapter01/example1_2.cj
//感知机
class Perceptron {
    //权重和偏置
    var w1 : Int64
    var w2 : Int64
    var b : Int64

    //构造函数
    init(w1 : Int64, w2 : Int64, b : Int64) {
        this.w1 = w1
        this.w2 = w2
        this.b = b
    }

    //执行感知机
    func run(x1 : Int64, x2 : Int64) : Int64{
        let f = x1 * w1 + x2 * w2 + b        //计算 f(x)函数
        return if (f > 0) { 1 } else { 0 }   //判断是否激活神经元
    }

    //训练感知机
```

```
func train(x1 : Int64, x2 : Int64, r : Int64) {
    let e = r - run(x1,x2)                  //计算误差
    this.w1 = this.w1 + e * x1              //更新权重 ω1
    this.w2 = this.w2 + e * x2              //更新权重 ω2
    this.b = this.b + e                     //更新偏置 b
}

}
```

用 Perceptron 类抽象具有两个权重和 1 个偏置的感知机,并在其构造函数中为其初始化权重和偏置。分别通过 run 函数和 train 函数实现执行感知机和训练感知机的功能。在 run 函数中,计算 $f(x)$ 后并判断其正负,从而判断是否激活神经元。在训练感知机 train 函数中,用预期值 r 和实际值 run(x1,x2)计算误差 e 后,更新各个权重和偏置。

通过全局变量 samples 定义样本数组,其中数组中的每个元组都是一个样本,代码如下:

```
//样本,元组中第 1 个元素表示天气状况,第 2 个元素表示距离情况特征,第 3 个元素表示出行决策
let samples = [(0,0,0), (1,0,1), (0,1,1), (1,1,1)]
```

在 main 函数中,定义并初始化感知器变量 pctr,然后通过 while 循环表达式多次训练感知器。在每次循环结束前都会对感知机进行一次测试,并且当所有的测试样本都能够得到正确结果时,退出循环。函数 main 的代码如下:

```
//code/chapter01/example1_2.cj
main(){
    let pctr = Perceptron(-1, 1, 0)
    //通过循环进行训练和测试
    var iterateCount = 1                    //循环次数
    while (true) {
        println("当前循环: ${iterateCount}")
        //训练
        for (sample in samples) {
            pctr.train(sample[0], sample[1], sample[2])
        }
        //测试
        var flag = true                     //检验成功标志
        for (sample in samples) {
            let res = pctr.run(sample[0], sample[1])
            if (res != sample[2]) {
                flag = false
            }
        }
        println("w1: ${pctr.w1}, w2: ${pctr.w2}, b: ${pctr.b}")
        //通过测试,结束循环
        if (flag) {
            println("测试成功!")
            break
        }
        iterateCount ++
    }
}
```

编译并运行程序,输出的结果如下:

```
当前循环: 1
w1: 0, w2: 1, b: 1
当前循环: 2
w1: 1, w2: 1, b: 1
当前循环: 3
w1: 1, w2: 1, b: 0
测试成功!
```

可见,当初始化权重和偏置分别为 $\omega_1=-1,\omega_2=1,b=0$ 时,通过 3 次循环即可将感知器收敛到可用状态。实际上,无论将权重和偏置改动到何值都可以在有限次数的循环中将感知机收敛。例如,当将权重和偏置分别设置为 $\omega_1=-50,\omega_2=50,b=50$ 时,可在 101 次循环后收敛,输出的结果如下:

```
当前循环: 1
w1: −49, w2: 50, b: 50
当前循环: 2
w1: −48, w2: 50, b: 50
…
当前循环: 100
w1: 1, w2: 50, b: 1
当前循环: 101
w1: 1, w2: 50, b: 0
测试成功!
```

具有学习能力的感知机已经很厉害了,但是感知机能够解决所有的计算问题吗?

4.感知机的缺陷:无法解决线性不可分问题

感知器有一个致命缺陷,即感知机只能区分线性可分数据。为了理解线性可分,我们将实例 1-2 中的 x_1 和 x_2 特征分别作为平面的 x 轴和 y 轴,组成一个二维平面,并将所有样本作为坐标点绘制在直角坐标系中,如图 1-8 所示,用正方形□表示样本出行决策为步行,用圆形○表示样本出行决策为打车。

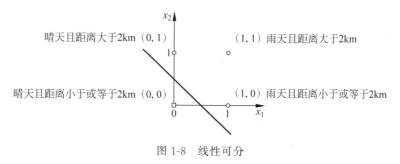

图 1-8　线性可分

如果可以通过一条直线将不同类型的坐标点分开,就是线性可分的。在图 1-8 中,直线左下侧的部分仅包含出行决策为步行的坐标点,而右上侧的部分仅包含出行决策为打车的坐标点,这就是线性可分的。同理,对于 3 个特征组成的三维空间,如果能用一个平面将不同类型的坐标点分开,就是线性可分的。一般地,对于 n 个特征组成的 n 维空间,如果能够通过超平面将不同类型的坐标点分开,则称这些样本线性可分。

计算机的基本逻辑运算包含与(AND)、或(OR)、异或(XOR)等,这些基本逻辑运算的真值表如表 1-4 所示。

表 1-4 与(AND)、或(OR)、异或(XOR)的真值表

A	B	A AND B	A OR B	A XOR B
0	0	0	0	0
0	1	0	1	1
1	0	0	1	1
1	1	1	1	0

如果将其绘制在平面坐标系上,则可以发现异或(XOR)是线性不可分的,如图 1-9 所示。

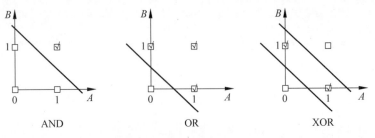

图 1-9 XOR 线性不可分

由于异或(XOR)中不同类型的坐标点不能使用 1 条直线分开,所以不能通过单独的感知机实现异或功能。对实例 1-2 中的样本数组进行修改,修改后的代码如下:

```
let samples = [(0,0,0), (1,0,1), (0,1,1), (1,1,0)]
```

这个样本数组就代表了异或功能:元组中前两个值为异或的输入值,最后一个值为异或的输出值。读者可以自行尝试重新编译运行实例 1-2 中的代码,观察能否通过感知机实现异或功能。实际上,此时不管感知机的权重和偏置如何设置,无论经过多少次循环都无法达到收敛的状态。

单独的感知机无法实现计算机中最为基本的异或(XOR)功能,把感知机缺陷展现得淋漓尽致。许多学者悲观地认为,感知机连计算机的基本逻辑都无法实现,因此无法作为人工智能的基本单元。那么,真的是这样吗?

5. 多层感知机:解决线性不可分问题

事实上,如果将多个感知机组合起来,形成不同的层次,就可以解决线性可分问题了。在下面的实例中,用多层感知机解决异或问题。

【实例 1-3】 使用 3 个神经元 p1、p2 和 p3 共同组成一个感知机,其中神经元 p1 和 p2 的输入直接来源于感知机的输入 x_1 和 x_2,而神经元 p3 的输入则分别来自神经元 p1 和 p2 的输出,如图 1-10 所示。

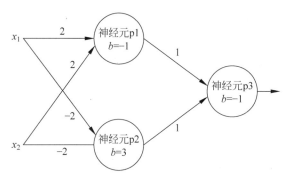

图 1-10　多层感知机解决异或问题

这里已经手动构造好 3 个神经元的权重和偏置,如表 1-5 所示。

表 1-5　实现异或(XOR)功能的神经元的权重和偏置

权重/偏置	神经元 p1	神经元 p2	神经元 p3
ω_1	2	-2	1
ω_2	2	-2	1
b	-1	3	-1

注意　神经元 p3 实际上实现了逻辑与(AND)功能,读者可以自行验证。

以 $x_1=0,x_2=0$ 为例,计算这个多层感知机的结果。对于神经元 p1:

$$f(x)=0\times2+0\times2-1=-1$$

由于神经元 p1 的 $f(x)\leqslant0$,所以其输出为 0。对于神经元 p2:

$$f(x)=0\times(-2)+0\times(-2)+3=3$$

由于神经元 p2 的 $f(x)>0$,所以其输出为 1。对于神经元 p3:

$$f(x)=0\times1+1\times1-1=0$$

由于神经元 p3 的 $f(x)\leqslant0$,所以其输出为 0,因此该多层感知机在 $x_1=0,x_2=0$ 的情况下输出为 0。对于其他的 x_1 和 x_2 组合不再赘述,该多层感知机的输出结果如表 1-6 所示。

表 1-6　不同输入值时多层感知机的输出

x_1	x_2	p1 的 $f(x)$值	p1 输出	p2 的 $f(x)$值	p2 输出	p3 输出
0	0	-1	0	3	1	0
0	1	1	1	1	1	1
1	0	1	1	1	1	1
1	1	3	1	-1	0	0

可以发现,这个多层感知机的输出(p3 输出)实现了异或(XOR)功能。将上述多层感知机用仓颉语言实现,代码如下:

```
//code/chapter01/example1_3.cj
//输入数据
```

```
let inputs = [(0,0), (1,0), (0,1), (1,1)]

func main(){
    //构造 3 个感知机
    let p1 = Perceptron(2, 2, -1)
    let p2 = Perceptron(-2, -2, 3)
    let p3 = Perceptron(1, 1, -1)          //与运算

    //对不同的输入数据进行异或运算
    for (input in inputs) {
        let x1 = input[0]                  //输入值 x1
        let x2 = input[1]                  //输入值 x2
        let res1 = p1.run(x1, x2)
        let res2 = p2.run(x1, x2)
        let res3 = p3.run(res1, res2)
        println(" ${x1} XOR ${x2} = ${res3}")
    }
}
```

其中,inputs 数组存储了不同的输入值组合。在 main 函数中构建了 3 个单独的感知机(神经元)组成的多层感知机。Perceptron 类的实现可参考实例 1-2。随后,遍历 inputs 数组中的输出,并分别计算感知机的输出结果。编译并运行程序,输出的结果如下:

```
0 XOR 0 = 0
1 XOR 0 = 1
0 XOR 1 = 1
1 XOR 1 = 0
```

虽然多层感知机实现了异或功能,但是神经元的权重和偏置需要我们手动设置。多层感知机的训练方法还没有比较好的思路。1969 年 Minsky 发表的 *Perceptrons* 著作一针见血地指出了这些问题,并直接导致了神经网络将近二十年的寒冬。

1.2.2　第 2 次浪潮:神经网络的大发展

1986—1995 年迎来了神经网络的第 2 次浪潮。1986 年,BP 反向传播算法的问世也使多层神经网络的训练变得简单高效。这一时期的神经网络深受联结主义(Connectionism)思潮的影响。联结主义的核心思想是,通过大量简单且相互连接的构件可以构建复杂的系统。这是从认知科学、心理学的众多研究中得出的结论。在这个时期,科学家已经比较清晰地了解了生物大脑神经元的工作原理,而且大脑中拥有着数以亿计的简单神经元。如此精密且充满智慧的大脑都由如此简单的神经元组成,我们就有理由相信,通过包含大量神经元的 ANN 也能够实现复杂的功能,因此,拥有着大量神经元的多层神经网络逐步进入人们的视野,成为机器学习的重要算法之一,如图 1-11 所示。

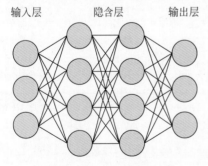

输入层　　　隐含层　　　输出层

图 1-11　神经网络的基本结构

这是一个典型的全连接神经网络(Fully Connected

Neural Network,FCNN),也称为前馈神经网络。神经网络包含了 3 个基本层次,即输入层(Input Layer)、隐含层(Hidden Layer)和输出层(Output Layer):

(1) 输入层用于输入特征,这一层的神经元并不进行具体的计算,而仅仅承载训练、测试或应用时输入的特征值。

(2) 隐含层的神经元会根据上一层神经元的数据进行处理及计算,并将结果传递给下一层神经元。

(3) 输出层不仅需要参与计算,而且用于承载输出结果。

注意　第 3 章将介绍如何通过仓颉语言手动全连接神经网络,并实现手写数字的识别。

隐含层是非必需的。没有隐含层或者含有少量隐含层的神经网络称为浅层神经网络,拥有多个隐含层的神经网络称为深层神经网络。深度学习就是建立在深层神经网络基础上的技术,通常包含数个,甚至数十个隐含层。

除了全连接神经网络以外,这一时期还诞生了 LTSM 等多种不同的神经网络类型。例如,1982 年提出循环神经网络(CNN),1989 年诞生卷积神经网络(RNN)。如此多的科研成果让人们已经意识到,深层神经网络能够比浅层神经网络更加具备解决复杂问题的能力,毕竟隐含层越多,就可以具备更高的抽象层次。

但是,神经网络的 3 个问题让神经网络再次被冷落:

(1) 性能问题。在实例 1-2 中,可以用一个平面来代表样本中所有的可能性,但对于更加复杂的神经网络(类似于图 1-11),就需要更高维度的空间来描述了:当神经网络解决复杂问题时,需要更多数量的神经元和神经元连接。每个神经元意味着一个偏置 b,每个神经元连接意味着一个权重 ω。在图 1-11 中的神经网络就包含了 11 个偏置和 40 个权重待求解。这些偏置 b 和权重 ω 是构成多维空间超曲面的参数,而训练神经网络本质上就是在求解这些参数。在 20 世纪 80～90 年代,计算机的计算能力显然难以应付这么大的计算量。

(2) 样本问题。解决复杂问题需要很大的样本数量。例如,为了让计算机识别手写数字,包含了如图 1-1 这样的手写数字的 MNIST 数据库样本数量就高达 70 000 个。对于更加复杂的问题,可能需要更高的样本量才能将神经网络训练有素。随着样本的特征(维度)越多,训练所需的样本量会呈指数级增长,这称为维度灾难(The Curse of Dimensionality)。据估计,监督深度学习算法在每类给定约 5000 个标注样本的情况下一般能达到可以接受的性能,当至少有 1000 万个标注样本的数据集用于训练时,将达到或超过人类的表现。维度灾难引发了悲观主义,许多人认为神经网络并不能解决实际问题。在互联网和存储技术并不发达的时期,样本缺失也导致了神经网络的优势并没有得到应有的发挥。

(3) 参数选取问题。在初始化神经网络模式时,需要为偏置 b 和权重 ω 设置初始值。研究发现,当随机为这些参数设置不同初始值时,神经网络容易陷入不同的局部最优解,而且很难进入全局最优解,对训练的时间和结果影响很大。

于是,学者开始另辟蹊径,希望在较少的神经元数量的情况下,以降低运算压力、减少样本数量、避免结果陷入局部最优解为目标,提出了支持向量机(Support Vector Machine,SVM)算法。从计算角度上看,SVM 类似于单隐含层神经网络。为了能够解决线性不可分问题,SVM 并不增加隐含层的层数,而是通过升维(Kernel Trick)的方法将线性不可分问题转换为线性可分问题,所以 SVM 需要研究人员观察和理解数据本身的特性,从而选取合适的 Kernel Trick,这样才能解决实际问题。

可见,SVM 虽然对研究人员和算法本身的要求很高,但是避免了神经网络的庞大计算量和数据量。更为重要的是,通过 SVM 可以比较轻松地得到全局最优解,但是神经网络却难以做到。

SVM 的繁荣让神经网络再次进入寒冬时期。Vladimir 等人在 1995 年发布了改进的SVM,无论从计算速度上,还是从识别精度上都碾压了当时的神经网络。一般认为,从这一年开始,神经网络的发展再一次陷入低潮。

1.2.3　第 3 次浪潮:深度学习

在 1.2.2 节中介绍了神经网络在 20 世纪 80~90 年代所遇到的 3 个问题,这些问题在2016 年前后被一一解决,神经网络再次掀起浪潮。下面介绍这 3 个问题是如何被解决的:

(1)性能问题。随着硬件性能的不断提高,以及云计算的诞生,满足了神经网络所需要的计算能力,而目前显卡计算速度的衡量标准已经到达了 TFlops 级别,即每秒万亿次浮点运算。GTX 1080Ti 显卡可以达到 10.8TFlops,即每秒 10.8 万亿次浮点运算,而 GeForce TITAN V 显卡的运算能力可以高达 110TFlops。

那么,神经网络为什么需要显卡计算,而不用 CPU 呢?这是由显卡的特性所决定的,主要包括 3 方面原因:一是 GPU 擅长密集型计算。显卡的核心处理器是图形处理器(Graphics Processing Unit,GPU)。GPU 用于图形渲染,需要实时快速地将得到的结果反馈到屏幕上,所以 GPU 擅长于计算密集型(Compute-Intensive)运算,而神经网络中的计算也是许多简单的浮点运算,而且计算量很大,正好符合 GPU 的计算特性。二是 GPU 擅长矩阵计算。图形运算中的运算许多是矩阵运算,而 GPU 对这些矩阵运算通常是优化过的,因此神经网络中大量的矩阵运算也能够被优化运行。三是显卡的并行计算能力可以很好地符合神经网络中不同神经元的并行计算过程。通常 GPU 的核心数量比 CPU 的核心数量多很多,例如 GA100 显卡的核心数量达到 6192 个,如图 1-12 所示。在神经网络中,每层的神经元之间都是彼此独立的,所以很容易被 GPU 并行处理。综上所述,神经网络的训练和运算通常采用 GPU 而不是 CPU。

当单个计算机的 GPU 能力不能满足需求时,近几年发展起来的云计算技术也能够支持大型神经网络模型的训练和运行。TensorFlow、PyTorch、MindSpore 均支持多机多卡分布式训练。

(2)样本问题。目前,已经进入了大数据时代,互联网高度发展使数据的采集、获取能力大大提高。例如,FERET 数据集包含了上万张真实的人脸图片;在轨的 MODIS、Landsat 等资源卫星每天都会采集大量的遥感数据。对于企业来讲,数据更加是掌握命脉的无价之宝。特别是对于华为、脸书、谷歌等大企业,每天都会对大量的数据进行存储、分析和处理。无疑,数据将成为全社会的生产要素之一,而这些数据完全可以支撑绝大多数神经网络模型的构建和训练。

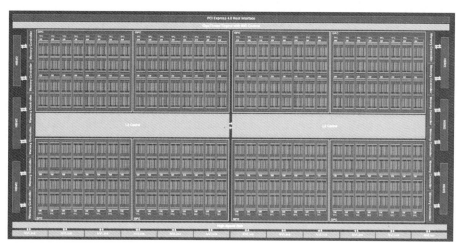

图 1-12 GA100 核心架构图

（3）参数选取问题。2016 年，Hinton 等学者提出了深度信念网络（Deep Belief Network，DBN）。DBN 建立在多个限制玻耳兹曼机的生成模型上，通过训练其神经元间的权重使整个神经网络按照最大概率来生成训练数据，可以降低神经网络陷入局部最优解的困局。DBN 的出现解决了神经网络应用的最后一个问题，开启了神经网络的第 3 次浪潮，并一直持续至今。深度学习使神经网络再次迸发出活力。

更加重要的是，此时的人工智能引起了资本市场的关注，资本家开始关注深度学习对整个科技和各个产业领域的推动作用。此时，科研人员也有更多的时间和金钱投入到神经网络的研究中，催生了如 TensorFlow 等众多优秀的深度学习框架。

1.3 深度学习框架

深度学习框架的主要目的是简化搭建神经网络的流程，快速搭建符合研究人员想法的神经网络结构。本节介绍和比较几种比较主流的深度学习框架，以及仓颉 TensorBoost 所依赖的深度学习框架昇思 MindSpore。

1.3.1 主流深度学习框架的对比

深度学习作为机器学习中的重要分支，其用法特异性较强，也有比较庞大的结构。传统的机器学习框架很难支持深度学习的众多用法。从 2011 年以来，在学术需求和资本支持下，诞生并发展了许多成熟的深度学习框架。最近几年，我国的许多企业也支持发展了几个比较优秀的深度学习框架。本节将简单比较这些深度学习框架的主要差异。

1. 国外深度学习框架的纷争

2011 年，最早的深度学习框架 Theano 诞生。可以说，Theano 是所有深度学习框架的"老大哥"，其设计理念被后来许多深度学习框架所引用。遗憾的是，由于 Theano 的编译时间长、开发效率低等问题，目前已经停止维护更新。

深度学习框架众多且发展很快,许多框架(如 CNTK 等)和 Theano 的命运相同,被历史抛弃,所以本节列举几种主流的深度学习框架,如表 1-7 所示。

表 1-7　主流的深度学习框架

名　　称	首发时间	主要语言	开源许可	拥　有　者
Caffe	2014	C++/MATLAB	声明版权	BVLC
TensorFlow	2015	C++/Python	Apache 2.0	谷歌
Keras	2015	Python	Apache 2.0	谷歌
MXNet	2016	C++/Python	Apache 2.0	亚马逊
PyTorch	2017	C++/Python	声明版权	脸书
ONNX	2017	Python/R	Apache 2.0	微软

可以发现,这些主流的深度学习框架有一些共同特点:

(1) 绝大多数深度学习框架的背后有大企业的支持,体现了在深度学习领域中资本的贪婪和控制欲。谷歌、脸书等商业巨头都将深度学习领域作为其重要发展战略,以帮助其旗下的各种产品的智能化、定制化。在这些企业的竞争下,各种深度学习框架为我们提供了完备、优秀的学习和研发体验。

(2) 绝大多数深度学习框架是开源的,并且绝大多数遵循 Apache 2.0 开源协议。框架的开源有利于社区发展,可以达成企业、开发者和客户三者的共赢局面。对于开发者来讲,吸引更多的开发者共同参与到框架的研发和维护当中。众多科研学者还可以基于这些开源框架研究新的课题,发表新的科研成果。对于企业来讲,也有利于其合作伙伴的相互协作。那么为什么 Apache 2.0 许可很容易得到了各大企业的青睐呢? 一方面,Apache 2.0 是一种宽容性的开源许可,企业可以通过修改、定制这些开源框架后,闭源并形成自身的知识产权;另一方面,Apache 2.0 还具有比较强的兼容性,可以兼容 GPL 2.0 等许可的开源软件和框架。

(3) 绝大多数深度学习框架支持 Python 编程语言。有人说,Python 是深度学习的第一语言,这和其高效且易用的特性是分不开的。

下文对这些深度学习框架分别进行详细分析。

1) TensorFlow 和 Keras

TensorFlow 支持 Python、JavaScript、C++、Java、Go、C♯、Julia 和 R 等编程语言,几乎可以应用于绝大多数场景。早在 2011 年,TensorFlow 的前身 DistBelief 就已经诞生了,而 DistBelief 的开发者之一就是著名的人工智能学者吴恩达教授。无论是从通用性、稳定性还是知名度,TensorFlow 当属深度学习框架的王者。从谷歌搜索指数上看,TensorFlow 长期占据深度学习框架的榜首。

谷歌的 Keras 框架是由纯 Python 编写的非独立框架,属于 TensorFlow 的高阶 API。相较于 TensorFlow,Keras 更加简单易用,适合初学者学习。

2) Caffe 和 PyTorch

Caffe(Convolutional Architecture for Fast Feature Embedding)的全称是用于特征提取的卷积结构,是由加州大学伯克利分校的 AI 科学家贾扬清主导研发的。Caffe 本身简单且易学易用,非常适合初学者学习。由于 Caffe 的起源和发展比较早,而且创作者本身是科研工作者,所以 Caffe 一度成为学术界的"香饽饽",但是,由于 Caffe 的设计之初并没有考虑面向企业应用,所以缺少一定的灵活性和扩展性。2016 年,贾扬清加入了脸书之后,脸书给予了 Caffe 极大的支持,并发布了 Caffe 2 版本,优化了性能和跨平台的部署能力。

PyTorch 是脸书在 2017 年发布的深度学习框架,从此 PyTorch 和 Caffe 之间开始相濡以沫,共同发展。在 2018 年 PyTorch 1.0 发布,融合了 Caffe 和 PyTorch 的优良特性,从此 Caffe 名称就此消失,Caffe 的特性继续活在了 PyTorch 的生命中。

从名称上可以看出,PyTorch 是用 Python 重写了 Torch 框架,而 Torch 框架是 2002 年纽约大学发布的机器学习框架,并在其后的发展中逐步加入了深度学习能力。Torch 有两个缺点:一方面,Torch 使用 Lua 语言,而这种语言的流行度比较低,劝退了一部分开发者;另一方面,Torch 框架的起源较早,设计上不太适合企业应用。PyTorch 不仅借鉴了 Torch 声明式开发的优良特性,适合于快速原型开发,而且其拥有很棒的性能,已经成为当今最为主流的深度学习框架之一。

3) MXNet

MXNet 是亚马逊手中的王牌,属于比较轻量级的深度学习框架。MXNet 的一大特点在于其开发方式是多样的,同时支持声明式编程和命令式编程,并且支持 Python、C++、MATLAB 等众多编程语言。

4) ONNX

严格地说,ONNX 是微软推出的深度学习的格式标准,其全称是开放神经网络交换(Open Neural Network Exchange)。虽然 ONNX Runtime 具有一定的深度学习能力,但是微软更加注重推广 ONNX 标准,而不是 ONNX Runtime。

实际上早在 2015 年,微软就推出了深度学习框架 CNTK,但是经过几年的发展,微软发现其无法占据已经不断内卷的深度学习市场,于是在 2020 年就放弃了 CNTK 的研发。

不过好在微软的站位很高,不做产品,但开始做标准。ONNX 从推出就被市场广泛认可,上述介绍的 TensorFlow、PyTorch、MXNet 都对 ONNX 标准具有一定的支持。开发者可以将在某个框架下搭建好的神经网络模型导出为 ONNX 格式,导入并运行在另一个框架中,可谓效率神器。

虽然各种框架眼花缭乱、琳琅满目,但是经过多年的竞争和淘汰,深度学习框架已经走向了融合的统一道路。实际上,当前 TensorFlow 和 PyTorch 已经占据了绝大多数的市场份额,从当年的群雄纷争逐步向双足鼎立的局面发展。

2. 国内深度学习框架的崛起

国内的深度学习框架起步较晚,在神经网络第 3 次浪潮掀起后才有比较大的发展,如表 1-8 所示。

表 1-8　国内主流的深度学习框架

名　　称	首发时间	主 要 语 言	开 源 许 可	拥　有　者
NCNN	2017	Python	声明版权	腾讯
MACE	2018	Python/C++	Apache 2.0	小米
PaddlePaddle	2018	Python/C++	Apache 2.0	百度
XDL	2019	Python	Apache 2.0	阿里巴巴

续表

名　称	首发时间	主要语言	开源许可	拥　有　者
MindSpore	2019	Python/C++	Apache 2.0	华为
Jittor	2020	Python	Apache 2.0	清华大学

和国际上比较著名的深度学习框架相比,国内研发的框架往往突出特点,更加注重特定的应用场景而非通用性。例如,阿里巴巴的 XDL(X-Deep Learning)更加注重广告、搜索等场景下的解决方案,腾讯的 NCNN 则是针对手机端优化的神经网络前向计算框架,并且主要应用方向也是卷积神经网络,小米的 MACE 则是针对移动端异构计算平台优化的神经网络计算框架。笔者认为上述这些框架并不能称得上真正意义的通用性深度学习框架,只有 MindSpore、PaddlePaddle 和 Jittor 等框架才是比较全面通用的深度学习框架。

Jittor 是动态编译的,使用元算子和统一计算图的深度学习框架。Jittor 极具创新性,仅仅是动态编译这一点就让其他框架望尘莫及,极具探索性,但是不太建议初学者使用,毕竟 Jittor 才刚刚诞生,其通用性和易用性也需要等待市场的检验。华为的 MindSpore 和百度的 PaddlePaddle 称得上真正意义瞄准企业市场的通用性深度学习框架。由于其面向国内的市场,其本土化相对 TensorFlow 和 PyTorch 等国外框架更加占据优势,所以对于初学者,更加推荐 MindSpore、PaddlePaddle 框架。

1.3.2　昇思(MindSpore)

MindSpore 是华为自研的深度学习框架,目前的最新版本为 2.0。从 1.5 版本开始,MindSpore 拥有了其中文名称昇(shēng)思。仓颉 TensorBoost 实际上是 MindSpore 的前端之一,所以学习仓颉 TensorBoost 首先需要对 MindSpore 有一定的了解。

注意　MindSpore 支持算力在 5.3 以上的 NVIDIA GPU 显卡,当然也支持 CPU 和昇腾平台。

MindSpore 的主要特点如下:

(1) MindSpore 易开发、高效执行,适合初学者学习。易开发表现为 API 友好、调试难度低,高效执行包括计算效率、数据预处理效率和分布式训练效率。

(2) MindSpore 是全场景深度学习框架,如图 1-13 所示。

全场景是华为提出的重要概念,是指框架同时支持云、边缘及端侧场景。在华为推出的许多产品中不乏出现"全场景"字眼,例如鸿蒙是全场景操作系统,仓颉是面向全场景应用开发的通用编程语言等。这就意味着这些技术会瞄准多个市场领域,例如工业应用、个人消费者等,所以 MindSpore 具有很强的通用性。

(3) MindSpore 根据不同的硬件平台进行了优化。MindSpore 匹配昇腾处理器,可以最大程度地发挥昇腾处理器的能力。例如,MindSpore 和华为自研 AI 芯片昇腾 910 配合,与现有主流训练单卡配合 TensorFlow 相比,显示出接近 2 倍的性能提升。

MindSpore 的总体架构如图 1-14 所示。

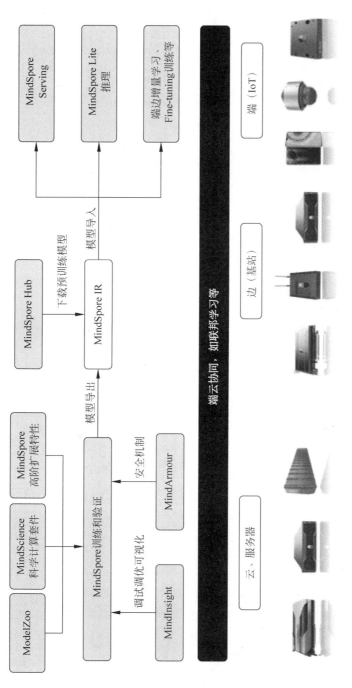

图 1-13　MindSpore 是全场景深度学习框架

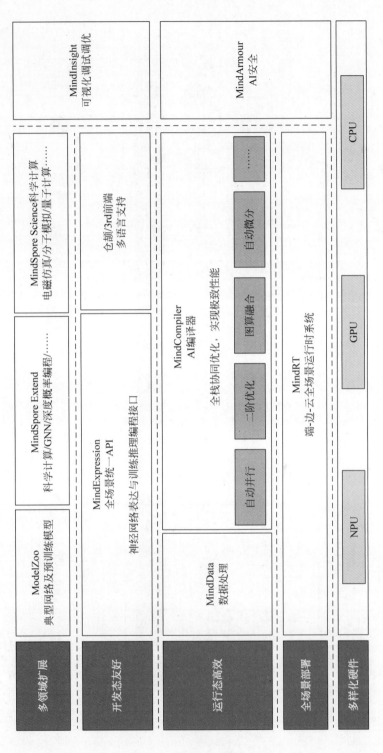

图 1-14　MindSpore 总体架构图

1.4 本章小结

本章用较大篇幅介绍了深度学习的概念、历史和框架。神经网络已经拥有了将近一代人的历史了,其中每个概念和用法几乎是人类智慧的结晶,有一定的难度,所以初学者学习起来可能会存在一些困难,这是正常现象,笔者也是在多年的摸爬滚打中逐渐摸索才形成现在的知识体系。

这里要提醒读者的是:在实际学习和应用中不要用深度学习的热度蒙蔽了自己的双眼。纵观人工智能领域,本书所介绍的深度学习是众多人工智能技术中的一个分支而已。深度学习纵然是入门人工智能的必经之路,但是在面对不同领域不同实际问题的情况下,深度学习未必是最佳选择。深度学习需要强大的算力、需要足够数量的样本,以及需要研究人员足够的理论基础和技术。机器学习算法有很多,建议开发者和研究人员结合场景和算力选择合适的技术。这里引用 Nielsen 的《深入浅出神经网络与深度学习》中的一个公式和各位共勉:

$$复杂的算法 \leqslant 简单的学习算法 + 好的训练数据$$

深度学习是一门交叉学科,掌握深度学习至少需要 3 个基本的能力:数学能力、编程能力和专业能力。读者可能已经向后翻阅了部分内容,可以发现深度学习涉及了很多公式,需要读者具有一定的高等数学和统计学的基础。在专业能力方面,读者只有在专业领域方面有一定的理解才能更好地构建合理的神经网络结构,才能更好地应用深度学习。在编程能力方面,读者应当具备仓颉语言的编程能力。第 2 章将简单介绍仓颉语言的基本语法,第 3 章将通过仓颉语言构建最简单的神经网络模型——多层感知机。

1.5 习题

1. 简述人工智能、机器学习、神经网络和深度学习之间的概念区别和联系。
2. 为什么深度学习在近年来迅速崛起?有何技术层面的原因?
3. 查阅昇思 MindSpore 的有关资料,并与 TensorFlow、PyTorch 等框架进行对比,分析其主要优势。

第 2 章　仓颉语言快速入门

仓颉(Cangjie)是一门非常容易上手的面向全场景应用开发的通用编程语言。从数据类型上看,仓颉语言具有静态和强类型两大基本特性。静态杜绝了类型错误的源头,强类型杜绝了类型转换错误的源头。静态类型和强类型都是为了约束开发者,要求开发者时刻关注类型的正确性,能够有效提高代码的规范性和安全性。

本书使用仓颉语言介绍 AI 的相关理论和用法,所以学习仓颉语言的基本语法是学习后文各个章节的基础。本章的核心知识点如下:

- 仓颉语言开发环境搭建。
- 变量和基本数据类型。
- 操作符和表达式。
- 类和结构体。
- 泛型和集合类型。
- 包管理机制。

2.1　仓颉语言的开发环境搭建

本章使用的仓颉语言版本为 0.39.4,工具链支持 Linux 和 Windows 操作系统,并且在 Linux 环境下同时支持 x64 架构和 arm64(aarch64)硬件架构。由于仓颉 TensorBoost 仅支持 Linux 环境,目前还不能在 Windows 环境下使用,所以本书在 Ubuntu18.04 操作系统上搭建仓颉语言的开发环境,并运行一个最简单的仓颉程序。

2.1.1　安装和配置仓颉语言编译器

本节介绍仓颉语言编译器的安装方法。

1. 安装相关依赖

通过 apt 命令安装仓颉语言的相关依赖,命令如下:

```
sudo apt install binutils libgcc - 7 - dev libedit2
```

通过软连接的方式设置标准库的静态链接库,命令如下:

```
ln - s /usr/lib/x86_64 - linux - gnu/libstdc++.so.6 /usr/lib/libstdc++.so
```

2．安装仓颉语言软件包

通过 unzip 命令解压 Linux 环境下的仓颉语言压缩文件，命令如下：

```
unzip cangjie - v0.39.4 - alpha.zip
```

解压后，进入相应目录后即可找到相关软件包。

（1）Cangjie-0.39.4-linux_aarch64.tar.gz：针对 aarch64 硬件架构的仓颉语言软件包。

（2）Cangjie-0.39.4-linux_aarch64-cjvm.tar.gz：针对 aarch64 硬件架构的仓颉语言虚拟机。

（3）Cangjie-0.39.4-linux_x64.tar.gz：针对 x64 硬件架构的仓颉语言软件包。

（4）Cangjie-0.39.4-linux_x64-cjvm.tar.gz：针对 x64 硬件架构的仓颉语言虚拟机。

为了在 VS Code 中方便高效地编写仓颉代码，还可以解压仓颉语言的 VS Code 插件，命令如下：

```
unzip cangjie - vscode - plugin - v0.39.4 - alpha.zip
```

解压后，进入相应目录后即可找到如下压缩包。

（1）Cangjie-vscode-0.39.4-linux_x64.tar.gz：Linux 环境下的 VS Code 插件。

（2）Cangjie-vscode-0.39.4-windows_x64.zip：Windows 环境下的 VS Code 插件。

通过 tar 命令解压相应硬件架构的仓颉语言软件包，命令如下：

```
tar zxvf Cangjie - 0.39.4 - linux_x64.tar.gz
```

将解压后的 cangjie 目录移动到当前用户的主目录（也可以是其他目录）中。如果解压到其他目录下，则注意在配置 ～/.bashrc 时需要指定到相应的位置。修改 ～/.bashrc，添加的代码如下：

```
source ~/cangjie/envsetup.sh
```

保存后，重新运行一遍 ～/.bashrc 脚本，命令如下：

```
source ~/.bashrc
```

获取仓颉编译器的版本，用于判断是否安装成功，命令如下：

```
cjc - v
```

如果此时输出以下信息，则说明仓颉语言开发环境搭建完成：

```
Cangjie Compiler: 0.39.4 (04a8fc37b6c3 2023 - 06 - 27)
```

2.1.2　第 1 个仓颉程序

接下来让我们学习一个最简单的仓颉程序，初步了解仓颉语言。

【实例 2-1】 定义 main 函数,并输出"Hello, world!"文本,代码如下:

```
//code/chapter02/example2_1.cj
//程序的主函数
main() {
    print("Hello, world!\n")         //输出 Hello, world!
    print("Welcome to Cangjie AI!\n")  //输出 Welcome to Cangjie AI!
}
```

仓颉程序的入口为 main 关键字定义的函数。其后的圆括号()用于传递函数的参数。由于 main 函数可以不传递任何参数,所以圆括号内无内容。函数名和参数传递部分的代码被称为函数头,而其后的花括号{}中间的部分被称为函数体,也是函数需要执行的主要部分。

注意 关键字是指编程语言中预定义的、在语言或编译系统的实现中具有特殊含义的单词,也被称为保留字。

在函数体中,通过 print 函数输出两个字符串,分别是"Hello, world!"和"Welcome to Cangjie AI!",其中,每个字符串最后的"\n"转义字符用于换行。除了 print 函数以外,仓颉语言还存在一个内置函数 println,该函数会自动在输出的字符串的最后加入换行符,等同于在 print 输出文本后添加转义字符"\n",所以"print("Hello, world!\n")"等同于"println("Hello,world!")"。

将上面的程序以文本的形式保存为 hello.cj 文件,通过以下命令进行编译:

```
cjc hello.cj -o main
```

仓颉编译器会编译 hello.cj 源代码,并输出名为 main 的可执行文件。通过以下命令执行 main 程序:

```
./main
```

输出的结果如下:

```
Hello, world!
Welcome to Cangjie AI!
```

2.2 仓颉语言的基本语法

本节介绍仓颉语言变量、数据类型、字符、字符串、操作符、表达式等基本概念和基本语法。

2.2.1 变量和数据类型

学习变量和数据类型是学习任何语言的第 1 步。通过变量可以在内存中持有数据,而基本数据类型则是组成各类高级数据类型的基础。本节除了介绍基本数据类型以外,还介绍枚举类型的基本用法。

1. 变量的定义

通过 var 或 let 关键字可以定义一个仓颉语言的变量。通过 var 定义的变量称为可变变量，通过 let 定义的变量称为不可变变量（可作为常量使用）。例如，定义以下几个变量。

定义变量 count，代码如下：

```
var count: Int32
```

这段代码的组成结构如图 2-1 所示。

count 是变量的名称，可以通过标识符定义。在仓颉语言中，标识符分为两类，一类是普通标识符，由拉丁字母、数字和下画线组成，并且需要符合以下条件：

图 2-1　变量的定义

（1）第 1 个字符不能为数字。

（2）不能和关键字重复。

（3）以下画线开头的标识符后不能只有数字。

例如，abc、_abc、dongyu123 都是合法的原始标识符。另一类原始标识符，即通过两个反引号`包裹的普通标识符，但可以和关键字重复。例如`main`、`if`都是合法的标识符。下面列举一些错误的标识符：

```
12abc
_123
if
`1abc`
```

变量名和数据类型之间通过冒号：隔开。下面介绍仓颉的基本数据类型。

2. 基本数据类型

仓颉包括整型、浮点型、布尔型、字符型等多种基本数据类型，如表 2-1 所示。

表 2-1　基本数据类型

数据类型	数据类型的定义	描述
整数类型	Int8、Int16、Int32、Int64、IntNative、UInt8、UInt16、UInt32、UInt64、UIntNative 等	整数数据
浮点类型	Float32、Float64	实数数据
布尔类型	Bool	逻辑真假数据
字符（Char）	Char	字符数据
字符串（String）	String	字符串数据
元组（Tuple）	(Type1,Type2,…,TypeN)（N 代表元组的维度）	多维数据，可以包含多个其他数据类型的数据
区间（Range）	Range < T >	具有固定步长的数值序列
Unit 类型	Unit	部分不关心值的函数或表达式的类型
Nothing 类型	—	特殊的类型，不包含任何值

下面介绍元组、区间、Unit 和 Nothing 等基本数据类型的用法。

1）元组类型

元组（Tuple）可以将一个或者多个不同数据类型的数据组合在一起，形成一个新的数据类型。元组也是仓颉语言的基本数据类型，其数据类型定义的基本形式为（T1，T2，…，TN），其中 T1、T2 等可以是任意的数据类型（也可以是元组类型或自定义类型），这些数据类型之间通过逗号连接。

注意　元组至少由两个数据类型组合而成。

例如，（Int64，Int64）表示由两个 Int64 类型组合成的元组数据类型，（Int64，Float64）表示由 1 个 Int64 类型和 1 个 Float64 类型组合成的元组数据类型。元组变量的定义和其他基本数据类型的变量定义类似，例如，定义上面（Int64，Int64）和（Int64，Float64）元组类型的变量 tuple1 和 tuple2，代码如下：

```
var tuple1 : (Int64, Int64)
var tuple2 : (Int64, Float64)
```

元组的字面量是通过圆括号（）将多个相应数据类型的字面量组合而成的，其中各个字面之间用逗号分隔。例如，（10，20）即为（Int64，Int64）类型的字面量，（3，3.14）即为（Int64，Float64）类型的字面量。将 tuple1 和 tuple2 变量初始化为上述两个字面量的代码如下：

```
var tuple1 : (Int64, Int64) = (10, 20)
var tuple2 : (Int64, Float64) = (3, 3.14)
```

注意　元组是不可修改的。元组字面量是一个整体，一旦定义就无法修改其内部的各个值。另外，元组也不支持连接等操作。

2）区间类型

通过 Range<T>的方式可以定义区间变量，其中 T 可以为 Int8、Int16、Int32、Int64 等整型类型。例如，通过 Range<Int64>定义一个 Int64 整型序列的区间类型，代码如下：

```
var r : Range<Int64>
```

注意　区间类型实际上是一种泛型。关于泛型的概念和用法具体可参见 2.4.1 节的相关内容。

区间类型的字面量为 start..end：step，其中 start 为序列的起始值，end 为序列的结束值，而 step 则是序列的步长。当使用区间类型字面量时需要注意以下几方面：

（1）start、end 和 step 均必须为整型字面量。

（2）步长 step 可以是正数，也可以是负数，但是不能为 0。如果 start 值大于 end 值，则 step 必须为负数；如果 start 值小于 end 值，则 step 必须为正数。

（3）序列中的数值包括 start 值，但是并不包含 end 值，是一个左闭右开区间。

（4）当步长 step 为 1 时，在区间字面量中的：1 可以省略。

例如,定义从 0 到 9 的整数数值序列的字面量为 0..10:1,也可以简化为 0..10;定义一个从 1 到 100 的整数序列的区间类型字面量为 1..101(或 1..101:1)。

区间中的序列数值是从 start 值开始的,不断加上 step 值得到新的数值。在每得到一个新的数值时都要判断这个数值是否等于或大于 end 值。直到所得到的数值超过了 end 值后,数值序列也就结束了。在上述过程中所有数值构成了区间的数值序列。

接下来,通过几个区间定义和初始化例子介绍区间类型的基本用法,代码如下:

```
var r1 : Range < Int64 > = 1..10          //序列:1,2,3,4,5,6,7,8,9
var r2 : Range < Int64 > = 1..10:1        //序列:1,2,3,4,5,6,7,8,9(同上)
var r3 : Range < Int64 > = 1..10:2        //序列:1,3,5,7,9
var r4 : Range < Int64 > = 0..11:2        //序列:2,4,6,8,10
var r5 : Range < Int64 > = 10..-1:-2      //序列:10,8,6,4,2,0
var r6 : Range < Int64 > = 10..-10:-4     //序列:10,6,2,-2,-6
```

在仓颉语言中,如果要实现左闭右闭区间,则只需在 end 值前加上一个等号=,其字面量形式为 start..=end:step。例如,可以使用 0..=10:2 字面量表示一个 2、4、6、8、10 的数值序列,代码如下:

```
var r7 : Range < Int64 > = 0..=10:2
```

3) Unit 类型

Unit 是一种特殊的类型,该类型只有一个值,即为()。例如,定义一个 Unit 数据类型的变量 u,并赋值为(),代码如下:

```
var u : Unit = ()
```

显然,这个值没有任何实际意义,不能参与数值计算,也不能用于逻辑运算。定义一个 u 变量也没有任何作用,一般也不会这么定义。

在仓颉语言中,Unit 类型用于不关心值的某些函数和表达式。当函数不需要返回值时,函数默认会返回 Unit 类型的值()。对于主函数 main,可以为其指定整型的返回值,也可以不指定。对于没有指定返回值的主函数 main,其返回值为()。由于所有的函数都有返回值,只不过没有指定返回值的函数会自动返回(),但这个值没有任何实际意义。例如,仓颉的内置函数 print、println 等的返回值都是()。

注意 Unit 类型的用法类似于 C 语言中的 void 空类型。不过,Unit 类型是有()值的。

对于某些不关心值的表达式,其值都是 Unit 类型值()。具体来讲,赋值表达式、复合赋值表达式、自增自减表达式、循环表达式(for in、while、do-while 等)的值都是()。

4) Nothing 类型

Nothing 数据类型是一种非常特殊的数据类型,不包含任何值、不能显式地定义和赋值。Nothing 是所有类型的子类型,也是 break、continue、return 和 throw 表达式的类型,当程序执行到这些表达式时,它们之后的代码将不会被执行。实际上,Nothing 的存在是为了让编译器通过任何地方的类型检查,便于 if 表达式、while 表达式等的构建。

3. 自定义类型和枚举类型

自定义类型在使用前需要自定义类型内部的数据结构,并且赋予新的类型名称,包括结构体、枚举、类、接口等,如表 2-2 所示。

表 2-2　自定义类型的分类

数 据 类 型	关 键 字
结构体(Struct)	struct
枚举(Enum)	enum
类(Class)	class
接口(Interface)	interface

下面介绍一个最简单的自定义类型:枚举类型。枚举类型通过关键字 enum 定义,后接类型的名称,再通过花括号{}定义该枚举类型中所有可能的取值(枚举构造器),其基本形式如下:

```
enum 类型名称 {
    所有可能的取值,用|隔开
}
```

在花括号中列举枚举类型中的所有构造器。构造器使用符号|隔开。在第 1 个构造器之前可以使用符号|,也可以略去。

例如,定义一个表示 RGB 色彩的枚举类型 RGBColor,代码如下:

```
enum RGBColor {
    | Red | Green | Blue
}
```

这个枚举类型的名称为 RGBColor,其中包括了 3 个构造器,分别代表红、绿、蓝 3 种颜色,其中 Red 表示红色,Green 表示绿色,Blue 表示蓝色。另外,Red 构造器前的|符号是可以省略的。

定义了 Week 类型后,就可以定义并初始化一个 Week 类型的变量了。枚举类型的定义和初始化方法与基本数据类型类似。例如,定义 Week 类型的变量 day,代码如下:

```
var day : Week
```

通过枚举类型的构造器可以构造一个枚举类型的值(枚举值),并可赋值到枚举类型的变量上。构造枚举值的形式如下:

```
枚举类型名称.枚举类型构造器
```

例如,定义 Week 类型变量 day1、day2 和 day3,并分别初始化为枚举值 Week.Sun、Week.Wed 和 Week.Fri,代码如下:

```
var day1 : Week = Week.Sun    //Week 枚举类型变量 day1,星期日
var day2 : Week = Week.Wed    //Week 枚举类型变量 day2,星期三
var day3 : Week = Week.Fri    //Week 枚举类型变量 day3,星期五
```

当枚举类型构造器和变量名、函数名、类名、包名等名称没有冲突时,构造枚举值时可以省略枚举类型名称,直接通过构造器名称进行构造。上述 Week 类型变量 day1、day2 和 day3 的定义和初始化代码可以简写如下:

```
var day1 : Week = Sun
var day2 : Week = Wed
var day3 : Week = Fri
```

2.2.2　字符和字符串

字符类型的关键字为 Char。例如,定义名为 chr 的字符型变量,代码如下:

```
var chr : Char
```

字符的字面量通过单引号' '定义,将单个字符包括起来,如'a'、'海'、'δ'。例如,定义 chr 字符型变量并初始化为字符 a,代码如下:

```
var chr : Char = 'a'
```

字符串类型的关键字为 String。例如,定义名为 str 的字符型变量,代码如下:

```
var str : String
```

字符串的字面量包括单行字符串字面量、多行字符串字面量和多行原始字符串字面量共 3 种类型。

1) 单行字符串字面量

单行字符串字面量是通过双引号""将组成字符串的字符包括起来的,如"abc"、"Hello, world!"、"你好"等。字符串中可以包含 0 个、1 个或者多个字符。不含任何字符的字符串称为空字符串,即""。

例如,定义两个字符串变量,并将有多个字符的字符串和空字符串赋值到这两个变量中,代码如下:

```
var str1 : String = "abc"      //包含 3 个字符的字符串
var str2 : String = ""         //空字符串
```

在之前的学习中,print 函数和 println 函数的输入实参是单行字符串字面量。

2) 多行字符串字面量

多行字符串字面量是通过字符串前、后的 3 个双引号"""包括起来的。在多行字符串字面量的内部,可以自由换行。例如,定义一个多行字符串字面量,代码如下:

```
let str = """
仓颉 TensorBoost,
基于 MindSpore 框架!
"""
```

字符串的内容必须从起始的 3 个双引号"""的下一行开始。例如,不能将上述代码中的

"仓颉 TensorBoost，"一行和起始双引号"""放在同一行，代码如下：

```
let str = """仓颉 TensorBoost,
基于 MindSpore 框架!
"""
```

上述代码会导致编译错误，但是，可以将结束的 3 个双引号"""和字符串的末尾放置在同一行。下面的代码是正确的：

```
let str = """
仓颉 TensorBoost,
基于 MindSpore 框架!"""
```

另外，字符串中的内容不能随意缩进，否则输出的结果也有相应的缩进。

3) 多行原始字符串字面量

使用♯"字符串"♯形式定义的字符串，其中字符串前后井号♯的数量可以是任意的，但是井号数量需要对称相同。在多行原始字符串字面量中，转义字符不会被转义，始终保持输入的内容。例如，定义一个多行原始字符串变量：

```
let str = ♯"你好,仓颉 TensorBoost!
Hello, Cangjie AI"♯
```

2.2.3　操作符和表达式

本节介绍操作符和表达式的基本概念。

1. 操作符和操作数

操作符是用于定义运算方式的字符，包括算术操作符、自增自减操作符、赋值操作符、逻辑操作符等。这里先介绍最简单的算术操作符。算术操作符包括加法（＋）、减法（－）、乘法（＊）、除法（/）、取余（％）、幂运算（＊＊）操作符等，如表 2-3 所示。

表 2-3　算术操作符及其表达式实例

操作符	描　　述	表达式实例
＋	加法	7 ＋ 2(运算结果为 9)
－	减法	7 － 2(运算结果为 5)
＊	乘法	7 ＊ 2(运算结果为 14)
/	除法	7 / 2(运算结果为 3)
％	取余	7 ％ 2(运算结果为 1)
＊＊	幂运算	7 ＊＊ 2(运算结果为 49)

表 2-3 中的操作符都需要两个运算对象参与运算，分别位于操作符的前面和后面，因此也称为双目操作符。这里的运算对象称为操作数。例如，对于操作符＋，需要两个加数，这两个加数都是操作符＋的操作数。操作数可以为字面量，可以为变量，也可以是其他的表达式。

算术操作符的两个操作数的数据类型必须相同,要么都是整型,要么都是浮点型,否则会导致编译错误,因此数据类型不同的数据参与算术运算时要进行类型转换。

2. 表达式

操作符和操作数共同构成的表达式称为操作符表达式。表 2-3 中的 7+2、7/2 都属于操作符表达式。如果有变量 a 和 b,则 a+b、7 * a、b%2 都是合法的操作符表达式。由某操作符组成的表达式称为某表达式。例如,由加法操作符组成的表达式称为加法表达式,由取余操作符组成的表达式称为取余表达式。

当然,表达式的概念不仅于此。除了操作符表达式以外,使用关键字(如 if-else 等)也能构成表达式,本书后文将介绍更多的表达式。每个表达式都有一个结果值,称为表达式的值。例如,7+2 的值为 9;当 a=3 时,a−1 的值为 2。

2.2.4　条件结构和循环结构

本节介绍条件结构和循环结构。

1. 条件结构

条件结构可以通过 if 结构和 match 结构实现。

1) if 结构

if 结构可以实现当条件测试表达式为 true 时需要执行的语句块,但没有定义当条件测试表达式为 false 时需要执行的语句块。通过 else 关键字可对 if 结构进行扩充,实现 if-else 结构。if-else 结构包含了 if 结构,并且可以通过 else 关键字加入另一个语句块,用于实现当条件测试表达式为 false 时需要执行的代码,其基本形式如下:

```
if (条件测试表达式) {
    语句块 1    //当条件测试表达式为 true 时执行
} else {
    语句块 2    //当条件测试表达式为 false 时执行
}
```

语句块 1 也称为 if 语句块,语句块 2 也称为 else 语句块。

2) match 结构

match 结构包括有匹配值的 match 表达式和没有匹配值的 match 表达式。有匹配值的 match 表达式通过匹配一个表达式(或变量、字面量)的值,从而使程序进入不同的 case 分支,并执行相应的语句块,其基本形式如下:

```
match (待匹配的表达式) {
    case 模式 1 =>语句块 1
    case 模式 2 =>语句块 2
    …
    case 模式 n =>语句块 n
}
```

match 关键字后的圆括号()包含了待匹配的表达式,然后通过一个花括号{}包含了数个 case 分支。每个 case 分支都由 case 关键字、模式、双线箭头＝＞符号和语句块构成,其中模式是需要和待匹配的表达式的值进行比对的匹配值,这个比对过程是模式匹配。

【实例 2-2】 使用 match 表达式对 value 变量进行模式匹配,并输出相应的文本信息:当 value 为 0 时输出"the value is 0"文本；当 value 为 1 时输出"the value is 1"文本；当 value 既不为 0 也不为 1 时输出"the value is neither 0 nor 1"文本,代码如下:

```
//code/chapter02/example2_2.cj
main() {
    var value = 1           //将 value 变量的值定义为 1
    match (value) {
        case 0 =>           //当 value 为 0 时
            print("the value is 0\n")
        case 1 =>           //当 value 为 1 时
            print("the value is 1\n")
        case _ =>           //当 value 既不为 0 也不为 1 时
            print("the value is neither 0 nor 1\n")
    }
}
```

编译并运行程序,输出的结果如下:

```
the value is 1
```

没有匹配值的 match 表达式不进行模式匹配,而是通过条件测试表达式确定是否进入相应的分支,其基本形式如下:

```
match {
    case 条件测试表达式 1 =>语句块 1
    case 条件测试表达式 2 =>语句块 2
    …
    case 条件测试表达式 n =>语句块 n
}
```

没有匹配值的 match 表达式的通用性更强,基本能够替代有匹配的 match 表达式,但是可能会导致代码较为冗余。

【实例 2-3】 通过 match 表达式实现成绩分级程序,代码如下:

```
//code/chapter02/example2_3.cj
main(){
    var score : Int32 = 77
    let res = match {
        case score >= 90 =>
            "成绩优秀\n"
        case score >= 80 =>
```

```
                    "成绩良好\n"
            case score >= 60 =>
                    "成绩合格\n"
            case _ =>
                    "成绩不合格\n"
        }
        print(res)
}
```

编译并运行程序,输出的结果如下:

成绩良好

2. 循环结构

循环结构可以通过 for in 表达式和 while 表达式实现。

1) for in 表达式

for in 表达式用于遍历序列,其基本形式如下:

```
for (变量 in 序列) {
        //语句块(也被称为循环体)
}
```

在上述 for in 基本形式中,序列可以为区间类型的变量或字面量,也可以是更为复杂的集合类型的字面量、变量或表达式;变量用于临时存储序列中的每个元素,并且可以在语句块中对其进行处理;语句块是每次循环需要执行的代码,因此也被称为循环体。

2) while 表达式

while 表达式也是一种循环结构,其基本形式如下:

```
while(条件测试表达式) {
        //语句块(也被称为循环体)
}
```

while 表达式通过 while 关键字定义,其后的圆括号()内包含一个条件测试表达式(也可以是布尔类型的变量或字面量),用于判断是否执行语句块。while 表达式的语句块也称为循环体,是循环执行的代码部分。

while 中的条件测试表达式类似于 if 表达式中的条件测试表达式,其值的类型必须为布尔类型。while 表达式的循环次数由条件测试表达式决定:当进入 while 表达式时和每次语句块执行结束后都会执行条件测试表达式。当条件测试表达式的值为 true 时,进入语句块,否则会结束 while 表达式。

在很多情况下,程序运行时并不需要完整地运行循环表达式的所有设计流程。在循环表达式中,可以随时使用 break 表达式退出循环。另外,continue 也可以在循环体中单独使用。当程序执行 continue 表达式时,本次循环体的执行立即结束,即跳过循环体中尚未执行的部分,开始进入下一个循环。与 break 不同,continue 的作用是结束本次循环体的执行,而不是退出整个循环。

【实例 2-4】 输出 100 以内,既可以被 2 整除又可以被 3 整除的所有数值,代码如下:

```
//code/chapter02/example2_4.cj
main(){
    var value = 1                       //将 value 变量初始化值定义为1
    while (value <= 100) {              //判断 value 值是否小于或等于100
        if (value % 2 != 0 ) {         //如果 value 不能被 2 整除
            value ++                   //value 值加 1
            continue                   //结束本次循环
        }
        if (value % 3 != 0 ) {         //如果 value 不能被 3 整除
            value ++                   //value 值加 1
            continue                   //结束本次循环
        }
        print(" ${value} ")            //程序运行到这里,说明 value 可以同时被 2 和 3 整除
        value ++                       //value 值加 1
    }
    print("\n")                        //换行
}
```

编译并运行程序,输出的结果如下:

```
6 12 18 24 30 36 42 48 54 60 66 72 78 84 90 96
```

2.2.5 函数的定义和调用

函数的本质是具有特定功能的语句块。为了能够使用语句块,需要定义其名称、输入和输出。函数的输入是函数的参数,函数的输出是函数的返回,所以函数包括 4 个组成部分:

- 函数名称
- 函数参数(输入)
- 函数返回(输出)
- 函数语句块

1. 函数的基本结构

除了 main 入口函数以外,函数通过 func 关键字定义,其一般形式如下:

```
func 函数名称(参数) : 返回类型 {
    语句块
}
```

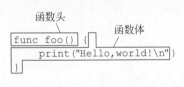

图 2-2 函数的组成

在函数名称后的圆括号()的内部定义函数的参数(或参数列表),函数的返回类型通过冒号定义,接在圆括号()的后方。函数名称、函数参数和函数返回称为函数头(函数签名),函数语句块称为函数体,如图 2-2 所示。

函数参数和返回的定义是可选的。没有函数参数和返回的函数的形式如下:

```
func 函数名称() {
    语句块
}
```

除了 main 函数以外，开发者可以自定义函数。函数名称通过标识符定义，因此命名规则和变量名的命名规则相同，即都是通过标识符进行定义的，读者可以参考 2.2.1 节中关于标识符的相关描述。

注意 处于顶层定义中的变量和函数名称不能相同。

例如，定义一个输出"欢迎光临"文本的函数，代码如下：

```
func sayHello() {
    print("欢迎光临!\n")
}
```

上述函数的名称为 sayHello，并且函数体中仅包含了 1 条语句，用于打印输出"欢迎光临"这 4 个字。

2. 函数的调用

使用函数的方法称为函数的调用，可以通过函数调用表达式实现。函数调用表达式的一般形式如下：

```
函数名()
```

函数调用表达式只需通过函数名加上圆括号()。例如，调用 sayHello 函数，代码如下：

```
sayHello()
```

函数的返回用于回调函数计算的结果。在函数的最后，通过冒号：即可后接函数的返回类型，其基本结构如下：

```
func 函数名称(arg1, arg2, …, argn) : type {
    语句块
}
```

另外，还可以通过 return 关键字设置函数的返回值，return 表达式的基本形式如下：

```
return 返回值
```

当函数体中存在 return 表达式时，函数的返回值以 return 表达式的值为准；反之，函数的返回值是函数体(语句块)的值。函数体的返回值必须和函数头中的返回类型相符，并且 return 表达式一旦执行，函数就退出了，此时 return 表达式后方的所有代码就无法执行了。

【实例 2-5】 设计计算圆的面积函数 circleArea，代码如下：

```
//code/chapter02/example2_5.cj
//计算圆的面积
func circleArea(redius : Float64) {
```

```
        redius * redius * 3.1415926
    }

    main() {
        let redius = 3.0                 //圆的半径
        let area = circleArea(redius)    //计算圆的面积
        println("半径为${redius}的圆的面积为${area}")
    }
```

编译并运行程序,输出的结果如下:

```
半径为 3.000000 的圆的面积为 28.274333
```

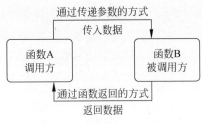

图 2-3 函数的输入和输出

在多数情况下,函数在调用时伴随着数据的传递。如函数 A 调用函数 B 时,可能需要传输相关的数据,也需要返回相应的数据。传入数据通过传递参数的方式实现,返回数据通过函数返回的方式实现,如图 2-3 所示。

函数的参数即函数的输入。函数的参数包括两类:形式参数(Formal Parameter)和实际参数(Actual Parameter)。在函数定义中使用形式参数,在函数调用中使用实际参数。本节分别介绍形式参数和实际参数的基本用法。

3. 函数定义中的形式参数

形式参数是在定义函数时在函数名称后圆括号()中声明的参数,用于定义该函数所需要用到的参数及其类型。因为这些参数只定义了类型和名称,并没有真正地将数据传进来,所以称为形式参数,简称形参。

具有形参的函数定义的基本形式如下:

```
func 函数名称(arg1, arg2, …, argn) {
    语句块
}
```

圆括号()内的"arg1,arg2,…,argn"表示形式参数列表,声明的 arg1、arg2 等表示形参,用逗号隔开。函数可以没有形参,也可以有一个或者多个形参。形参的定义形式为 value:param,其中 value 为形参名称,param 为形参类型。

例如,定义类型为 Int64、名称为 age 的形参 age:Int64。定义包含上述形参的 setAge 函数,函数头的代码如下:

```
func setAge(age : Int64)
```

再如,包含类型为 Int64 的形参 age 和类型为 Float64 的形参 height 的函数 setAgeAndHeight,函数头代码如下:

```
func setAgeAndHeight(age : Int64, height : Float64)
```

形参 age 和形参 height 之间使用逗号隔开。

例如,定义加法函数 addTwoNumber。由于加法包括了加数和加数两个值,所以需要为该函数定义两个整型类型的参数,分别命名为 a 和 b,代码如下:

```
//加法函数,参数 a 和 b 分别为加数和加数
func addTwoNumber(a : Int64, b : Int64) {
    var res = a + b          //计算 a 和 b 的和,并赋值给 res 结果变量
    print("两数相加结果为:${res}\n")   //输出相加的结果
}
```

在 addTwoNumber 函数的函数体中,可以像使用变量一样使用形参 a 和形参 b:首先计算表达式 a+b 的值,然后赋值给 res 变量。最后通过输出 res 变量的值来输出 a 和 b 相加的结果。

实际上,形参的本质是定义在函数头中的不可变变量,相当于通过 let 关键字定义的变量。

4. 函数调用中的实际参数

在调用函数时,需要传递与形式参数相对应的实际参数。由于函数在调用过程中传递的参数是实实在在存在固定值的,所以称为实际参数,简称实参。调用含有参数的函数,基本形式如下:

```
函数名称(arg1, arg2, …, argn)
```

圆括号()内的"arg1,arg2,…,argn"表示实际参数列表。在函数调用中,实参列表要和定义函数的形参列表相对应,即数量相同、类型相符、顺序一致。实参可以为字面量、变量或者表达式。

例如,调用上述 addTwoNumber 函数,代码如下:

```
addTwoNumber(1, 2)
```

这里为 addTwoNumber 函数传递了两个参数,分别是字面量 1 和字面量 2。将变量作为参数也是允许的,代码如下:

```
addTwoNumber(v1, v2)     //v1 和 v2 为两个 Int64 类型的变量
```

表达式也可以作为参数,代码如下:

```
addTwoNumber(v1, v2 + 2)     //v1 和 v2 为两个 Int64 类型的变量
```

5. 命名参数的基本用法

命名参数需要在参数名后加上一个叹号,其定义形式为 name! : param。例如,将加法函数 addTwoNumber 的参数改为命名参数,代码如下:

```
func addTwoNumber(a! : Int64, b! : Int64) {
    var res = a + b
    print("两数相加的结果为:${res}\n")
}
```

6. 流（Flow）操作符

为了能够简化柯里化的链式调用，开发者可以使用流操作符。流操作符包括以下两种：

（1）管道（Pipeline）操作符（|>）：表示数据的流向。

（2）组合（Composition）操作符（~>）：表示函数的组合。

以下分别介绍这两种流操作符的使用方法。

1）管道表达式

管道表达式包括了一个函数名、函数实参，并通过管道操作符（|>）将两者组合起来，其基本结构如下：

```
函数实参 |> 函数名称
```

例如，柯里化函数调用 function(value) 可以写作：

```
value |> function
```

【实例 2-6】 通过柯里化函数的链式调用计算 (|−2|+1) * 2，代码如下：

```
//code/chapter02/example2_6.cj
//value 值加 1
func increasement(value : Int64) : Int64 {
    value + 1
}

//value 的绝对值
func abs(value : Int64) : Int64 {
    if (value < 0) { - value } else {value}
}

//value 的平方
func power(value : Int64) {
    value * value
}

main() {
    //计算 (|-2| + 1) ^2
    let res = -2 |> abs |> increasement |> power
    println("运算结果 : ${res}")
}
```

其中，表达式 −2 |> abs |> increasement |> power 等同于以下代码：

```
power(increasement(abs(-2)))
```

编译并运行程序，输出的结果如下：

```
运算结果 : 9
```

管道表达式的执行从左到右依次调用相应的函数，极大地增强了代码的可读性。

2）组合表达式

组合表达式用于组合两个柯里化函数，包括两个函数名及通过组合操作符（~>）将两

者组合起来,其基本结构如下:

```
函数1 ~> 函数2
```

其中,函数的返回值类型必须和函数 2 的参数类型相同,否则编译时会报错。例如,将两个柯里化函数 f 和 g 组合的表达式如下:

```
f ~> g
```

该表达式返回一个 Lambda 表达式,传入的参数先通过 f 函数的运算,然后将结果作为 g 函数的参数参与运算,最后返回结果,因此,该表达式等价于以下 Lambda 表达式:

```
{x => g(f(x))}
```

实例 2-6 中的 main 函数可以修改为

```
main() {
    //计算 (|-2| + 1) ^2
    var cf = abs ~> increasement ~> power
    let res = cf(-2)
    println("运算结果 : ${res}")
}
```

这里的 cf 函数将 3 个表达式组合在一起,其函数的调用顺序是沿着组合表达式 abs ~> increasement ~> power 从左到右依次调用的。

管道表达式更加注重数据的流动,并且管道表达式的值是一个计算结果,更加适合单次计算(无须复用)的情况。组合表达式更加关注函数的组合(包括函数的调用顺序),并且组合表达式的值是一个 Lambda 表达式,便于代码的复用。

2.3　类和结构体

本节介绍两种非常重要的自定义类型:类和结构体。这两种类型的用法类似,但是其底层逻辑是不同的,前者是面向对象编程思想的实现,后者则类似于 C 语言中的结构体。

2.3.1　类与对象

本节介绍类与对象的基本用法,通过最简单、最直观的方式打开面向对象编程的大门。

1. 类和对象

在仓颉语言中,类通过 class 关键字定义,其基本形式如下:

```
class 类名{
    //类的定义体
}
```

在 class 关键字后为类名(类的名称),然后通过一个花括号包含了类的定义体。合法的标识符都可以作为类名使用,但是类名的首字母通常为大写。例如,Person、Dog、Computer

等都是合适的类名。

类的定义体用于对这个类进行抽象。一般来讲,将一个事物抽象为类的过程分为两部分:

(1)将事物的状态抽象为类的变量,称为成员变量。事物的状态是指用于描述该事物的一些基本信息。

(2)将事物的行为抽象为类的函数,称为成员函数。事物的行为是指该事物所具备的一些功能。

例如,对于人,可以包含姓名、性别、年龄、身高、体重等状态,这些状态可以用变量来描述。人可以做很多事情,例如吃饭、睡觉、工作等,这些都可以使用函数来抽象。成员函数也可以称为成员方法,简称为方法。成员变量和成员函数统称为成员。在类中,成员变量、成员函数的名称都必须是唯一的,成员之间(包括成员变量和成员函数之间)的名称不能相同。下面将人抽象为 Person 类,代码如下:

```
class Person {
    //成员变量 name 和 age
    var name : String = "董昱"        //姓名
    var age : Int8 = 30              //年龄

    //成员函数 eat()和 sleep()
    func eat() {                     //吃饭
        println("Eat!")
    }

    func sleep() {                   //睡觉
        println("Sleep!")
    }
}
```

在上面的代码中,定义了用于表示人的 Person 类。Person 类中包含了两个成员变量,分别为 name 和 age:name 变量表示姓名,用字符串类型表示;age 变量表示年龄,用整型表示。Person 类还包含了两个成员函数 eat 和 sleep,分别抽象了人的吃饭和睡觉两种行为。eat 函数和 sleep 函数也可以称为 eat 方法和 sleep 方法。

这里创建的 Person 类就可以作为一个数据类型来使用了,将 Person 类实例化为对象,即实例化为具体的人。

2. 对象

对象是类的实例,通过类创建对象的过程称为实例化(Instantiate)。对于 Person 类,默认可以通过 Person()表达式将 Person 类实例化为一个对象,然后,将这个对象赋值给 Person 类型的变量,其类的变量的定义方法和基本数据类型的变量的定义方法类似。例如,定义一个 Person 类的变量 zhangsan,然后初始化为一个 Person 类的实例,代码如下:

```
var zhangsan : Person = Person()        //创建 Person 类的对象 zhangsan
```

与前文介绍的基本数据类型类似,当编译器可以自动判断初始化值的类型时,可以省略

变量的类型声明,让编译器通过初始化语句自动判断变量的类型,代码如下:

```
var zhangsan = Person()
```

此时,zhangsan 是 Person 类的对象,通过 zhangsan 对象就可以使用其内部的成员变量和成员方法了。访问对象的成员需要使用成员访问操作符,其具体的方法如下:

(1) 通过"对象名. 成员变量名"的方式访问内部的成员变量。

(2) 通过"对象名. 成员函数名(实参列表)"的方式调用内部的成员函数。

例如,通过 zhangsan. name 和 zhangsan. age 就可以访问 zhangsan 对象的姓名和年龄了,通过 zhangsan. eat()和 zhangsan. sleep()就可以实现 zhangsan 对象的吃饭和睡觉功能了。

【实例 2-7】 实例化 Person 类并访问其成员变量和成员函数,代码如下:

```
//code/chapter02/example2_7.cj
class Person {
    //成员变量 name 和 age
    var name : String = "董昱"         //姓名
    var age : Int8 = 30               //年龄

    //成员函数 eat()和 sleep()
    func eat() {
        println("吃饭!")
    }

    func sleep() {
        println("睡觉!")
    }

}

main() {
    //创建 Person 类的对象 zhangsan
    var zhangsan = Person()
    //将 zhangsan 对象成员变量 name 赋值为"张三"
    zhangsan.name = "张三"
    //将 zhangsan 对象成员变量 age 赋值为 20
    zhangsan.age = 20
    //输出 zhangsan 对象的成员变量
    println("姓名: ${zhangsan.name} 年龄:${zhangsan.age}")
    //使用 zhangsan 对象的成员函数 eat
    zhangsan.eat()
}
```

在 main 函数中,创建了 Person 类的对象 zhangsan,并分别对 zhangsan 对象的成员变量 name 和 age 进行了赋值操作,然后对这两个成员变量的值进行了输出,最后调用了该对象的 eat 函数。编译并运行程序,输出的结果如下:

```
姓名:张三 年龄:20
吃饭!
```

上述代码描述了真实世界中这么一个场景：30 岁的张三吃饭了。

3. 成员的可见性

成员的可见修饰符包括 public、protected 和 private 关键字。这些标识符可用于声明类的成员，包括成员变量、成员属性、构造函数和成员函数。每个成员只能使用一个可见修饰符，用于声明该成员的可见性。上述关键字的含义如下：

（1）使用 public 修饰的成员在类的内部（包括子类）和外部均可访问。

（2）使用 protected 修饰的成员只能在类的内部（包括子类）访问。

（3）使用 private 修饰的成员只能在类的内部（不包括子类）访问。

【实例 2-8】 定义 Animal 类，并分别通过 public、protected 和 private 关键字定义成员变量和成员函数。在 Animal 类、Animal 的子类 Dog 和 main 函数（类的外部）中尝试使用这些可见修饰符修饰的成员，代码如下：

```
//code/chapter02/example2_8.cj
//父类:动物 Animal 类
open class Animal {
    //3 个可见修饰符修饰的变量
    public let a = 1001
    protected let b = 1002
    private let c = 1003

    //3 个可见修饰符修饰的函数
    public func test1() {
        println("test1")
    }

    protected func test2() {
        println("test2")
    }

    private func test3() {
        println("test3")
    }

    //类内部的测试函数
    func animalTest() {
        println("a : ${a}")
        println("b : ${b}")
        println("c : ${c}")
        test1()
        test2()
        test3()
    }
}

//子类:狗 Dog 类
class Dog <: Animal {

    //子类内部的测试函数
```

```
        func dogTest() {
            println("a : ${a}")
            println("b : ${b}")
            //println("c : ${c}")              //无法访问 c 变量,会报错
            test1()
            test2()
            //test3()                          //无法调用 test3(),会报错
        }
    }

main() {
    let animal = Animal()
    //在类的外部访问测试
    println("a : ${animal.a}")
    //println("b : ${animal.b}")               //无法访问 b 变量,会报错
    //println("c : ${animal.c}")               //无法访问 c 变量,会报错
    animal.test1()
    //animal.test2()                           //无法调用 test2(),会报错
    //animal.test3()                           //无法调用 test3(),会报错

    //在类的内部访问测试
    animal.animalTest()

    //在子类的内部访问测试
    let dog = Dog()
    dog.dogTest()
}
```

Animal 类中的成员变量 a、b 和 c 分别由 public、protected 和 private 修饰。对于变量 a,在 Animal 类的成员函数中,在其子类 Dog 的成员函数中,以及在 main 函数中都可以访问。对于变量 b,不能在 main 函数中访问,但是可以在 Animal 类及其子类 Dog 的成员函数中访问。对于变量 c,只能在 Animal 类的成员函数中访问,不能在子类 Dog 的成员函数及 main 函数中访问。

Animal 类中的成员函数 test1、test2 和 test3 分别由 public、protected 和 private 修饰。这些函数的可见性和相应修饰符的成员变量类似,不再赘述。

编译并运行程序,输出的结果如下:

```
a : 1001
test1
a : 1001
b : 1002
c : 1003
test1
test2
test3
a : 1001
b : 1002
test1
test2
```

在使用可见修饰符时需要注意以下几个问题：

（1）如果成员没有被任何可见修饰符修饰，则默认为 public。

（2）构造函数也可以使用可见修饰符修饰。可以通过这一特性创建单例类等。

（3）可见修饰符可以修饰静态成员，效果如下：

■ 使用 public static 修饰的静态成员在类的内部（包括子类）和外部均可访问。

■ 使用 protected static 修饰的静态成员只能在类的内部（包括子类）访问。

■ 使用 private static 修饰的静态成员只能在类的内部（不包括子类）访问。

（4）使用 private 修饰的成员不能被重写，使用 private static 修饰的成员也不能被重定义（编译器会报错）。

4. this 关键字

在类的内部 this 关键字表示对象本身，因此在类的内部可以通过 this 变量和成员访问操作符.访问对象的成员：

（1）在类的内部，通过"this.成员变量名"的方式访问成员变量。

（2）在类的内部，通过"this.成员函数名(实参列表)"的方式调用成员函数。

在没有冲突的情况下，可以省略"this."部分，即直接通过成员变量名和成员函数名使用类的成员。对于实例 2-7，在类的内部通过 name 或者 this.name 两种方式均可以访问 name 成员变量，在类的内部通过 eat()或者 this.eat()两种方式均可以调用 eat 成员函数。

【实例 2-9】 在实例 2-7 的基础上，使用 this 关键字实现输出对象信息 toString 函数，并且在 eat 函数和 sleep 函数中输出文本信息时带上姓名信息，代码如下：

```
//code/chapter02/example2_9.cj
class Person {
    var name : String = "董昱"        //姓名
    var age : Int8 = 30              //年龄

    //输出对象信息
    func toString() : String {
        let strAge = if (this.age < 0) { "未知" } else { "${this.age}" }
        return "姓名：${this.name} 年龄：${strAge}"
    }

    func eat() {
        println(this.name + "吃饭!")
    }

    func sleep() {
        println(this.name + "睡觉!")
    }
}

main() {
    var zhangsan = Person()
    zhangsan.name = "张三"
    zhangsan.age = 20
```

```
        println("输出 zhangsan 对象信息: ${zhangsan.toString()}")
        zhangsan.eat()
        zhangsan.sleep()
    }
```

在 toString、eat 和 sleep 函数中均使用了 this 关键字访问 name 和 age 成员变量。在 main 函数中,分别调用了 zhangsan 对象的 toString、eat 和 sleep 函数,输出信息并执行相应的动作。编译并运行程序,输出的结果如下:

```
输出 zhangsan 对象信息: 姓名:张三年龄:20
张三吃饭!
张三睡觉!
```

5. 成员函数的重载

成员函数支持重载,并且成员函数重载规则和一般函数的重载规则是相同的。

【实例 2-10】 通过 Person 类完成下面一个场景:如果有现成的食物,则人会吃现成的食物,如果没有现成的食物,就自己做饭(制作米饭和肉)来吃。

(1) 首先通过函数实现做饭行为,吃饭时如果没有饭就先做饭,此时吃饭函数可以调用做饭函数。

(2) 由于吃饭行为包括了吃现成的食物和吃自己做的饭,所以吃饭函数可以通过重载实现。

通过成员函数的相互调用和成员函数的重载实现这一功能,代码如下:

```
//code/chapter02/example2_10.cj
class Person {
    var name : String = "董昱"          //姓名
    var age : Int8 = 30                 //年龄
    …
    //做饭(米饭和肉)
    func makeFood() : String {
        return "米饭、肉"
    }
    //吃饭(现做现吃)
    func eat() {
        let food = makeFood()           //做饭
        println(name + "吃" + food + "!")
    }
    //吃饭(吃现成的食物),food 参数为现成的食物
    func eat(food : String) {
        println(name + "吃" + food + "!")
    }
}

main() {
    var zhangsan = Person()
    zhangsan.name = "张三"
    zhangsan.age = 20
    zhangsan.eat()                      //张三做饭后吃饭
    zhangsan.eat("面包")                //张三吃面包
}
```

makeFood 函数用来做饭,其做饭结果通过 String 类型的返回值返回。eat 函数包含以下两个重载函数。

(1) eat():该函数会调用 makeFood()函数来做饭,然后吃饭。

(2) eat(food:String):该函数的 food 参数会传递具体的食物,然后吃该食物。

在 main 函数中,分别调用了 eat 的两个重载函数,实现上述功能。编译并运行程序,输出的结果如下:

```
张三吃米饭、肉!
张三吃面包!
```

2.3.2 继承和多态

面向对象编程的 3 个基本特性就是封装、继承和多态。2.3.1 节实现了类的封装,即将类的功能封装为各种各样的成员,本节主要介绍继承和多态。

1. 继承

类之间可以拥有从属关系,并且这种从属关系通过继承的方式体现。被继承的类称为父类,继承所得的新类称为子类。

注意 仓颉语言不支持多继承。

(1) 对于父类,必须满足以下条件之一才可以被继承:
- 使用 open 关键字修饰的类。
- 类中包含了 open 关键字修饰的成员。
- 抽象类。

使用 open 关键字修饰的类,其基本形式如下:

```
open class 类名{
    //类的定义体
}
```

关键字 open 表示这种类型可以拥有子类型。

(2) 对于子类,需要在类名后通过<:符号连接将要继承的父类名称,基本结构如下:

```
class 类名<: 父类名{
    //类的定义体
}
```

【实例 2-11】 定义用于表示汽车的父类 Car 及用于表示宝马汽车的子类 BMW,并且 BMW 类继承于 Car 类,代码如下:

```
//code/chapter02/example2_11.cj
//父类 Car
open class Car {
    //类型信息
```

```
    let typeInfo = "Car"
    //驾驶函数
    func drive() {
        println("Drive the car!")
    }
}


//子类 BMW
class BMW <: Car {
    //继承父类的成员
}


main() {
    var bmw = BMW()                        //子类 BMW 的对象 bmw
    bmw.drive()                            //调用父类的方法
    println("bmw 类型 : " + bmw.typeInfo)//访问父类的变量
}
```

编译并运行程序,输出的结果如下:

```
Drive the car!
bmw 类型 : Car
```

2. 向上转型和向下转型

转型即类型转换,分为向上转型和向下转型。所谓"向上"和"向下",是指类型关系的高低:在面向对象编程中,向上转型是指从子类类型向父类类型转换,向下转型是指从父类类型向子类类型转换。

1) 向上转型

向上转型非常简单,不需要任何操作符,只需将子类的对象直接赋值给父类的变量便可完成向上转型。需要注意的是,向上转型转的是类型而不是对象本身。虽然类型转换了,但是对象还是原先的对象。例如,子类重写了父类的函数,当子类的对象向上转型为父类的对象后,执行该函数时调用的仍然是子类重写后的函数。

【实例 2-12】　狗 Dog 类继承于哺乳动物 Mammal 类,将 Dog 类的实例 dog 向上转型为 Mammal 类,代码如下:

```
//code/chapter02/example2_12.cj
//哺乳动物 Mammal 类
open class Mammal {
    public open func speak() {
        println("哺乳动物叫!")
    }
}
//狗 Dog 类
class Dog <: Mammal {
    public override func speak() {
        println("汪汪汪!")
    }
```

```
    }
main() {
    let dog : Dog = Dog()              //狗
    let mammal : Mammal = dog          //将 dog 对象向上转型为 mammal 对象
    mammal.speak()
}
```

Dog 类重写了 Mammal 类中的 speak 函数。当 Dog 类的实例 dog 向上转型为 Mammal 类时,由于对象还是原先的 dog 对象,所以执行 speak 函数仍然执行 Dog 类的 speak 函数。编译并运行程序,输出的结果如下:

```
汪汪汪!
```

2) 向下转型

向下转型需要使用 as 操作符。as 操作符可以将对象从父类转换为子类,as 表达式的基本结构如下:

```
对象名 as 类名
```

该表达式的类型为 Option<T>,其中 T 为转型后的类名,和 as 表达式后的类名相同。和向上转型类似,向下转型转换的是类型而不是对象本身,因此只有在对象原本属于子类的情况下才可以实现向下转型,否则转型时会失败。当转型失败时,as 表达式的结果为None。

【实例 2-13】 狗 Dog 类继承于哺乳动物 Mammal 类。测试将 Dog 类的实例 dog 向上转型为 Mammal 类的变量 mammal,然后将 mammal 向下转型,最后测试将 Mammal 类的实例 mammal2 转型为 Dog 类,代码如下:

```
//code/chapter02/example2_13.cj
//哺乳动物 Mammal 类
open class Mammal {
    func isMammal() {
        println("I am a mammal.")
    }
}

//狗 Dog 类
class Dog <: Mammal {
    func isDog() {
        println("I am a dog.")
    }
}

main() {
    //Dog 类型的变量 dog
    let dog = Dog()
    dog.isMammal()
```

```
        dog.isDog()

        //向上转型:将 Dog 类型转型为 Mammal 类型
        let mammal : Mammal = dog
        mammal.isMammal()
        //mammal.isDog()    //无法执行

        //向下转型:将 Mammal 类型转型为 Dog 类型
        let dogOpt = mammal as Dog
        match (dogOpt) {
            case Some(v) =>
                v.isDog()
            case None =>
                print("向下转型失败\n")
        }

        //创建一个 Mammal 类型的对象,向下转型为 Dog(会失败)
        let mammal2 = Mammal()
        let dogOpt2 = mammal2 as Dog
        match (dogOpt2) {
            case Some(v) =>
                v.isDog()
            case None =>
                print("向下转型失败\n")
        }
}
```

Mammal 类的实例 mammal2 本身并不是 Dog 类,所以不能转型为 Dog 类,从而导致转型失败。编译并运行程序,结果如下所示。

```
I am a mammal.
I am a dog.
I am a mammal.
I am a dog.
向下转型失败
```

3. 多态

继承不仅实现了代码的复用,更为重要的是为多态的实现带来了可能。多态是面向对象编程中最重要的概念之一,也是面向对象编程的核心。多态是指代码可以根据类型的具体实现采取不同行为的能力。

简单地说,多态是指不同的类拥有相同的函数,但执行这些函数却可以得到不同的结果。例如,哺乳动物都有发声的能力,但是具体到不同的哺乳动物,其发出的声音是不一样的。猫能发出的声音是"喵喵喵",狗能发出的声音是"汪汪汪",而羊能发出的声音是"咩咩咩"。当开发者调用这些不同动物的发出声音的函数时,这些对象所能够发出的声音是不一样的,这就是多态,如图 2-4 所示。

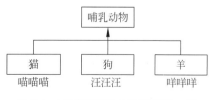

图 2-4 不同的哺乳动物叫声不一样

实现多态主要有两种方式：

（1）通过继承和重写实现多态。

（2）通过接口实现多态。

对于许多类，其成员可能是非常抽象的。例如在上面的例子中，哺乳动物类就非常抽象，哺乳动物的叫法可能多种多样，所以其叫法实现的函数不应该在哺乳动物类中出现。这时就可以使用抽象类的特性了。

通过继承和重写能够很轻易地实现多态，其基本方法如下：

（1）在父类中定义需要实现多态的函数。

（2）在子类中重写需要实现多态的函数。

【实例 2-14】 定义哺乳动物 Mammal 类，然后实现其子类 Cat、Dog 和 Sheep，并在子类中分别重写 Mammal 类的 speak 函数，代码如下：

```
//code/chapter02/example2_14.cj
//哺乳动物 Mammal 类
open class Mammal {
    public open func speak() {
        println("哺乳动物叫!")
    }
}

//猫 Cat 类
class Cat <: Mammal {
    public override func speak() {
        println("喵喵喵!")
    }
}
//狗 Dog 类
class Dog <: Mammal {
    public override func speak() {
        println("汪汪汪!")
    }
}
//羊 Sheep 类
class Sheep <: Mammal {
    public override func speak() {
        println("咩咩咩!")
    }
}

main() {
    let dog : Mammal = Dog()          //狗
    dog.speak()                       //狗叫
    let cat : Mammal = Cat()          //猫
    cat.speak()                       //猫叫
    let sheep : Mammal = Sheep()      //羊
    sheep.speak()                     //羊叫
}
```

在 main 函数中,分别创建 Dog、Cat 和 Sheep 类的对象,并均向上转换为 Mammal 类的变量,此时分别调用这 3 个对象的 speak 函数,可以返回不同的结果。编译并运行程序,输出的结果如下:

```
汪汪汪!
喵喵喵!
咩咩咩!
```

2.3.3 接口

接口(Interface)是非常重要的概念。实际上,接口是一种抽象的约束,是对某些具体的相关的功能进行抽象的载体。很多人说,面向接口编程而不是面向实现编程。"面向接口编程"是先设计对外接口,然后通过类实现接口中的具体功能。

1. 接口是一种约束

接口通过 interface 定义,包括接口名、接口的定义体等部分,其基本形式如下:

```
interface 接口名{
    //接口的定义体
}
```

在接口的定义体中,可以定义各种成员,也可以实现成员。另外,接口不能被实例化,所以不能含有任何构造函数。

例如,定义一个可移动的接口 Movable,代码如下:

```
interface Movable {
    func move() : Unit
}
```

在上述代码中,Movable 接口中包含了抽象的 move 函数。

类可以实现接口,其实现的方法与继承类似,使用<: 符号表示实现。例如,Rabbit 类实现 Movable 接口,代码如下:

```
class Rabbit <: Movable {
    func move() {
        println("rabbit move!")
    }
}
```

如果用类实现接口,就必须实现接口中所有的抽象函数与抽象属性,否则会导致编译报错,所以接口是对类的一种约束,约束了类必须实现的成员。另外,可以使用接口的方式操作实现该接口的类的对象,即将类的对象转型为接口的对象。

【实例 2-15】 Rabbit 类实现了 Movable 接口,所以可以使用 Movable 接口来调用 Rabbit 对象的 move 函数,代码如下:

```
//code/chapter02/example2_15.cj
interface Movable {
```

```
    func move() : Unit
}

class Rabbit <: Movable {
    public func move() {
        println("rabbit move!")
    }
}

main() {
    let rabbit = Rabbit()              //Rabble 类的对象 rabbit
    rabbit.move()
    let movable : Movable = rabbit     //使用 Movable 接口操作 rabbit 对象
    movable.move()
}
```

在 main 函数中,将 Rabbit 的实例 rabbit 向上转型为 Movable 类型,并赋值给 movable 变量。通过 movable.move()表达式调用了 Rabbit 类中实现的 move 函数。编译并运行程序,输出的结果如下:

```
rabbit move!
rabbit move!
```

类只支持单继承,但是支持同时实现多个接口。因为继承和实现接口均使用<:符号,所以继承的父类要放在实现的接口的前面,并且父类与接口、接口与接口之间均使用 & 符号隔开。

【实例 2-16】 定义哺乳动物 Mammal 抽象类,兔子 Rabbit 类继承于 Mammal 类,并且实现了可移动的 Movable 接口和可跳跃的 Jumpable 接口,代码如下:

```
//code/chapter02/example2_16.cj
interface Movable {              //可移动接口
    func move() : Unit          //移动
}

interface Jumpable {            //可跳跃接口
    func jump() : Unit          //跳跃
}

//抽象类 - 哺乳动物 Mammal 类
abstract class Mammal {

}

//兔子 Rabbit 类继承于 Mammal 类,并实现了 Movable 和 Jumpable 接口
class Rabbit <: Mammal & Movable & Jumpable{
    public func move() {        //实现移动函数
        println("Rabbit move!")
    }
```

```
    public func jump() {               //实现跳跃函数
        println("Rabbit jump!")
    }
}

main() {
    let rabbit = Rabbit()              //兔子 Rabbit 类的对象
    rabbit.move()                      //兔子移动
    rabbit.jump()                      //兔子跳跃
}
```

编译并运行程序,输出的结果如下:

```
Rabbit move!
Rabbit jump!
```

和抽象类类似,接口中的抽象成员函数或成员属性不能使用 private 修饰,也不能使用 static 修饰,因为没有任何意义。在仓颉核心库中定义了类的许多实用的接口。例如,比较常用的就是 ToString 接口,其定义如下:

```
public interface ToString {
    func toString(): String
}
```

通过实现 ToString 接口,可以实现类的 toString 函数,因此,实现该接口的类的对象就可以使用 print、println 函数输出其字符串信息了。

2. 通过接口实现多态

由于接口可以定义抽象函数,实现接口的多个类可以通过不同的方式实现抽象函数。当使用接口来调用抽象函数时,实则会调用这个抽象函数的具体实现,其运行结果可能不同,这是通过接口实现多态的原理。

【**实例 2-17**】 定义 Flyable 接口并定义 fly 抽象函数。Bird、Bat 和 Airplane 类分别实现 Flyable 接口并实现 fly 函数。函数 gofly 调用 Flyable 接口对象的 fly 抽象函数,代码如下:

```
//code/chapter02/example2_17.cj
interface Flyable {
    func fly(): Unit                   //抽象函数 fly
}

class Bird <: Flyable {                //鸟 Bird,实现 Flyable 接口
    public func fly(): Unit {          //函数 fly 的具体实现,输出 Bird flying
        println("Bird flying")
    }
}

class Bat <: Flyable {                 //蝙蝠 Bat,实现 Flyable 接口
```

```
        public func fly(): Unit {            //函数 fly 的具体实现,输出 Bat flying
            println("Bat flying")
        }
    }

    class Airplane <: Flyable {              //飞机 Airplane,实现 Flyable 接口
        public func fly(): Unit {            //函数 fly 的具体实现,输出 Airplane flying
            println("Airplane flying")
        }
    }

    //调用 Flyable 接口对象的 fly 抽象函数
    func gofly(item: Flyable): Unit {
        item.fly()
    }

    main() {
        let bird = Bird()
        let bat = Bat()
        let airplane = Airplane()
        gofly(bird)
        gofly(bat)
        gofly(airplane)
    }
```

在 main 函数中,创建了 Bird、Bat 和 Airplane 类的实例,并通过 gofly 函数将这些对象转换为 Flyable 接口的变量,然后调用其 fly 函数。由于 fly 函数在上述类中的实现方法不同,所以其输出结果会呈现多态性。编译并运行程序,输出的结果如下:

```
Bird flying
Bat flying
Airplane flying
```

接口用于约束类型的能力,扩展则用于拓展类型的能力。

3. Any 类型

Any 类型是一个接口类型,其定义如下:

```
interface Any {}
```

在仓颉语言中所有的接口都默认继承 Any,所有的非接口都默认实现 Any,所以在仓颉语言中的所有类型都可以向上转型为 Any 类型,Any 类型相当于一个通用的类型。

可以将任何实例赋值为 Any 类型的变量,代码如下:

```
let a : Any = 1
let b : Any = 'a'
var c : Any = "this is a string"
c = 100
c = 'b'
```

上述代码是合法的,可以正常编译和运行。

2.3.4　结构体及其构造函数

在使用上,结构体类型类似于面向对象中的类,可以拥有各类成员和构造函数,也可被实例化。结构体和类的主要区别如下:

(1)结构体是值类型,类是引用类型。

(2)结构体不能继承,但类可以继承。

结构体通过 struct 关键字定义,其基本形式如下:

```
struct 名称{
    //结构体的定义体
}
```

struct 关键字后为结构体名称,然后通过一个花括号包含了结构体的定义体。合法的标识符都可以作为结构体名称,但是其首字母通常为大写。在结构体的定义体中可以包含多个不同类型的变量。

例如,定义包含用于表示书名、作者、出版社、出版年份等变量的图书结构体类型 Book,代码如下:

```
struct Book {
    var name : String = "仓颉 TensorBoost 学习之旅"    //书名
    var author : String = "董昱"                      //作者
    var publisher : String = "清华大学出版社"            //出版社
    var year : Int32 = 2023                          //出版年份
}
```

在上述代码中,name、author、publisher 和 year 变量分别代表图书的名称、作者、出版社和出版年份。由于这些变量处于结构体类型的内部,所以这些变量称为结构体类型的成员变量。

成员变量必须初始化。在上面的代码中,变量在定义时初始化的方法似乎并不好。因为 Book 类型作为一种类型而言,其内部的各个变量应该是抽象的,不应该拥有具体的值。此时可以通过构造函数进行初始化。

构造函数是特殊的函数,其函数名为 init,并且由于 init 为仓颉关键字,因此不需要(也不能)使用 func 关键字声明函数。下面为 Book 结构体类型添加一个构造函数,传入 4 个相应的参数,用于初始化 Book 结构体类型中的 4 个成员变量,代码如下:

```
struct Book {
    var name : String
    var author : String
    var publisher : String
    var year : Int32

    //构造函数,初始化 4 个成员变量
```

```
    init(name : String, author : String,
            publisher : String, year : Int32) {
        this.name = name
        this.author = author
        this.publisher = publisher
        this.year = year
    }
}
```

在构造函数中,关键字 this 表示当前结构体类型的实例,this.name 表示当前结构体类型实例中的 name 成员变量。赋值表达式 this.name = name 表示将构造函数的参数 name 的值赋值到实例成员变量 name 上。该构造函数中的其他 3 个语句的含义与此类似。

构造函数支持重载,即可包含多个参数列表不同的构造函数。例如,在上述代码的基础上,添加一个无参数的构造函数,并在其中对 4 个成员变量进行初始化,将所有字符串类型的变量赋值为空字符串,将年份变量赋值为 −1(表示无效值),代码如下:

```
struct Book {
    var name : String
    var author : String
    var publisher : String
    var year : Int32

    init() {
        this.name = "仓颉 TensorBoost 学习之旅"
        this.author = "董昱"
        this.publisher = "清华大学出版社"
        this.year = 2023
    }

    init(name : String, author : String,
            publisher : String, year : Int32) {
        this.name = name
        this.author = author
        this.publisher = publisher
        this.year = year
    }
}
```

在结构体类型中,如果在任何一个构造函数中没有对某个成员变量进行初始化,则必须在定义该变量的同时完成初始化。如果结构体类型没有构造函数,则所有的成员变量都需要在定义的同时完成初始化。

结构体的构造函数的成员函数的基本用法和类是类似的,读者可以比对学习。

结构体类型拥有自定义的结构体名称。通过这个结构体名称即可声明结构体变量。例如,定义 Book 结构体类型的变量 book1,代码如下:

```
var book1 : Book
```

通过结构体类型的构造函数即可创建实例,但是,构造函数的调用并非是直接调用,而

是通过结构体名称调用的。例如,上述 Book 结构体类型中包含了以下两个构造函数:

```
init()
init(name: String, author: String, publisher: String, year: Int32)
```

这两个构造函数的调用分别为

```
Book()
Book(name: String, author: String, publisher: String, year: Int32)
```

上述两个表达式的返回值为相应的 Book 实例。

注意　如果开发者没有设计任何构造函数,则仓颉编译器会自动为其生成一个无参数的默认构造函数 init()。例如,对于没有构造函数的结构体类型 Book,可以通过表达式 Book() 的方法构造 Book 的实例。

定义两个 Book 类型的变量 book1 和 book2,然后创建 Book 类型的两个实例并赋值到上述变量中,代码如下:

```
var book1 : Book = Book()
var book2 : Book = Book("仓颉语言程序设计", "董昱", "清华大学出版社", 2022)
```

在这两个实例中,成员变量的值是不同的。此时可以通过成员访问操作符. 访问结构体的成员变量,即通过"结构体变量名. 成员变量名"的形式访问成员变量。例如,book1. name 表示访问 book1 实例中的 name 成员变量。

【**实例 2-18**】　创建两个 Book 类型的实例并打印各自的书名,代码如下:

```
//code/chapter02/example2_18.cj
struct Book {
    var name : String
    var author : String
    var publisher : String
    var year : Int32

    init() {
        this.name = "仓颉 TensorBoost 学习之旅"
        this.author = "董昱"
        this.publisher = "清华大学出版社"
        this.year = 2023
    }

    init(name : String, author : String,
            publisher : String, year : Int32) {
        this.name = name
        this.author = author
        this.publisher = publisher
        this.year = year
    }
}
```

```
main() {
    //book1 表示《仓颉 TensorBoost 学习之旅》
    var book1 : Book = Book()
    println("book1 : ${book1.name}")       //打印 book2 的书名
    //book2 表示《仓颉语言程序设计》
    var book2 : Book = Book("仓颉语言程序设计", "董昱", "清华大学出版社", 2022)
    book2.name = "仓颉语言程序设计"          //修改 book2 的书名
    println("book2 : ${book2.name}")       //打印 book2 的书名
}
```

在 main 函数中,创建了两个 Book 类型的实例,分别为 book1 和 book2。这两个实例分别是通过 Book 实例的两个构造函数进行初始化的,因此 book1 和 book2 中的成员变量的值不相同。随后,main 函数通过访问 name 成员变量输出这两本书的书名。在输出 book2 的书名前,对该书的书名进行了修改。编译并运行程序,输出的结果如下:

```
book1 : 仓颉 TensorBoost 学习之旅
book2 : 仓颉语言程序设计
```

2.4　泛型和集合类型

在基本数据类型中只有元组 Range<T>支持泛型,并且在 2.2.1 节已经介绍了其基本用法。自定义类型均支持泛型,即类(class)、接口(interface)、枚举(enum)和结构体(struct)都可以是泛型。

2.4.1　泛型类型

泛型类型的名称是在自定义类型的名称的基础上,通过尖括号<>声明泛型形参。泛型形参是泛型中参数化的部分,一个泛型可以有一个或者多个泛型形参。例如,Test<T>、ArrayList<T>、Pair<M,N>、Node<K,V>等都是合法的泛型类型,其中 T、M、N、K、V 等为泛型形参。泛型形参可以随意命名(满足仓颉标识符的要求即可),但是通常使用一个大写字母表示,如 T、K、V 等。

注意　在泛型形参的命名上有一些约定俗成的规则,例如 T 表示通用类型、N 表示数值类型、K 表示键-值对的键、V 表示键-值对的值、E 表示集合中的元素等。

在泛型的定义体中可使用泛型形参,被称为泛型变元。例如,定义 Test<T>类,并在类的定义体中通过 T 标识符使用该泛型形参,代码如下:

```
class Test<T> {
    var value : T            //T 类型的成员变量 value
    init(value : T) {        //构造函数
        this.value = value
    }
    func getValue() : T {    //返回 T 类型的 value 值
```

```
        return value
    }
}
```

在 Test<T>的定义体中,使用了 3 次 T 标识符:

(1) 定义了 T 类型的成员变量 value。

(2) 在构造函数中使用 T 类型的 value 形参。

(3) 函数 getValue 的返回类型为 T。

这些都是泛型变元。

在定义 Test<T>类型的变量时,开发者可根据实际需求使用具体的类型作为 T 类型的实参,例如 Test<Int64>、Test<String>、Test<Char>等类型。这里的 Int64、String、Char 就被称为泛型实参。

【实例 2-19】　定义泛型类 Test<T>,然后创建 Test<Int64>的变量并实例化,代码如下:

```
//code/chapter02/example2_19.cj
class Test<T> {
    var value : T          //T 类型的成员变量 value
    init(value : T) {      //构造函数
        this.value = value
    }
    func getValue() : T {  //返回 T 类型的 value 值
        return value
    }
}
main() {
    let test = Test<Int64>(20)
    println("the value is ${test.getValue()}")
}
```

在 main 函数中,通过 test 实例的 getValue 函数获取成员变量 value 的值。编译并运行程序,输出的结果如下:

```
the value is 20
```

在上文中,出现了 3 个主要的概念,总结如下。

(1) 泛型形参:定义泛型时的可变部分,用标识符表示。

(2) 泛型变元:在定义体中,使用泛型形参引用类型的部分。

(3) 泛型实参:当声明或实例化泛型时,将泛型形参具体化为某个具体的类型,称为泛型实参。

泛型约束是泛型的精髓,用于限定泛型形参的范围。在之前的学习中,因为并不能限定泛型形参的类型,所以没有办法对泛型变元进行处理。有了泛型约束以后,一切都好办了。泛型约束可以约束泛型形参的类型,从而只有符合某些固定特征的泛型形参才可以使用。

泛型约束通过 where 关键字定义,在自定义类型的类型声明和类型的定义体之间,使

用 where 和约束语句进行泛型约束,其基本形式如下:

```
类型名 where 泛型约束语句 {
    //类型的定义体
}
```

泛型约束语句通过<:符号约束泛型形参是否实现了某个接口,或者某种类型的子类型。如果存在多个泛型约束,则需要通过逗号隔开。下面介绍一种常用的泛型约束:接口约束。

接口约束是只有当且仅当实现了接口的参数才能用于泛型实参。在仓颉语言中,最常见的接口约束是 ToString 接口。所有实现该接口的类型都可以使用 toString 函数输出信息,其定义如下:

```
external interface ToString {
    func toString() : String
}
```

【实例 2-20】 定义 Test < T >泛型类,并且其中 T 类型必须实现 ToString 接口。在 Test < T >泛型类的定义体中定义了 T 类型的变量 value,由于 value 变量实现了 ToString 接口,所以可以在 printValue 函数中通过 value 的 toString 方法输出其具体信息,代码如下:

```
//code/chapter02/example2_20.cj
class Test < T > where T <: ToString {
    var value : T              //T类型的成员变量 value
    init(value : T) {          //构造函数
        this.value = value
    }
    func printValue() {        //输出 value 值
        println("The value is " + value.toString())
    }
}

main() {
    let test = Test < Int64 >(20)
    test.printValue()
}
```

编译并运行程序,输出的结果如下:

```
The value is 20
```

如果存在多个约束,则在约束之前应使用逗号连接。下面举一个使用多个泛型约束的例子。

【实例 2-21】 定义 Pair < M,N >泛型类,其中 M 和 N 必须实现 ToString 接口,并且 Pair < M,N >也实现 ToString 接口,并在定义体中实现 toString 方法输出 m 变量和 n 变量的信息,代码如下:

```
//code/chapter02/example2_21.cj
class Pair < M, N >< : ToString where M <: ToString, N <: ToString {
    var m : M
    var n : N

    init(m : M, n : N) {
        this.m = m
        this.n = n
    }

    public func toString() : String {
        "Pair [" + m.toString() + ", " + n.toString() + "]"
    }
}

main() {
    let pair = Pair < Int64, Int64 >(20, 10)
    println(pair.toString())
}
```

编译并运行程序,输出的结果如下:

```
Pair [20, 10]
```

2.4.2 泛型函数

泛型函数是指具有参数化类型参数的函数。在仓颉语言中有以下两种泛型函数。

(1) 全局泛型函数:具有泛型参数的全局函数。

(2) 静态泛型函数:在类、结构体或枚举类型中,具有泛型参数的静态函数。

注意 在类、接口、结构体和枚举类型中可以声明静态泛型成员函数,称为静态泛型函数。其用法和全局泛型函数是类似的,所以不再单独介绍。

对于一般的函数而言,只需在函数名后通过尖括号声明泛型形参,就可以在参数列表中定义泛型参数,并且可以在函数体中使用泛型变元。泛型函数的一般形式如下:

```
func 函数名<泛型形参列表> (参数列表) {
    //函数体
}
```

【实例 2-22】 定义 tuple < T1, T2 >函数,用于将 T1 和 T2 两种类型的值组成 T1 * T2 元组的值,代码如下:

```
//code/chapter02/example2_22.cj

//将 T1 和 T2 类型的值转换为 T1 * T2 元组的值
func tuple < T1, T2 >(t1 : T1, t2 : T2) : (T1, T2) {
    return (t1, t2)
```

```
    }

    main() : Unit{
        //通过 tuple 创建元组 data
        let data = tuple<String, Int64>("身高", 187)
        //打印 data 元组内容
        println("${data[0]} : ${data[1]}")
    }
```

当编译器能够通过参数列表判断泛型实参的类型时,可以省略函数中泛型实参的部分,即上述的 main 函数可以修改为如下形式:

```
    main() : Unit{
        //通过 tuple 创建元组 data
        let data = tuple("身高", 187)
        //打印 data 元组内容
        println("${data[0]} : ${data[1]}")
    }
```

编译并运行程序,输出的结果如下:

```
身高 : 187
```

全局泛型函数同样可以使用泛型约束,泛型约束处于泛型形参列表的后方,并通过 where 关键字连接,其基本形式如下:

```
func 函数名<泛型形参列表> where 泛型约束(参数列表) {
    //函数体
}
```

【实例 2-23】 定义 dump < T >函数(用于输出 T 的内容),并约束 T,使 T 必须为 ToString 的子类型,代码如下:

```
//code/chapter02/example2_23.cj

//输出 T 类型 t 变量的内容
func dump<T>(t : T) where T <: ToString {
    let str = t.toString()
    println(str)
}

main() : Unit{
    //定义浮点型变量 value
    let value = 2.0
    //通过 dump 函数输出 value 的内容
    dump(2.0)
}
```

编译并运行程序,输出的结果如下:

```
2.000000
```

2.4.3　集合类型

仓颉语言提供了数组、数组列表、Hash 集合和 Hash 键-值对等集合(Collection)类型，基本功能如下：

(1) 数组(Array)：长度不可变，但元素可变的有序集合类型。

(2) 数组列表(ArrayList)：长度和元素均可变的有序集合类型。

(3) Hash 集合(HashSet)：没有索引的无序集合类型。

(4) Hash 键-值对(HashMap)：有自定义索引的无序集合类型。

这些集合类型都属于泛型，因此可以承载各种不同类型元素的集合。下面介绍两种常用的集合类型：数组和数组列表。

1. 数组

数组(Array)是长度不可变，但是元素可变的有序集合类型。数组类型为泛型类，用 Array<T>表示，其中 T 可以为整型、浮点型等。Array<T>可以包含 0 个、1 个或多种类型为 T 的值，称为数组的元素。数组的长度不可变，但是内容是可变的：

(1) 长度不可变。数组的长度是指数组中元素的个数。如果数组中没有元素，则其长度为 0。数组一旦创建，其长度便是固定的。

(2) 内容可变。数组中的元素是可以修改的。

1) 数组的定义

数组的定义需要指定泛型实参。例如，可以分别通过 Array < Int64 >和 Array<Float64>定义 Int64 类型和 Float64 类型的数组，代码如下：

```
var arr : Array<Int64>        //Int64 类型的数组
var arr2 : Array<Float64>     //Float64 类型的数组
```

数据可以通过列表初始化，也可以通过构造函数的方法初始化。数组的构造函数如下。

■ init()：创建空数组。

■ init(size：Int64, value：T)：创建指定长度(size)且有固定值(value)的数组。

■ init(elements：Collection<T>)：通过集合类型创建数组。

■ init(size：Int64, initElement：(Int64)-> T)：通过 Lambda 表达式创建数组。

常见的数组初始化有以下几种方法：

(1) 通过数组字面量的方式初始化数组。数组的字面量的基本形式如下：

```
@[元素 1,元素 2, …, 元素 n]
```

例如，字面量[1, 2, 3]表示包含 1、2、3 共 3 个元素的数组，代码如下：

```
var arr : Array<Int64> = [1, 2, 3]
```

(2) 通过 Array<T>()创建空列表。Array<T>()表达式通过 Array<T>的无参构造函数创建空数组。例如，创建并初始化一个 Int64 类型的空数组，代码如下：

```
var arr : Array < Int64 > = Array < Int64 >()        //空数组
```

（3）通过列表或其他集合类型初始化数组。例如，将列表作为数组构造函数的参数初始化数组，代码如下：

```
var arr : Array < Int64 > = Array < Int64 >([2, 5, 8])        //通过列表创建数组
```

（4）通过 Lambda 表达式创建数组。该构造方法主要用于创建具有一定规律的数组，其基本的使用方法和列表类似，这里不再赘述。

例如，创建一个 1、3、5 共 3 个元素的数组，代码如下：

```
var arr : Array < Int64 > = Array < Int64 >(3, { i => i * 2 + 1})        //数组为 1 3 5
```

2）数组的基本操作

与列表类似，获取数组元素的方式包括以下两种：

（1）通过索引操作符获取元素。例如，通过 arr[2] 即可获取 arr 列表变量中索引为 2 的元素。

（2）通过 get 函数获取元素。例如，通过 arr.get(2) 即可获取 arr 列表变量索引为 2 的元素。

上述两种获取元素的效果相同，表达式 arr[1] 和 arr.get(1) 能够获得相同的结果。数组也支持通过区间的方式截取数组，例如 arr[0..3] 表示从 arr 数组中截取从第 0 索引到第 2 索引的元素，并用这些元素组成新的数组。

除了上述的元素获取、截取以外，数组还支持遍历等基本操作，这些操作的使用方法和列表是类似的，这里不再赘述。

【实例 2-24】 实现数组遍历、截取等基本操作，代码如下：

```
//code/chapter02/example2_24.cj
main() {
    //定义数组 arr1
    var arr1 = Array < Int64 >([1, 2, 3])
    //遍历数组 arr1
    for (i in 0..arr1.size) {              //区间的最大值为 arr1 的长度
        let element = arr1[i]             //获取 arr1 的第 i 个元素
        print(" $ {element} ")            //打印 arr1 的第 i 个元素
    }
    println("") //打印换行符
    println("arr1 : " + arr1.toString()) //通过 toString()函数打印数组 arr1

    var arr2 = arr1[0..2]                 //数组截取
    println("arr2 : " + arr2.toString())
}
```

遍历 arr1 所用到的区间为 0..arr1.size，而 arr1.size 表示 arr1 的长度，其值为 3，所以该区间包括 0、1、2 共 3 个值，正好对应 arr1 中 3 个元素的索引。编译并运行程序，输出的结果如下：

```
1 2 3
arr1 : Array:[1, 2, 3]
arr2 : Array:[1, 2]
```

通过 for in 表达式可以直接遍历数组中的所有元素。在上述代码中 for in 表达式可以替换为如下代码：

```
for (element in arr1) {
    print("${element} ")          //打印 arr1 的第 i 个元素
}
```

目前，数组并不支持等于(＝＝)、不等于(!＝)等关系运算。

3）改变数组中元素的值

相对于列表，数组的最大特点是内容可变，在程序中可以随时改变数组元素的值。具体的方式是，通过索引操作符[]对相应的元素赋值。例如，将 arr 数组的第 2 个索引元素修改为 3，可以使用赋值表达式 arr[2]＝3。

【实例 2-25】　改变数组中元素的值，代码如下：

```
//code/chapter02/example2_25.cj
main() {
    //定义数组 arr
    var arr = Array<Int64>([1, 2, 3])
    println("arr 的第 1 个索引元素 : ${arr[1]}")
    arr[1] = 4          //改变 arr 的第 1 个索引元素
    println("改变后的 arr 数组 : " + arr.toString())
}
```

编译并运行程序，输出的结果如下：

```
arr 的第 1 个索引元素 : 2
改变后的 arr 数组 : Array:[1, 4, 3]
```

除了可以使用索引表达式[]操作数组元素以外，还可以通过数组的 get 和 set 函数操作数组，这两个函数的函数头和用法如下。

（1）func get(index：Int64)：Option<T>：该函数用于获取元素值，其中 index 参数为索引。

（2）func set(index：Int64, element：T)：Unit：该函数用于设置元素的值，其中 index 参数为索引，element 参数为元素值。

读者可以自行尝试这两个函数的用法，这里不再赘述。

2. 数组列表

数组列表(ArrayList)是长度可变且内容可变的有序集合类型。ArrayList 是泛型类，其类名称为 ArrayList<T>。ArrayList 位于 collection 标准库中，因此使用 ArrayList 前需要在源文件的开头导入该库，代码如下：

```
from std import collection. *
```

当然，也可以仅导入 ArrayList，代码如下：

```
from std import collection.ArrayList
```

创建数组列表和创建数组类似，可以通过构造方法创建空 ArrayList，也可以通过列表或者 Lambda 表达式等方式创建 ArrayList，但是 ArrayList 没有相应的字面量。ArrayList 的构造函数如下。

- init()：创建空的 ArrayList。
- init(capacity：Int64)：创建储备容量为 capacity 的 ArrayList。
- init(size：Int64, initElement：(Int64)-> T)：通过 Lambda 表达式创建 ArrayList。
- init(elements：List＜T＞)：通过列表创建 ArrayList。
- init(elements：Collection＜T＞)：通过集合类型创建 ArrayList。

通过上述构造函数，创建几个不同的 ArrayList，代码如下：

```
//定义一个空 ArrayList
var arrlist1 : ArrayList < Int64 > = ArrayList < Int64 >()
//通过列表定义 ArrayList
var arrlist2 : ArrayList < Int64 > = ArrayList < Int64 >([2, 5, 8])
//通过 Lambda 表达式定义 ArrayList
var arrlist3 : ArrayList < Int64 > = ArrayList < Int64 >(3, { i => i * 2 + 1})
```

除此之外，还可以通过数组创建 ArrayList，示例代码如下：

```
let list = [2, 5, 8]                    //创建列表
let arr = Array < Int64 >(list)         //通过列表创建数组
let arrlist = ArrayList < Int64 >(arr)  //通过数组创建 ArrayList
```

作为集合类型，ArrayList 和数组、列表的用法很类似，支持以下操作：

(1) 支持使用索引操作符或者 get、set 函数的方式引用和赋值元素。

(2) 支持 for in 等循环结构的遍历操作。

【实例 2-26】 通过 Lambda 表达式创建一个 ArrayList，然后遍历该 ArrayList 并打印其所有的元素，代码如下：

```
//code/chapter02/example2_26.cj
from std import collection.ArrayList

main() {
    //通过 Lambda 表达式定义 ArrayList
    var arrlist : ArrayList < Int64 > = ArrayList < Int64 >(3, { i => i * 2 + 1})

    //遍历数组 buf
    for (i in 0..arrlist.size) {          //区间的最大值为 arr1 的长度
        let element = arrlist[i]          //获取 arr1 的第 i 个元素
        print(" $ {element} ")            //打印 arr1 的第 i 个元素
    }
    println("")                           //打印换行符
}
```

编译并运行程序,输出的结果如下:

```
1 3 5
```

ArrayList 的优势在于可改变其长度,可以通过 ArrayList 中的函数添加、插入、删除元素,其主要函数如表 2-4 所示。

表 2-4　修改 ArrayList 的相关函数

函　　　数	说　　　明
func append(element：T)：Unit	在 ArrayList 的末尾添加元素
func appendAll(elements：Collection＜T＞)：Unit	在 ArrayList 的末尾按顺序添加指定集合类型中的元素
func insert(index：Int64，element：T)：Unit	在 ArrayList 的指定位置插入元素
func insertAll(index：Int64，elements：Collection＜T＞)：Unit	在 ArrayList 的指定位置按顺序插入指定集合类型中的元素
func remove(index：Int64)：Unit	删除 ArrayList 指定位置的元素
func removeIf(predicate：(T)—＞Bool)：Unit	遍历 ArrayList 的元素,如果某个元素满足 Lambda 表达式,则删除该元素
func clear()：Unit	清空 ArrayList 中的所有元素

【实例 2-27】　对数组列表进行修改操作,代码如下:

```
//code/chapter02/example2_27.cj

from std import collection.ArrayList

main() {
    //定义 alst 数组列表,元素为 0、1、2、7、8
    var alst : ArrayList<Int64> = ArrayList<Int64>([0, 1, 2, 7, 8])
    //此时的 alst 为 0、1、2、7、8
    alst.append(9)                    //在 alst 的末尾追加 9
    println("alst : " + alst.toString())
    //此时的 alst 为 0、1、2、7、8、9
    alst.appendAll([10, 11, 12])      //在 alst 的末尾追加 10、11、12
    println("alst : " + alst.toString())
    //此时的 alst 为 0、1、2、7、8、9、10、11、12
    alst.insert(3, 3)                 //在 alst 索引为 3 的位置插入 3
    println("alst : " + alst.toString())
    //此时的 alst 为 0、1、2、3、7、8、9、10、11、12
    alst.insertAll(4, [4, 5, 6])      //在 alst 索引为 4 的位置插入 4、5、6
    println("alst : " + alst.toString())
    //此时的 alst 为 0、1、2、3、4、5、6、7、8、9、10、11、12
    alst.remove(0)                    //删除 alst 索引为 0 位置的元素
    println("alst : " + alst.toString())
    //此时的 alst 为 1、2、3、4、5、6、7、8、9、10、11、12
    //删除所有偶数元素
    alst.removeIf({ element => if (element % 2 == 0) {true} else {false} })
    println("alst : " + alst.toString())
    //此时的 alst 为 1、3、5、7、9、11
```

```
    alst.clear()
    println("alst : " + alst.toString())
    //此时的 alst 为空数组列表
}
```

编译并运行程序,输出的结果如下:

```
buf : [0, 1, 2, 7, 8, 9]
buf : [0, 1, 2, 7, 8, 9, 10, 11, 12]
buf : [0, 1, 2, 3, 7, 8, 9, 10, 11, 12]
buf : [0, 1, 2, 3, 4, 5, 6, 7, 8, 9, 0, 0, 0]
buf : [1, 2, 3, 4, 5, 6, 7, 8, 9, 0, 0, 0]
buf : [1, 3, 5, 7, 9]
buf : []
```

2.5 包管理工具

对于较大型的程序,通常需要使用包(或者类似的方式)组织代码,将代码分成若干模块,方便代码的管理和维护

2.5.1 包

包(Package)是仓颉编译器最小的编译单元,而包和目录之间的关系是非常紧密的。包名通过 package 关键字声明,其一般形式如下:

```
package 包名
```

包名要以源文件根目录为起点,以点"."连接当前包所在目录的相对路径。例如,源文件处于以根目录为起点,相对路径为./path0/path1 的位置,那么这个包名必须为 path0.path1,其包的声明代码如下:

```
package path0.path1
```

包名需要注意以下几点:

(1) 包名的声明必须处于仓颉源文件的开头。在包名的声明前不能存在任何代码实体(包的导入声明、顶层定义等),但是可以有空行或者注释。

(2) 包名与当前包内的顶层声明不能重名。

(3) 当前包的顶层声明不能和子目录包名重名。

因为包是仓颉编译器最小的编译单元,所以每个源文件都必须存在于包内。如果开发者没有为源文件声明包名,则源代码根目录下的包为 default,不需要通过 package 关键字定义。

通过 cjc 的-p 参数同时编译一个包中的所有源文件,通过以下命令编译某个包中的所有源文件:

```
cjc - p .
```

在上述命令中"."表示当前目录,编译后会生成名为 main 的可执行文件。

2.5.2 模块

在仓颉语言中,模块是一个或者多个包的集合,是仓颉程序的最小发布单元。通常,一个模块用于实现特定的功能,其中的代码应当是具有紧密联系的。CJPM(Cangjie's Package Manager)是仓颉的包管理工具,用来管理、维护仓颉模块。通过 CJPM 命令可以同时编译多个包中的源代码,通过配置选项可对仓颉模块的多种特征进行统一管理。

通过 CJPM 命令即可创建、初始化、构建、清理和分析仓颉模块,分别对应 5 个子命令,如表 2-5 所示。

表 2-5 CJPM 的子命令

命 令	作 用
new	创建仓颉模块
init	初始化仓颉模块
build	构建仓颉模块
clean	清理仓颉模块的构建文件
update	根据 module.json 对模块进行依赖分析

下面介绍这 5 个命令的详细用法。

1. 创建仓颉模块

创建仓颉模块前需要准备模块名称和组织名称:

(1) 模块名称必须为合法的标识符。模块名称建议使用小写,最好做到见名知义,例如 xml、dbconnecter 等都是比较好的模块名称。

(2) 创建仓颉模块的组织名,必须为合法标识符或者网址。当使用网址作为组织名时,通常将其倒置,最好将模块名称放在最后。例如,如果网址为 cangjie.love,则组织名可以为 love.cangjie.dbconnecter 等。

创建仓颉模块的命令如下:

```
cjpm new 组织名模块名称
```

在默认情况下,新创建的 src 目录为空目录,开发者可以自行创建代码结构。不过,也可以通过-n 参数创建模块结构,命令如下:

```
cjpm new - n 组织名模块名称
```

例如,创建一个组织名为 love.cangjie,模块名称为 test 的仓颉模块,命令如下:

```
cjpm new - n love.cangjie test
```

该命令会在当前目录中创建一个 module.json 文件和一个 src 目录:

(1) module.json 目录是模块的配置文件,用于声明模块的名称、版本、相关依赖等。

(2) src 目录为模块的代码目录。

新创建的 module.json 文件的内容如下：

```json
{
  "cjc_version": "0.38.2",
  "organization": "love.cangjie",
  "name": "test",
  "description": "nothing here",
  "version": "1.0.0",
  "requires": {},
  "package_requires": {
    "path_option": [],
    "package_option": {}
  },
  "foreign_requires": {},
  "output_type": "executable",
  "command_option": "",
  "condition_option": {},
  "link_option": "",
  "cross_compile_configuration": {},
  "package_configuration": {}
}
```

在配置文件中相关字段的作用如下。

- cjc_version：仓颉编译器的版本号，默认为当前 CJPM 所使用的仓颉编译器版本号。
- organization：创建仓颉模块的组织名称。
- name：模块名称。
- description：模块描述。
- version：模块版本号。
- requires：模块依赖。
- foreign_requires：C 语言库等的外部依赖。
- output_type：编译产出的类型，当前只能为空（表示可执行文件）。
- command_option：额外的编译选项，多个选项用空格隔开。具体可参考 cjc 命令的选项。

2. 初始化仓颉模块

初始化仓颉模块是指在已经存在代码文件（src 目录）的情况下，创建 module.json 文件的过程。有了 module.json 文件，即可方便 CJPM 进行模块的构建和清理等操作。

与创建仓颉模块类似，初始化仓颉模块的命令如下：

```
cjpm init 组织名模块名称
```

在已有 src 子目录的目录中，初始化一个组织名为 personal，模块名称为 test 的仓颉模块，命令如下：

```
cjpm init personal test
```

3. 构建仓颉模块

对于已有代码的仓颉模块,可以通过以下命令构建:

```
cjpm build
```

命令执行后,如果编译成功,则会提示 build success。此时,会在模块的根目录中创建 build 和 bin 目录。build 目录是构建仓颉模块时的临时文件目录(如目标文件等)。bin 目录用于存放编译后的可执行文件,默认为 main 文件。此时,即可通过以下命令执行该程序:

```
./main
```

当开发者修改了 src 目录下的代码时,不需要通过 cjc 命令进行编译,只需通过 cjpm build 命令构建代码,非常方便。

4. 清理仓颉模块的构建文件

在仓颉模块的根目录中,通过以下命令即可清理仓颉模块的构建文件:

```
cjpm clean
```

此时,bin 目录和 build 目录会被删除。

5. 根据 module.json 对模块进行依赖分析

在仓颉模块的根目录中,通过以下命令即可根据 module.json 文件对模块进行依赖分析:

```
cjpm update
```

此时,CJPM 会根据 module.json 文件中的内容完成依赖分析,并将分析结果更新到 module-resolve.json 文件中。对于"1. 创建仓颉模块"中创建的模块,通过 cjpm update 命令更新依赖后,module-resolve.json 文件的大致内容如下:

```json
{
  "resolves": [
    {
      "organization": "love.cangjie",
      "name": "test",
      "path": ".",
      "packagePath": "/test/src",
      "packageName": "test/default",
      "version": "1.0.0",
      "hash": " - 2010347619857846474",
      "isMacroPackage": false,
      "output_type": "executable",
      "command_option": "",
      "condition_option": {},
      "link_option": "",
      "requires": [],
```

```
        "package_requires": {},
        "foreign_requires": {},
        "cross_compile_configuration": {}
      }
    ]
}
```

通过模块中的几个命令,即可非常方便地对仓颉模块进行管理,通过很简单的命令即可完成模块的创建、初始化、构建、清理和依赖分析等工作。

2.5.3 库

库(Library)是具有特定功能且不能独立运行的包,是开发者的"工具箱"。对于开发活动,开发的目标有两类:开发应用程序和开发库。按照仓颉库的来源,可以分为标准库和第三方库。标准库是官方提供的库,和仓颉语言一并发布。第三方库是由社区、企业或个人提供的非官方库。在学习仓颉 TensorBoost 时,将会导入仓颉 TensorBoost 模块(CangjieAI)中的 common 库和 ops 库等。

在仓颉语言中主要标准库存在于以下内置的仓颉模块中。

(1) std 模块:标准库模块,包含 core 库、ast 库、io 库、format 库等。

(2) encoding 模块:编码模块,包含 json 库、base64 库、hex 库等。

(3) net 模块:网络访问模块,包含 tls 库和 http 库。

这些模块中的库实际上是一系列的包,所以导入库和导入包类似,但是,当导入其他模块的库时,需要通过 from 关键字指明库所存在的模块名称。除了 core 库以外,其他所有的标准库在使用前都需要导入,其基本导入方法如下:

```
from 模块 import 库(包).*
```

例如,导入 std 模块中的 io 库,代码如下:

```
from std import io.*
```

这种导入方式会将 io 库中所有的函数全部导入。当然开发者还可以将 * 替换为所需要导入的函数名称(或其他顶层定义的名称)。由于标准库的用法和包类似,这里不再赘述。

2.6 本章小结

本章介绍了仓颉语言的基本语法和常见用法,并介绍了仓颉语言的包管理工具 CJPM。这些知识基本能够涵盖后文所使用的仓颉语言用法。通过学习可以发现,仓颉语言是一个非常现代且简洁的语言,不仅支持过程式编程、面向对象编程、函数式编程等多种编程范式,还支持泛型、模式匹配等先进的语言特性。

学习编程语言的最佳方法就是动手操作。如果读者能够独立编写并运行本章所介绍的所有实例,则编程水平应该会有很大的提高。不过,虽然仓颉语言只是我们学习仓颉

TensorBoost 的必经之路,但是也不必强求将这些知识学习得炉火纯青。本章也可以作为工具章节,如果后文中出现了读者不太理解的语言用法,则回看相应的章节也是很有效的学习方法。在第 3 章,我们仅仅使用这些仓颉语言的特性就能够实现简单的神经网络,让我们再进一步地体会仓颉语言的魅力。

2.7　习题

1. 编写仓颉程序,判断某个年份是否为闰年。

2. 通过程序实现如下函数:

$$f(x) = \begin{cases} x - 10, & x < 2 \\ 2x + 10, & x \geqslant 2 \end{cases}$$

3. 设计可驾驶的 Drivable 接口,然后设计 Car、Truck 等类并实现 Drivable 接口,最后输出一些独特的字符串。

4. 尝试通过 CJPM 命令创建、构建、管理仓颉项目。

第 3 章

自制多层感知机

本章的目标是通过仓颉语言实现多层感知机(MLP),并实现识别 MNIST 手写数字。识别 MNIST 手写数字是机器学习领域中最为基础的问题,相当于学习编程语言的"Hello,world"。不仅如此,通过 MNIST 手写数字识别的正确率可以判断机器学习的优劣,是许多机器学习算法的决斗战场。目前,绝大多数的机器学习算法在 MNIST 手写数字问题上可以达到 99% 以上的正确率。本章所实现的多层感知机可以达到 95% 以上的正确率,虽然无法和最新的研究成果相提并论,但作为入门级的神经网络已经相当不错了。对于初学者,通过一个原始、简单的多层感知机更能够直观地感受神经网络的魅力和精髓。

和第 1 章一样,本章所涉及的代码仅使用仓颉语言的标准库实现,并没有用到其 AI 能力,也没有用到 scientific 等用于科学计算的第三方库。这样能更好地"手撕"代码,洞悉神经网络的原始面貌。

本章首先通过数组实现矩阵及其常见的运算,然后介绍 MNIST 数据集的数据组织结构,并读取 MNIST 中的手写数字。有了上述基础以后,通过仓颉语言实现多层感知机的构建和训练。本章所有的代码均可在本书的配套资源目录 code\chapter03\neural-network-for-mnist 中找到,核心知识点如下:

- 仓颉语言的基础语法。
- 矩阵和矩阵运算。
- MNIST 数据集的读取和使用。
- 多层感知机的原理和实现。

3.1 准备工作:实现矩阵运算和读取 MNIST 数据集

在第 1 章中介绍了神经网络中的神经元计算是可以通过线性代数的方式抽象成矩阵运算的,3.1.1 节实现矩阵和矩阵运算,为神经元的计算打下坚实的基础。为了能够获取手写数字数据,在 3.1.2 节中介绍 MNIST 数据集,通过仓颉语言将其读取为数组,并作为多层感知机的输入。

注意　在仓颉语言的许多第三方库(如 scientific 等)中实际上已经实现了矩阵(或者张量),但是笔者认为独立实现矩阵算法能够更好地帮助读者学习多层感知机的原理。

3.1.1　矩阵和矩阵运算

本节介绍矩阵和矩阵运算在仓颉语言中的简单实现。需要注意的是,本节所介绍的矩阵运算都是通过数组的方式实现的,所以其效率比一些第三方库低,运算速度可能较慢。这是因为这些第三方库对矩阵的运算做了一些优化,并且一般通过 FFI 的方式调用更为底层的编程语言实现(如 C、C++等)。

1. 向量和矩阵

1)标量(Scalar)

我们平时所接触到的数字都是一位的标量,如 1、2、3 等。这些数值可以通过仓颉语言的基本数据类型实现。例如,通过 Int64 类型表示整数,用 Float64 类型表示浮点型。

注意　在之后的学习中,所有浮点型的变量和字面量都使用 Float64 类型。这是因为在神经网络中涉及大量的浮点型的计算,而 Float32 类型的精度较低,可能会造成较大累积误差。

---

2)向量(Vector)

向量是指将多个标量按照一定的顺序组合在一起形成的整体。向量 x 可以用如下形式表示:

$$x = \begin{bmatrix} x_1 \\ x_2 \\ \vdots \\ x_n \end{bmatrix} = \begin{bmatrix} x_1 & x_2 & \cdots & x_n \end{bmatrix}^{\mathrm{T}} \tag{3-1}$$

式中,上标 T 表示向量的转置。通过转置的方式表达向量可以节约文本的篇幅。向量中可以包含 1 个或者多个元素,向量中元素的数量也称为向量的长度。

在仓颉语言中,可以通过数组来表达向量。例如,用 Array<Float64>类型表示浮点型向量,代码如下:

```
//定义向量
let vector : Array<Float64> = Array<Float64>([1.0, 2.0, 3.0])
//输出向量
println(vector)
```

这个向量包含了 3 个元素,分别为 1.0、2.0 和 3.0。上述代码的输出如下:

```
[1.000000, 2.000000, 3.000000]
```

3)矩阵(Matrix)

矩阵是多个相同长度的向量组成的二维数组。矩阵 A 可以用如下形式表示:

$$A = \begin{bmatrix} x_{1,1} & x_{1,2} & \cdots & x_{1,m} \\ x_{2,1} & x_{2,2} & \cdots & x_{2,m} \\ \vdots & \vdots & \ddots & \vdots \\ x_{n,1} & x_{n,2} & \cdots & x_{n,m} \end{bmatrix} \tag{3-2}$$

矩阵 **A** 共有 n 行 m 列，共包含了 $m \times n$ 个元素。$m \times n$ 也称为矩阵的形状。在仓颉语言中，可以通过数组的嵌套来表示矩阵。例如，用 Array < Array < Float64 >>表示浮点型数组，代码如下：

```
//定义矩阵
let matrix : Array < Array < Float64 >> = [[1.0, 2.0], [3.0, 4.0]]
//输出矩阵
println(matrix)
```

这个矩阵共有两行两列，包含了 4 个元素。上述代码的输出如下：

```
[[1.000000, 2.000000], [3.000000, 4.000000]]
```

定义获取矩阵形状的函数，代码如下：

```
//获取矩阵的形状
func shape(m : Matrix) : (Int64, Int64){
        let row_size = m.size          //行数
    let col_size = m[0].size           //列数
    (row_size, col_size)
}

//获取矩阵的形状
func shapeString(m : Matrix) : String{
    let row_size = m.size              //行数
    let col_size = m[0].size           //列数
    "row : ${row_size}, col : ${col_size}"
}
```

shape 函数用于获取矩阵的形状，并转换为(Int64，Int64)元组类型。shapeString 函数则可将矩阵的形状转换为字符串表示，可以用于调试和输出。

注意 在 shape 函数和 shapeString 函数中，通过 m[0]. size 获取列数。这实际上就已经假设了这个矩阵至少包含一列，并且各个列的长度相同。这听起来似乎是理所当然的，但是对于一个健壮的程序，应该在矩阵有列的情况下调用 m[0]. size，随后还应该判断各个列的长度是否相同，以判断是否为合法的矩阵。由于本章所涉及的矩阵不涉及这些问题，所以忽略了这些判断步骤。

4）多个矩阵(Matrices)

类似向量和矩阵的数组表示，多个矩阵组成的数据类型可以通过三维数组（Array < Array < Array<Float64 >>>)定义。

注意 向量、矩阵等概念实际上被一个更高层次的范畴所包含，即张量(Tensor)。在第 6 章中将介绍张量的概念和用法。为了能简化多层感知机的构建，本章中先不接触这个概念。

为了使代码更加清晰，可以通过别名的方式来定义 Vector、Matrix 和 Matrices 类型，代码如下：

```
type Vector = Array<Float64>                    //向量
type Matrix = Array<Array<Float64>>             //矩阵
type Matrices = Array<Array<Array<Float64>>>    //多个矩阵
```

如此一来,随后的代码就可以简化许多。例如,通过 Matrix 定义矩阵:

```
let matrix : Matrix = [[1.0, 2.0], [3.0, 4.0]]
```

2. 创建矩阵

在初始化多层感知机的权重和偏置时,需要为其设置随机的初始值,而且当这些初始值符合标准正态分布时能够获得更快的训练效果。生成元素值符合标准正态分布的矩阵代码如下:

```
var random = Random()            //随机数生成器
func randomMatrix(xsize : Int64, ysize : Int64) : Matrix {
    Matrix(xsize, { i =>
        Vector(ysize, {j =>
            random.nextGaussianFloat64()
        })
    })
}
```

randomMatrix 函数包含两个参数,用于指定矩阵的形状,其中 xsize 表示矩阵的行数,ysize 表示矩阵的列数。在函数体中,使用了 Lambda 表达式的方式初始化矩阵,并且通过 Vector 类型创建矩阵的行。矩阵的元素通过随机数生成器 Random 的 nextGaussianFloat64 函数生成。

类似地,生成元素值为固定值的矩阵,代码如下:

```
func constantMatrix(xsize : Int64, ysize : Int64, value : Float64) : Matrix {
    Matrix(xsize, { i =>
        Vector(ysize, {j =>
            value
        })
    })
}
```

3. 矩阵的运算

在多层感知机中,所使用的矩阵的运算包括转置(Transpose)、加法(Add)、减法(Subtract)和乘法。矩阵的乘法包括矩阵的数量积(Multiply)和点积(Dot)等。

1) 矩阵的转置

矩阵的转置是将形状为 $m \times n$ 的矩阵通过行列互换得到形状为 $n \times m$ 的矩阵,用符号 T 表示。将公式(3-2)矩阵 A 转置表示为 A^T:

$$A^T = \begin{bmatrix} x_{1,1} & x_{2,1} & \cdots & x_{n,1} \\ x_{1,2} & x_{2,2} & \cdots & x_{n,2} \\ \vdots & \vdots & \ddots & \vdots \\ x_{1,m} & x_{2,m} & \cdots & x_{n,m} \end{bmatrix} \tag{3-3}$$

根据矩阵转置的定义,矩阵转置函数 transpose 的代码如下:

```
func transpose(m : Matrix) : Matrix {
    let matrix_shape = shape(m)
    let xsize = matrix_shape[0]
    let ysize = matrix_shape[1]
    Matrix(ysize, { i =>
        Vector(xsize, {j =>
            m[j][i]
        })
    })
}
```

2)矩阵的加法和减法

矩阵的加法即两个矩阵的元素对应相加,因此,两个参与相加的矩阵的形状必须相同。对于矩阵 A 和矩阵 B:

$$A = \begin{bmatrix} x_{1,1} & x_{1,2} & \cdots & x_{1,m} \\ x_{2,1} & x_{2,2} & \cdots & x_{2,m} \\ \vdots & \vdots & \ddots & \vdots \\ x_{n,1} & x_{n,2} & \cdots & x_{n,m} \end{bmatrix}, \quad B = \begin{bmatrix} y_{1,1} & y_{1,2} & \cdots & y_{1,m} \\ y_{2,1} & y_{2,2} & \cdots & y_{2,m} \\ \vdots & \vdots & \ddots & \vdots \\ y_{n,1} & y_{n,2} & \cdots & y_{n,m} \end{bmatrix}$$

其加法公式为

$$
\begin{aligned}
A + B &= \begin{bmatrix} x_{1,1} & x_{1,2} & \cdots & x_{1,m} \\ x_{2,1} & x_{2,2} & \cdots & x_{2,m} \\ \vdots & \vdots & \ddots & \vdots \\ x_{n,1} & x_{n,2} & \cdots & x_{n,m} \end{bmatrix} + \begin{bmatrix} y_{1,1} & y_{1,2} & \cdots & y_{1,m} \\ y_{2,1} & y_{2,2} & \cdots & y_{2,m} \\ \vdots & \vdots & \ddots & \vdots \\ y_{n,1} & y_{n,2} & \cdots & y_{n,m} \end{bmatrix} \\
&= \begin{bmatrix} x_{1,1}+y_{1,1} & x_{1,2}+y_{1,2} & \cdots & x_{1,m}+y_{1,m} \\ x_{2,1}+y_{2,1} & x_{2,2}+y_{2,2} & \cdots & x_{2,m}+y_{2,m} \\ \vdots & \vdots & \ddots & \vdots \\ x_{n,1}+y_{n,1} & x_{n,2}+y_{n,2} & \cdots & x_{n,m}+y_{n,m} \end{bmatrix}
\end{aligned}
\tag{3-4}
$$

对于形状不同的矩阵无法相加,在仓颉语言中可以通过抛出异常的方式处理。矩阵加法函数 add 的代码如下:

```
func add(a : Matrix, b : Matrix) : Matrix {

    let matrix_shape_a = shape(a)
    let matrix_shape_b = shape(b)
    if (matrix_shape_a != matrix_shape_b) {
        throw Exception("Matrix add : The shape is not match!")
    }
    let xsize = matrix_shape_a[0]
    let ysize = matrix_shape_a[1]
```

```
    Matrix(xsize, { i =>
        Vector(ysize, {j =>
            a[i][j] + b[i][j]
        })
    })
}
```

类似地,矩阵的减法函数 subtract 的代码如下:

```
func subtract(a : Matrix, b : Matrix) : Matrix {

    let matrix_shape_a = shape(a)
    let matrix_shape_b = shape(b)
    if (matrix_shape_a != matrix_shape_b) {
        throw Exception("Matrix subtract : The shape is not match!")
    }
    let xsize = matrix_shape_a[0]
    let ysize = matrix_shape_a[1]

    Matrix(xsize, { i =>
        Vector(ysize, {j =>
            a[i][j] - b[i][j]
        })
    })
}
```

在梯度下降法中,Matrices 变量中的多个矩阵存在需要同时相加的情况,所以这里为 Matrices 类型定义了相加函数:

```
func add(a : Matrices, b : Matrices) : Matrices {
    if (a.size != b.size) {
        throw Exception("Matrices add : The shape is not match!")
    }
    Matrices(a.size, { i =>
        add(a[i], b[i])
    })
}
```

两个 Matrices 类型数据的相加,就是在 Matrices 中将对应矩阵分别进行相加。

3) 矩阵的乘法

两个矩阵的相乘,是指让左矩阵的 i 行的元素和右矩阵的 j 列的元素对应相乘并求和,作为结果矩阵的第 i 行第 j 列的元素,因此,左矩阵的行数必须和右矩阵的列数相等,即形状 $a\times b$ 的矩阵和形状 $b\times c$ 的矩阵相乘,其结果矩阵的形状为 $a\times c$。对于矩阵 A 和矩阵 B:

$$A = \begin{bmatrix} x_{1,1} & x_{1,2} & \cdots & x_{1,b} \\ x_{2,1} & x_{2,2} & \cdots & x_{2,b} \\ \vdots & \vdots & \ddots & \vdots \\ x_{a,1} & x_{a,2} & \cdots & x_{a,b} \end{bmatrix}, \quad B = \begin{bmatrix} y_{1,1} & y_{1,2} & \cdots & y_{1,c} \\ y_{2,1} & y_{2,2} & \cdots & y_{2,c} \\ \vdots & \vdots & \ddots & \vdots \\ y_{b,1} & y_{b,2} & \cdots & y_{b,c} \end{bmatrix}$$

其乘法公式为

$$\boldsymbol{AB} = \begin{bmatrix} x_{1,1} & x_{1,2} & \cdots & x_{1,b} \\ x_{2,1} & x_{2,2} & \cdots & x_{2,b} \\ \vdots & \vdots & \ddots & \vdots \\ x_{a,1} & x_{a,2} & \cdots & x_{a,b} \end{bmatrix} \begin{bmatrix} y_{1,1} & y_{1,2} & \cdots & y_{1,c} \\ y_{2,1} & y_{2,2} & \cdots & y_{2,c} \\ \vdots & \vdots & \ddots & \vdots \\ y_{b,1} & y_{b,2} & \cdots & y_{b,c} \end{bmatrix} = \begin{bmatrix} z_{1,1} & z_{1,2} & \cdots & z_{1,c} \\ z_{2,1} & z_{2,2} & \cdots & z_{2,c} \\ \vdots & \vdots & \ddots & \vdots \\ z_{a,1} & z_{a,2} & \cdots & z_{a,c} \end{bmatrix}$$

$$(3\text{-}5)$$

其中，

$$z_{i,j} = x_{i,1} y_{i,1} + x_{i,2} y_{i,2} + \cdots + x_{i,j} y_{i,j} \tag{3-6}$$

根据定义，矩阵乘法函数 dot 的实现如下：

```
func dot(a : Matrix, b : Matrix) : Matrix {

    let matrix_shape_a = shape(a)
    let matrix_shape_b = shape(b)
    if (matrix_shape_a[1] != matrix_shape_b[0]) {
        throw Exception("Matrix dot : The shape of is not match!")
    }

    let xsize = matrix_shape_a[0]
    let ysize = matrix_shape_b[1]

    Matrix(xsize, { i =>
        Vector(ysize, {j =>
            var value = .0
            for (k in 0..matrix_shape_a[1]) {
                value += (a[i][k] * b[k][j])
            }
            value
        })
    })
}
```

4）矩阵的数量积

矩阵的数量积（也称为内积、哈达玛积、元素积），是指两个矩阵的元素对应相乘，用符号 ⊙ 表示：

$$\boldsymbol{A} \odot \boldsymbol{B} = \begin{bmatrix} x_{1,1} & x_{1,2} & \cdots & x_{1,m} \\ x_{2,1} & x_{2,2} & \cdots & x_{2,m} \\ \vdots & \vdots & \ddots & \vdots \\ x_{n,1} & x_{n,2} & \cdots & x_{n,m} \end{bmatrix} \odot \begin{bmatrix} y_{1,1} & y_{1,2} & \cdots & y_{1,m} \\ y_{2,1} & y_{2,2} & \cdots & y_{2,m} \\ \vdots & \vdots & \ddots & \vdots \\ y_{n,1} & y_{n,2} & \cdots & y_{n,m} \end{bmatrix}$$

$$= \begin{bmatrix} x_{1,1} y_{1,1} & x_{1,2} y_{1,2} & \cdots & x_{1,m} y_{1,m} \\ x_{2,1} y_{2,1} & x_{2,2} y_{2,2} & \cdots & x_{2,m} y_{2,m} \\ \vdots & \vdots & \ddots & \vdots \\ x_{n,1} y_{n,1} & x_{n,2} y_{n,2} & \cdots & x_{n,m} y_{n,m} \end{bmatrix} \tag{3-7}$$

因此,参与数量积的两个矩阵的形状也必须相同。根据矩阵的数量积的定义,矩阵的数量积函数 multiply 的代码如下:

```
func multiply(a : Matrix, b : Matrix) : Matrix {

    let matrix_shape_a = shape(a)
    let matrix_shape_b = shape(b)
    if (matrix_shape_a != matrix_shape_b) {
        throw Exception("Matrix multiply : The shape of matrices is not match!")
    }
    let xsize = matrix_shape_a[0]
    let ysize = matrix_shape_a[1]
    Matrix(xsize, { i =>
        Vector(ysize, {j =>
            a[i][j] * b[i][j]
        })
    })

}
```

有时,也需要让矩阵中的每个元素和一个标量相乘,在程序中定义为数量积,并和上面的 multiply 函数构成重载,代码如下:

```
func multiply(m : Matrix, value : Float64) : Matrix {
    let matrix_shape = shape(m)
    let xsize = matrix_shape[0]
    let ysize = matrix_shape[1]
    Matrix(xsize, { i =>
        Vector(ysize, {j =>
            m[i][j] * value
        })
    })
}
```

虽然上述几个函数已经可以满足实现多层感知机的需求了,但是矩阵的运算还有很多类型,有兴趣的读者可以参考线性代数学科的相关内容。

3.1.2　MNIST 数据集

多层感知机需要大量的样本进行训练和测试,开源免费的 MNIST 数据集则是非常棒的选择。MNIST 是美国国家标准技术研究院收集的手写数字和正确的分类信息,共包含了 60 000 个训练样本、10 000 个测试样本。

注意　读者可以通过 MNIST 的官方网站 http://yann.lecun.com/exdb/mnist/ 了解更多信息。

1. MNIST 数据集的数据存储方式

训练样本和测试样本是分开存储的,所包含的文件如下。

- train-images-idx3-ubyte.gz：训练样本手写数字图像。
- train-labels-idx1-ubyte.gz：训练样本手写数字分类结果。
- t10k-images-idx3-ubyte.gz：测试样本手写数字图像。
- t10k-labels-idx1-ubyte.gz：测试样本手写数字分类结果。

这些文件的后缀名都是 gz，这是一种压缩格式，在使用前需要分别解压这些文件。在 Linux 系统中，可以通过 gunzip 命令解压。例如，解压 train-images-idx3-ubyte.gz 的命令如下：

```
gunzip train - images - idx3 - ubyte.gz
```

命令执行完成后，如果文件的.gz 后缀名消失，则说明解压成功。

注意 读者也可以通过 7-Zip 等软件解压这些压缩文件。

MNIST 手写数字是由 28×28 像素，共 784 像素组成的。这些像素通过二进制的方式存储。在 Linux 系统中，可以通过 xxd 命令查看二进制文件。例如，显示 train-images-idx3-ubyte 文件的前 80 字节，命令如下：

```
xxd - l 80 train - images.idx3 - ubyte
```

输出结果如下（加粗部分为元数据）：

```
00000000: 0000 0803 0000 ea60 0000 001c 0000 001c ……`……..
00000010: 0000 0000 0000 0000 0000 0000 0000 0000 …………………..
00000020: 0000 0000 0000 0000 0000 0000 0000 0000 …………………..
00000030: 0000 0000 0000 0000 0000 0000 0000 0000 …………………..
00000040: 0000 0000 0000 0000 0000 0000 0000 0000 …………………..
```

该文件的元数据组成如下：

（1）第 0～3 字节表示魔法数字（Magic Number），用于声明文件的数据类型和维度。上面文件的魔法数字为 0x00000803。这其中，前面 2 字节固定为 0；字节 08 表示数据类型，如表 3-1 所示，即无符号字节类型；字节 03 表示数据的维度，此处维度为 3，包括手写数字的序号、图像行号、图像列号。

（2）第 4～7 字节表示样本数量。0x0000ea60 是 60 000 的十六进制表示，代表该文件包含了 60 000 个样本。

（3）第 8～11 字节表示书写数字的图像行数。0x0000001c 为十进制的 28，即行数为 28。

（4）第 12～15 字节表示书写数字的图像列数。0x0000001c 为十进制的 28，即列数为 28。

表 3-1 魔法数字中的数据类型表示

字　　节	数　据　类　型
0x08	无符号字节
0x09	有符号字节

续表

字　节	数 据 类 型
0x0B	短整型（2字节）
0x0C	整型（4字节）
0x0D	Float类型（4字节）
0x0E	Double类型（8字节）

　　可见，第 4～15 字节的 0x0000ea60、0x0000001c、0x0000001c 对应了魔法数字中的数据维度，因此，在程序中可以从第 16 字节开始读取手写数字。根据魔法数字中的定义，手写数字图像的每个像素占用 1 字节，所以每个手写数字占用 784 字节，因此，train-images.idx3-ubyte 文件的大小为 $16+60\ 000\times784=47\ 040\ 016$ 字节，如图 3-1 所示。

图 3-1　train-images.idx3-ubyte 文件属性

注意　手写数字的像素是通过整型表示的，其范围为 0～255。在多层感知机中，通常需要将其除以 255.0 归一化为 0～1 的浮点型数据。

　　每个手写数字都对应了一个正确分类的标签。训练样本的标签存储在 train-labels-idx1-ubyte 中。通过 xxd 命令输出该文件的前 80 字节，结果如下（加粗部分为元数据）：

```
$ xxd -l 80 train-labels.idx1-ubyte
00000000: 0000 0801 0000 ea60 0500 0401 0902 0103 ......`........
00000010: 0104 0305 0306 0107 0208 0609 0400 0901 ...............
00000020: 0102 0403 0207 0308 0609 0005 0600 0706 ...............
00000030: 0108 0709 0309 0805 0903 0300 0704 0908 ...............
00000040: 0009 0401 0404 0600 0405 0601 0000 0107 ...............
```

　　类似地，前 4 字节 0x00000801 是该文件的魔法数字，即无符号字节类型，维度为 1。随后的 4 字节 0x0000ea60 是 60 000 的十六进制表示，代表 60 000 个样本。随后的每字节都代表一个手写数字标签，从前到后分别为 5、0、4、1 等。这些标签和手写数字图像的存储顺序是一一对应的。

测试样本和训练样本的存储方法是类似的,这里不再赘述。

2. 实现 MNIST 数据的读取

为了实现训练样本和测试样本数据读取的一致性,设计抽象样本加载器 SampleLoader 接口,代码如下:

```
interface SampleLoader {
    func size() : Int64                      //样本大小
    func getInput(index : Int64) : Vector//获取指定位置的手写数字图像
    func getLabel(index : Int64) : UInt8 //获取指定位置手写数字标签
}
```

其中,size 函数表示样本大小,函数 getInput 和函数 getLabel 分别用于获取指定位置的手写数字图像和手写数字的正确分类结果。

随后,实现 MNIST 训练样本加载器 MnistLoader,代码如下:

```
//MNIST 训练样本加载器
public class MnistLoader <: SampleLoader {
    //图像
    var trainImages : Array < UInt8 >
    //标签
    var trainLabels : Array < UInt8 >

    let data_size = 60000

    public func size() : Int64 {
        data_size
    }
    //单例
    private static let instance : MnistLoader = MnistLoader()
    //获取单例对象
    public static func getInstance() : MnistLoader {
        return instance
    }

    private init() {
        trainImages = readFile(
                "./data/train - images.idx3 - ubyte", 784 * data_size, 16)
        trainLabels = readFile(
                "./data/train - labels.idx1 - ubyte", data_size, 8)

    }

    //获取输入
    public func getInput(index : Int64) : Vector {
        Vector(784, {i =>
            let value = trainImages[ index * 784 + i]
            Float64(value) / 255.0
        })
    }
```

```
        //获取标签
        public func getLabel(index : Int64) : UInt8 {
            trainLabels[index]
        }

    }
```

其中,readFile 函数用于读取文件的二进制字节码数据,代码如下:

```
//读取文件字节码
func readFile(filename : String, length : Int64, start : Int64) : Array < UInt8 > {
    if (!File.exists(filename)) {
        throw Exception("File is not loaded!")
    }
    let fs = File(filename, OpenOption.Open(true, false))
    var data : Array < UInt8 > = Array < UInt8 >(length, { i = > 0})
    var n = fs.seek(SeekPosition.Begin(start))
    var res = fs.read(data)
    fs.flush()
    return data
}
```

在上面的程序中,需要注意以下几点:

(1) MnistLoader 类采用了单例模式,即在整个程序中仅存在一个实例。内存中仅需保存 1 份样本数据就可以满足整个程序的需求。在 MnistLoader 类的外部,可以通过函数调用 MnistLoader.getInstance()获取这个类的单例对象。

(2) 在构造函数中,通过 readFile 函数读取训练样本数据时,跳过了文件的元数据,开始读取手写数字的图像和标签。

(3) 在 getInput 函数的实现中,通过 Float64(value)/255.0 表达式将像素值归一化为 $0 \sim 1$。

MNIST 测试样本加载器 MnistTestDataLoader 与此类似,不再赘述。

3. 尝试输出手写数字

为了能够直观地看到手写数字的图像和正确的分类结果,笔者提供一个测试函数 printData,用于输出 MNIST 训练样本,代码如下:

```
//打印数据
public func printData(index : Int64) {
    let network = MnistLoader.getInstance()
    let data = network.getInput(index)
    for (i in 0..28) {
        for (j in 0..28) {
            let index = i * 28 + j
            if (data[index] == 0.0) {
                print(" ")
            } else if (data[index] > 0.98) {
                print("# #")
            } else {
```

```
                print("..")
            }
        }
        println("")
    }
    println("该手写数字为:${network.getLabel(index)}")
}
```

在上述代码中,通过字符输出的方式表示数字的像素,其中每两个字符表示一像素。像素值大于 0.98 的像素用两个井号♯♯输出表示,不为 0 的像素用两个点号..输出表示,像素值为 0 的像素用两个空格输出表示。通过这个函数,就可以在命令行界面中看到这个手写数字的形状了。在 main 函数中调用 printData(0)即可输出训练样本中的第 1 个手写数字及其正确分类的结果,如图 3-2 所示。

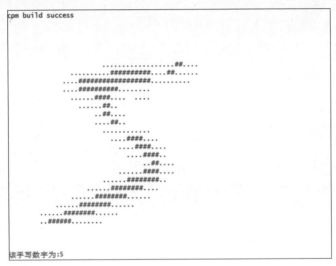

图 3-2　输出手写数字 5

3.2　自制多层感知机的实现

有了之前的准备工作就可以放开手脚自制一个多层感知机了。本节按照构建多层感知机的步骤,首先创建一个简单的神经网络,并实现神经网络的前馈算法,然后利用梯度下降法和反向传播算法实现神经网络的训练;最后介绍超参数的设置并执行这个多层感知机。

3.2.1　多层感知机的构建

本节首先构建多层感知机并实现前馈算法。

1. 多层感知机的构建

MNIST 书写数字用分辨率 28×28 的灰度表示,其中每个像素都是一个浮点值,介于 0~1。对于任何一个样本,784 像素都需要作为输入参与到神经网络计算中,所以输入层为

784 个神经元。由于这 784 像素是具有一定顺序的,所以这 784 个值组成了一个样本的特征向量(Feature Vector)。

在输出层中,分别用 10 个神经元代表数字 0~9,其中输出值最大的神经元所代表的数字代表了多层感知机所识别的数字结果。该多层感知机设置了两个隐含层,其中每个隐含层的神经元的数量均为 20,如图 3-3 所示。

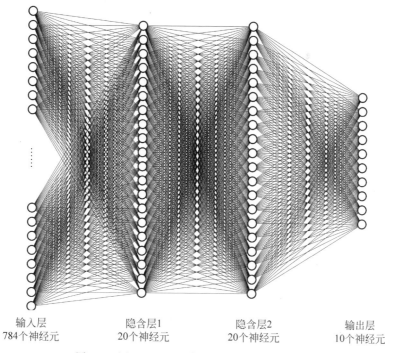

输入层   隐含层1   隐含层2   输出层
784个神经元   20个神经元   20个神经元   10个神经元

图 3-3　用于 MNIST 手写数字识别的神经网络

那么为什么要设置两个隐含层呢?可以寄托于这两个隐含层实现不同的功能:隐含层 1 实现识别数字中的细小的线段(短边),隐含层 2 实现识别数字中的部件,如图 3-4 所示。输出层可以根据隐含层 2 中的各个部件的组合情况识别出具体的数字分类结果。

这是一种分层表达的思想,也是深度学习中设计神经网络非常重要的思路。不仅是数字,各种汉字和符号都可以划分为多个结构和笔画来完成。对于复杂的真实事物而言,我们都可以将它们划分为许多部分去认识和学习。例如,汽车可以分为轮子、车身、车门、发动机等,而轮子又可以分为轮胎、轮毂、刹车装置等。再如,猫可以划分为猫头、猫身、猫尾,而猫头又是由猫的眼睛、鼻子、嘴巴等组成的。这种分析事物组成结构的方式,正是使用深度神经网络的基本动机。

当然,上述隐含层的功能是我们的期望,实际的识别过程可能需要多层感知机自行决定。虽然实际的识别过程和预想之间存在差异,但是并不意味着这些分析没有意义。至少,这些分析可以帮助我们明晰解决具体问题所需神经网络的复杂度,以避免将神经网络设计得过于复杂或者过于简单。

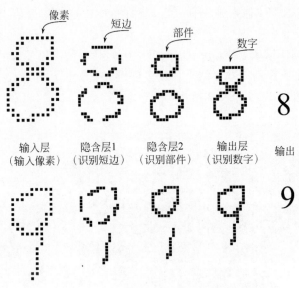

图 3-4　识别数字的短边和部件

在这种全连接神经网络中,除了输入层以外,每个层次的每个神经元都和上一层中各个神经元实现了连接,并用一个权重代表两者的关系,并且在这些神经元中都包含了一个偏置,用于表示神经元的易激活能力,因此,在这个多层感知机中权重数量为 16 280 个(784×20+20×20+20×10),偏置数量为 50 个(20+20+10),总共包含 16 330 个参数。训练这个多层感知机就是找到这 16 330 个参数的最佳值。

下面创建 Network 类,用于抽象多层感知机,其形状使用数组变量 netShape 表示,并使用其成员变量 biases 和 weights 存储所有的偏置和权重,代码如下:

```
class Network {
    //神经网络各层神经元数
    let netShape : Array < Int64 >

    //层数
    prop let layerNum : Int64 {
        get() {
            netShape.size
        }
    }
    //偏置
    let biases : Matrices
    //权重
    let weights : Matrices

    //构造函数
    init(netShape : Array < Int64 >) {
        //init variables
        this.netShape = netShape
```

```
        biases = Matrices(netShape.size - 1, {i =>
            randomMatrix(netShape[i + 1], 1)
        })
        weights = Matrices(netShape.size - 1, {i =>
            randomMatrix(netShape[i + 1], netShape[i])
        })
    }

}
```

在构造函数中,通过创建随机矩阵函数 randomMatrix 的方式为权重和偏置赋予初值。在 main 函数中,即可通过 Network([784,20,20,10])函数调用来创建这个多层感知机了。

2. 激活值和 Sigmoid 函数

为了方便在梯度下降法中计算梯度,因此神经元的计算函数应必须是连续可导的。于是,需要对第 1 章中所介绍的 MP 神经元进行一些改进,不再用 0 和 1 代表神经元的激活状态,而是使用介于 0～1 的连续值来表示神经元的激活状态。这个值被称为神经元的激活值,用字母 a 表示,而激活值通过 Sigmoid 函数来计算得到,公式如下:

$$\sigma(x) = \frac{1}{1 + e^{-x}} \tag{3-8}$$

该函数的图像如图 3-5 所示。

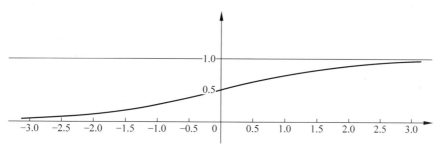

图 3-5 Sigmoid 函数的图像

Sigmoid 函数有一个非常重要的特点,即其导数值可以通过其本身的函数值计算得来,公式如下:

$$\sigma'(x) = \frac{e^{-x}}{(1 + e^{-x})^2} = \sigma(x) \times [1 - \sigma(x)] \tag{3-9}$$

可见,Sigmoid 的导数计算非常方便,有利于提高梯度下降算法的效率。Sigmoid 函数和 Sigmoid 函数的导数的程序实现如下:

```
//Sigmoid 函数
public func sigmoid(value : Float64) : Float64{
    1.0 / (1.0 + exp(-value))
}
```

```
//Sigmoid 函数的导数
public func sigmoid_prime(value : Float64) : Float64 {
    sigmoid(value) * (1.0 - sigmoid(value))
}
```

后文需要计算向量和矩阵内所有元素的 Sigmoid 函数值,所以这里重载了 Sigmoid 函数,用于向量和矩阵参与 Sigmoid 计算,代码如下:

```
//向量的 Sigmoid 函数
public func sigmoid(v : Vector) : Vector{
    Vector(v.size, {i =>
        sigmoid(v[i])
    })
}

//矩阵的 Sigmoid 函数
public func sigmoid(m : Matrix) : Matrix{

    let matrix_shape = shape(m)
    let xsize = matrix_shape[0]
    let ysize = matrix_shape[1]
    Matrix(xsize, { i =>
        Vector(ysize, {j =>
            sigmoid(m[i][j])
        })
    })
}
```

计算向量和矩阵内所有元素的 Sigmoid 导数值函数(sigmoid_prime)与上述代码类似,不再赘述。经过这一番修改,多层感知机中神经元的激活值的计算公式如下:

$$z = x_1\omega_1 + x_2\omega_2 + \cdots + x_n\omega_n + b \tag{3-10}$$

$$a = \sigma(z) \tag{3-11}$$

多层感知机中神经元整个计算过程如图 3-6 所示。

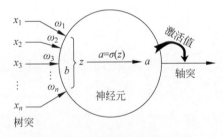

图 3-6　多层感知机中的神经元

3. 前馈计算的数学表示和程序实现

为了方便程序计算,通常将神经网络的层次从前到后按顺序从 0 开始计数。对于拥有 n 层的神经网络,其最后一层的序号为 $n-1$。例如,对于上文设计的多层感知机,输入层的序号为 0,输出层的序号为 3。另外,在数学公式中,通常使用小写字母 l 表示任意层,使用大写字母 L 表示最后一层。

每层的神经元也从 0 开始计数进行标记。如果某一层包含 m 个神经元,则其序号分别为 $0,1,\cdots,(m-1)$。

神经元的激活值用符号 $a_k^{(l)}$ 表示,使用上标 (l) 表示层序数,下标 k 表示该层次中神经元序数,即 $a_k^{(l)}$ 表示第 l 层中第 k 个神经元的激活值。例如,$a_0^{(0)}$ 表示第 0 层中的第 0 个神经元的激活值,$a_3^{(2)}$ 表示第 2 层中的第 3 个神经元的激活值。

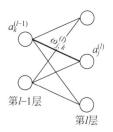

前文说到,多层感知机中下一层的神经元的激活值由上一层的神经元的激活值计算得到。相邻层次之间的神经元通过权重连接,因此,神经元的权重值包含了两个层次中的神经元序号,用 $\omega_{j,k}^{(l)}$ 表示第 l 层中第 j 个神经元和第 $l-1$ 层中的第 k 个神经元连接的权重,如图 3-7 所示。类似地,偏置 $b_j^{(l)}$ 表示第 l 层中第 j 个神经元的偏置。

图 3-7 神经网络中激活值、权重和偏置的表示方法

根据神经元的计算公式(3-10)和公式(3-11),第 1 层中第 0 个神经元的激活值的计算公式为

$$a_0^{(1)} = \sigma\left(\omega_{0,0}^{(1)} a_0^{(0)} + \omega_{0,1}^{(1)} a_1^{(0)} + \cdots + \omega_{0,m}^{(1)} a_m^{(0)} + b_0^{(1)}\right) \tag{3-12}$$

其中,m 为第 0 层神经元的数量。类似地,第 1 层中其他神经元的激活值的计算公式如下:

$$a_1^{(1)} = \sigma\left(\omega_{1,0}^{(1)} a_0^{(0)} + \omega_{1,1}^{(1)} a_1^{(0)} + \cdots + \omega_{1,m}^{(1)} a_m^{(0)} + b_1^{(1)}\right) \tag{3-13}$$

$$\cdots$$

$$a_n^{(1)} = \sigma\left(\omega_{n,0}^{(1)} a_0^{(0)} + \omega_{n,1}^{(1)} a_1^{(0)} + \cdots + \omega_{n,m}^{(1)} a_m^{(0)} + b_n^{(1)}\right) \tag{3-14}$$

其中,n 表示第 1 层神经元的数量。

因此,第 1 层的各个神经元的激活值的计算公式可以组合成矩阵运算:

$$\begin{bmatrix} a_0^{(1)} \\ a_1^{(1)} \\ \vdots \\ a_n^{(1)} \end{bmatrix}_{n\times 1} = \boldsymbol{\sigma} \begin{bmatrix} \omega_{0,0}^{(1)} & \omega_{0,1}^{(1)} & \cdots & \omega_{0,m}^{(1)} \\ \omega_{1,0}^{(1)} & \omega_{1,1}^{(1)} & \cdots & \omega_{1,m}^{(1)} \\ \vdots & \vdots & \ddots & \vdots \\ \omega_{n,0}^{(1)} & \omega_{n,1}^{(1)} & \cdots & \omega_{n,m}^{(1)} \end{bmatrix}_{n\times m} \begin{bmatrix} a_0^{(0)} \\ a_1^{(0)} \\ \vdots \\ a_m^{(0)} \end{bmatrix}_{m\times 1} + \begin{bmatrix} b_0^{(1)} \\ b_1^{(1)} \\ \vdots \\ b_n^{(1)} \end{bmatrix}_{n\times 1} \tag{3-15}$$

使用矩阵方式表示为

$$\boldsymbol{a}^{(1)} = \boldsymbol{\sigma}\left(\boldsymbol{w}^{(1)} \boldsymbol{a}^{(0)} + \boldsymbol{b}^{(1)}\right) \tag{3-16}$$

类似地,对于任意的第 l 层(输入层除外)神经元的激活值的计算公式如下:

$$\begin{bmatrix} a_0^{(l)} \\ a_1^{(l)} \\ \vdots \\ a_n^{(l)} \end{bmatrix}_{n\times 1} = \boldsymbol{\sigma} \begin{bmatrix} \omega_{0,0}^{(l)} & \omega_{0,1}^{(l)} & \cdots & \omega_{0,m}^{(l)} \\ \omega_{1,0}^{(l)} & \omega_{1,1}^{(l)} & \cdots & \omega_{1,m}^{(l)} \\ \vdots & \vdots & \ddots & \vdots \\ \omega_{n,0}^{(l)} & \omega_{n,1}^{(l)} & \cdots & \omega_{n,m}^{(l)} \end{bmatrix}_{n\times m} \begin{bmatrix} a_0^{(l-1)} \\ a_1^{(l-1)} \\ \vdots \\ a_m^{(l-1)} \end{bmatrix}_{m\times 1} + \begin{bmatrix} b_0^{(l)} \\ b_1^{(l)} \\ \vdots \\ b_n^{(l)} \end{bmatrix}_{n\times 1} \tag{3-17}$$

使用矩阵方式表示为

$$\boldsymbol{a}^{(l)} = \boldsymbol{\sigma}\left(\boldsymbol{w}^{(l)} \boldsymbol{a}^{(l-1)} + \boldsymbol{b}^{(l)}\right) \tag{3-18}$$

用 $\boldsymbol{z}^{(l)}$ 表示神经元的线性计算部分,上述矩阵也可以表示为

$$\boldsymbol{z}^{(l)} = \boldsymbol{w}^{(l)} \boldsymbol{a}^{(l-1)} + \boldsymbol{b}^{(l)} \tag{3-19}$$

$$a^{(l)} = \sigma\left(z^{(l)}\right) \tag{3-20}$$

可见,多层感知机中每层神经元的激活值的算法都是一致的,于是在程序中可以通过循环的方式实现激活值的计算。由于输入层不需要参与计算,所以实际的循环次数比多层感知机的层数少一层。神经网络的前馈函数 feedForward 的代码如下:

```
//前馈
func feedForward(m : Matrix) : Matrix{
    var res : Matrix = m                              //存储激活值变量
    for (i in 0..layerNum - 1) {
        res = add(dot(weights[i], res), biases[i])    //线性计算,公式(3-10)
        res = sigmoid(res)                            //非线性计算,公式(3-11)
    }
    return res
}
```

形参 m 用于传入神经网络的输入层神经元的激活值,局部变量 res 用于存储每层计算完毕后的神经元的激活值。当循环结束后,res 变量存储着多层感知机的输出结果。可见,虽然公式中各种符号很多,但是使用代码实现起来却没有那么复杂。

下面测试没有经过任何训练的多层感知机,即随机生成权重和偏置,然后使用 MNIST 训练数据集中的第 1 个样本作为 feedForward 函数的参数执行前馈运算,代码如下:

```
func main() : Unit {
    let net = Network([784, 20, 20, 10])              //定义多层感知机变量 net
    let mnist = MnistLoader.getInstance()             //创建 MNIST 训练数据集加载器
    //将手写数字图像转换为矩阵形式
    let mtx = transpose(Matrix([mnist.getInput(0)]))
    let res = net.feedForward(mtx)                    //前馈计算
    println(res)                                      //输出前馈计算结果
}
```

由于通过 MnistLoader 对象获取的手写数字图像是通过向量的方式存储的,所以首先需要将其转换为矩阵变量 mtx,然后将其传入 feedForward 函数参与计算。编译并运行程序,输出的结果如下:

```
[[0.214809], [0.307453], [0.911768], [0.078763], [0.560281], [0.504541], [0.600200],
[0.010541], [0.951717], [0.710671]]
```

因为这个多层感知机并没有经过训练,所以这些输出层的神经元的激活值是随机的。由前文可知,训练样本的第 1 个数字是 5,但是这里输出的结果数组的第 2 个元素(神经元)最大,显然并不是需要的结果。实际上,我们期待的输出应该如下:

```
[[0.000000], [0.000000], [0.000000], [0.000000], [0.000000], [1.000000], [0.000000],
[0.000000], [0.000000], [0.000000]]
```

其中,第 5 个神经元的激活值为 1,而其他神经元的激活值都为 0,因此,多层感知机训练的目标就是让前馈计算函数 feedForward 的输出尽可能拟合上述期待的输出:至少使其第 6 个数组元素(表示数字 5)的值最大,这样才可以得到正确的分类结果。

3.2.2　多层感知机的训练

为了训练多层感知机,首先需要使用代价函数定量评价多层感知机的输出结果,然后在训练中不断降低这个代价函数的值,最终达到我们满意的结果。

1. 代价函数

代价函数是关于权重和偏置的函数,用字母 C 表示。通过代价函数(Cost Function)可以评判神经网络的输出和预期输出之间的差异,具体包括均方误差代价函数、交叉熵代价函数、指数代价函数等。在均方误差(Mean Square Error,MSE)代价函数中,代价(Cost)为输出值 $a^{(L)}$ 和预期值 y 的差的平方和:

$$C = (a^{(L)} - y)^2 \tag{3-21}$$

注意　在有些教材中,单个样本的代价函数也称为损失函数(Loss Function),用字母 L 表示。

有时,MSE 代价还可使用 1/2 常数项:

$$C = \frac{1}{2}(a^{(L)} - y)^2 \tag{3-22}$$

对于多个样本,代价函数是每个样本的代价函数的平均值再乘以 1/2:

$$C(w,b) = \frac{1}{2n}\sum_x \left[a_x^{(L)} - y\right]^2 \tag{3-23}$$

其中,n 表示训练样本数量,x 表示训练样本序号。

注意　之所以均方误差代价函数公式存在 1/2 常数项,是因为在梯度下降法中可以去掉其导数 $C'(w,b)$ 常数项。在实际应用中,均方误差代价函数的常数项值的选取不影响神经网络的训练结果。

之前介绍过,训练神经网络实际上是找到最佳的权重和偏置,而现在将训练神经网络的问题转换为使代价函数最小的问题,而这个代价函数是定量化的。对于特定的样本,这个代价函数的值是权重和偏置的函数:权重和偏置设置得越好,那么代价函数越小。如此一来,训练神经网络的问题就转换为一个求最小值的数学问题。

2. 梯度下降法

既然是求最小值的问题,那么就少不了导数运算了。在微积分中,通过求导的方法可以分析函数的单调性和极值,从而找到最小值,这是比较通用的方法,但是对于拥有 16 330 个自变量(权重和偏置)的代价函数,这种方法显然是不现实的。

退而求其次,虽然很难通过求导的方法分析整个函数的全貌,但是可以想办法求得代价函数在某个位置的全部偏导数,并根据这个位置的偏导数微调 16 330 个自变量使代价函数变小。随后,再次求得新位置的偏导数,微调这些自变量,并不断循环。这样的循环可以让代价函数逐渐减小,并收敛在某个极小值中。这种方法就是梯度下降法(Gradient Decent)。

所谓梯度指的是函数 $f(x)$ 对自变量 x 的所有偏导数组成的矩阵,用$\nabla_x f(x)$表示:

$$\nabla_x f(x) = \left(\frac{\partial f(x)}{\partial x_1}, \frac{\partial f(x)}{\partial x_2}, \cdots, \frac{\partial f(x)}{\partial x_n} \right) \tag{3-24}$$

其中,$\boldsymbol{x}$ 为自变量组成的向量:

$$\boldsymbol{x} = (x_1, x_2, \cdots, x_n)^{\mathrm{T}}$$

梯度下降法就是计算代价函数对权重和偏置的所有偏导数,并组合成梯度∇C,然后让所有的权重和偏置沿着梯度的反方向$-\nabla C$ 微调移动,不断循环这个过程使代价函数 C 收敛到极小值中。

例如,在一元函数 $f(x)$ 中随机找到一个位置作为初始位置,并求得函数的导数的相反数作为其梯度,然后即可沿着梯度向极小值靠拢,如图 3-8 所示。

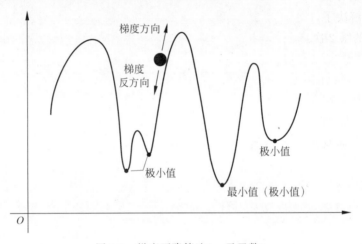

图 3-8 梯度下降算法(一元函数)

对于多元函数也是类似的,沿着梯度反方向即可找到这个函数的极小值,如图 3-9 所示。

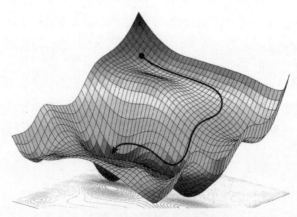

图 3-9 梯度下降算法(多元函数)

只不过,梯度下降法很难将代价函数收敛到全局的最小值中,只能收敛到某个局部的极小值。在比较深的神经网络中,梯度下降法还容易出现梯度消失(Gradient Vanishing)和梯度爆炸(Gradient Exploding)等问题。这也是第 1 章中介绍的神经网络第 2 次浪潮终结的重要原因之一,因此梯度下降法所得到的权重和偏置并不是最优解,但是似乎也没有什么特别好的方法解决这个问题,所以在最前沿的研究中,许多学者正在通过模拟退火等方法来改进算法,以期望能使用各种方法求得最优解。

3.2.3　多层感知机的核心：反向传播算法

我们定义的多层感知机中包含了 16 330 个偏置和权重,所以最终的代价函数的梯度包含了 16 330 个偏导数。怎样才能求得这么多的偏导数呢?这个曾经困扰众人的问题在 1986 年被正式解决了,即反向传播算法(Back Propagation)。反向传播算法的出现引爆了神经网络发展的第 2 次高潮,也是当前多层感知机的核心算法。

反向传播算法应用了复合函数求导链式法则,从输出层逐步向后推演到神经网络的每个层次(除了输入层,因为输入层没有权重和偏置),求得所有权重和偏置的偏导数。由于反向传播算法较为复杂,所以首先通过一个只包含 3 个神经元的神经网络直观地了解反向传播算法的基本思路,然后推导反向传播算法的通用公式。

1. 直观地了解反向传播算法

只包含 3 层且每层只有一个神经元的神经网络如图 3-10 所示。

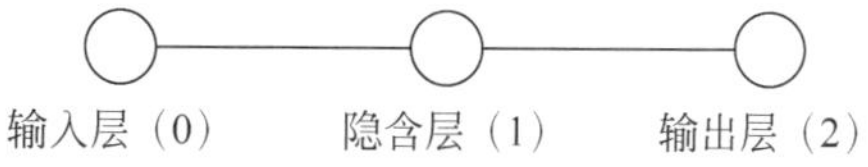

反向传播算法必须首先应用前馈算法求得代价函数,即输入一个样本,并使用前馈算法计算每层神经元的激活值,并得到代价函数值 C_0,然后从神经网络的最后一层开始计算偏导数。首先求解代

输入层(0)　　隐含层(1)　　输出层(2)

图 3-10　只包含 3 个神经元的神经网络

价函数对最后一层神经元权重的偏导数 $\dfrac{\partial C_0}{\partial w^{(L)}}$。根据链式规则,求解 $\dfrac{\partial C_0}{\partial w^{(L)}}$ 的问题可以转换为

$$\frac{\partial C_0}{\partial w^{(L)}} = \frac{\partial C_0}{\partial a^{(L)}} \frac{\partial a^{(L)}}{\partial z^{(L)}} \frac{\partial z^{(L)}}{\partial w^{(L)}} \tag{3-25}$$

该公式等式后面的所有偏导数都是很容易求出的。代价函数对最后一层神经元的激活值的偏导数 $\dfrac{\partial C}{\partial a^{(L)}}$ 可以通过代价函数计算公式 $C = \dfrac{1}{2}(a^{(L)} - y)^2$ 求偏导得到:

$$\frac{\partial C_0}{\partial a^{(L)}} = (a^{(L)} - y) \tag{3-26}$$

最后一层神经元的激活值对该神经元 z 值偏导数 $\dfrac{\partial a^{(L)}}{\partial z^{(L)}}$ 可以通过 Sigmoid 函数 $a^{(L)} = \sigma(z^{(L)})$ 求偏导得到:

$$\frac{\partial a^{(L)}}{\partial z^{(L)}} = \sigma'(z^{(L)}) \tag{3-27}$$

偏导数 $\dfrac{\partial z^{(L)}}{\partial w^{(L)}}$ 中的 $z^{(L)}$ 和 $w^{(L)}$ 之间存在线性关系 $z^{(L)}=w^{(L)}a^{(L-1)}+b^{(L)}$，通过求偏导得到：

$$\frac{\partial z^{(L)}}{\partial w^{(L)}}=a^{(L-1)} \tag{3-28}$$

将公式(3-26)、(3-27)和(3-28)代入公式(3-25)，即可得到对最后一层权重的偏导数计算公式：

$$\frac{\partial C_0}{\partial w^{(L)}}=\frac{\partial C_0}{\partial a^{(L)}}\frac{\partial a^{(L)}}{\partial z^{(L)}}\frac{\partial z^{(L)}}{\partial w^{(L)}}=(a^{(L)}-y)\sigma'(z^{(L)})a^{(L-1)} \tag{3-29}$$

用类似的方法求得对最后一层偏置的偏导数计算公式：

$$\frac{\partial C_0}{\partial b^{(L)}}=\frac{\partial C_0}{\partial a^{(L)}}\frac{\partial a^{(L)}}{\partial z^{(L)}}\frac{\partial z^{(L)}}{\partial b^{(L)}}=(a^{(L)}-y)\sigma'(z^{(L)}) \tag{3-30}$$

为了将偏导数的计算反向传播到倒数第 2 层，需要求代价函数对倒数第 2 层激活值的导数 $\dfrac{\partial C_0}{\partial a^{(L-1)}}$，公式如下：

$$\frac{\partial C_0}{\partial a^{(L-1)}}=\frac{\partial C_0}{\partial a^{(L)}}\frac{\partial a^{(L)}}{\partial z^{(L)}}\frac{\partial z^{(L)}}{\partial a^{(L-1)}}=(a^{(L)}-y)\sigma'(z^{(L)})w^{(L)} \tag{3-31}$$

在倒数第 2 层中，因为 $\dfrac{\partial C_0}{\partial a^{(L-1)}}$ 已知，所以通过链式法则很容易求得 $\dfrac{\partial C_0}{\partial w^{(L-1)}}$ 和 $\dfrac{\partial C_0}{\partial b^{(L-1)}}$：

$$\frac{\partial C_0}{\partial w^{(L-1)}}=\frac{\partial C_0}{\partial a^{(L-1)}}\frac{\partial a^{(L-1)}}{\partial z^{(L-1)}}\frac{\partial z^{(L-1)}}{\partial w^{(L-1)}}=\frac{\partial C_0}{\partial a^{(L-1)}}\sigma'(z^{(L-1)})a^{(L-2)} \tag{3-32}$$

$$\frac{\partial C_0}{\partial b^{(L-1)}}=\frac{\partial C_0}{\partial a^{(L-1)}}\frac{\partial a^{(L-1)}}{\partial z^{(L-1)}}\frac{\partial z^{(L-1)}}{\partial b^{(L-1)}}=\frac{\partial C_0}{\partial a^{(L-1)}}\sigma'(z^{(L-1)}) \tag{3-33}$$

随后再用类似的方法继续求 $\dfrac{\partial C_0}{\partial a^{(L-2)}}$，并求得代价函数对倒数第 2 层的权重、偏置的偏导数 $\dfrac{\partial C_0}{\partial w^{(L-2)}}$ 和 $\dfrac{\partial C_0}{\partial b^{(L-2)}}$。通过这种方法可以反向求得代价函数对所有的权重和偏置的偏导数，组成梯度向量，因此该方法称为反向传播算法。

2. 推导 4 个核心公式

把上述原理拓展到每层具有多个神经元的神经网络，本质上就是将上述的标量计算转换为矩阵计算。首先定义 $\boldsymbol{\delta}^{(l)}$，表示代价函数对某一层神经元 z 值的梯度：

$$\boldsymbol{\delta}^{(l)}=\frac{\partial C}{\partial z^{(l)}} \tag{3-34}$$

梯度 $\boldsymbol{\delta}^{(l)}$ 由神经元对应数量的偏导数组成：

$$\boldsymbol{\delta}^{(l)}=(\delta_1^{(l)}\,\delta_2^{(l)}\cdots\delta_n^{(l)})^{\mathrm{T}} \tag{3-35}$$

其中,对于 l 层的任意神经元 j,其 $\delta_j^{(l)}$ 计算公式如下:

$$\delta_j^{(l)} = \frac{\partial C}{\partial z_j^{(l)}} \tag{3-36}$$

然后,利用 $\boldsymbol{\delta}^l$ 求得第 l 层的偏置和权重的梯度。反向传播算法的 4 个核心公式如下。

(1) 求解输出层的 $\boldsymbol{\delta}^{(L)}$:

$$\boldsymbol{\delta}^{(L)} = \nabla_a \boldsymbol{C} \odot \sigma'(\boldsymbol{z}^{(L)}) \tag{3-37}$$

(2) 求解任意一层(除了输出层和输入层)的 $\boldsymbol{\delta}^{(l)}$:

$$\boldsymbol{\delta}^{(l)} = \left[(\boldsymbol{w}^{(l+1)})^{\mathrm{T}} \boldsymbol{\delta}^{(l+1)} \right] \odot \sigma'(\boldsymbol{z}^{(l)}) \tag{3-38}$$

(3) 求解任意一层的偏置梯度:

$$\nabla_b \boldsymbol{C}^{(l)} = \boldsymbol{\delta}^{(l)} \tag{3-39}$$

(4) 求解任意一层的权重梯度:

$$\nabla_\omega \boldsymbol{C}^{(l)} = \boldsymbol{\delta}^{(l)} \left[\boldsymbol{a}^{(l-1)} \right]^{\mathrm{T}} \tag{3-40}$$

下文分别推导这 4 个公式。

1) 推导公式(3-37)

对于最后一层 $\boldsymbol{\delta}^{(L)}$ 中的任意神经元的 $\delta_j^{(L)}$,使用链式法则

$$\delta_j^{(L)} = \frac{\partial C}{\partial z_j^{(L)}} = \frac{\partial C}{\partial a_j^{(L)}} \times \frac{\partial a_j^{(L)}}{\partial z_j^{(l)}} = \frac{\partial C}{\partial a_j^{(L)}} \times \sigma'(z_j^{(L)}) \tag{3-41}$$

将其写为矩阵形式:

$$\boldsymbol{\delta}^{(L)} = \nabla_a \boldsymbol{C} \odot \sigma'(\boldsymbol{z}^{(L)}) \tag{3-42}$$

2) 推导公式(3-38)

为了证明公式(3-38),对于第 l 层中的第 j 个神经元:

$$\delta_j^{(l)} = \frac{\partial C}{\partial z_j^{(l)}} = \sum_k \left(\frac{\partial z_k^{(l+1)}}{\partial z_j^{(l)}} \right) \frac{\partial C}{\partial z_k^{(l+1)}} = \sum_k \left(\frac{\partial C}{\partial z_k^{(l+1)}} \frac{\partial z_k^{(l+1)}}{\partial z_j^{(l)}} \right) = \sum_k \left(\frac{\partial z_k^{(l+1)}}{\partial z_j^{(l)}} \delta_k^{(l+1)} \right) \tag{3-43}$$

其中,k 表示第 $l+1$ 层的神经元的数量。求第 $l+1$ 层第 k 个神经元的 $z_k^{(l+1)}$:

$$z_k^{(l+1)} = \sum_j (w_{kj}^{(l+1)} a_j^{(l)} + b_k^{(l+1)}) = \sum_j \left[w_{kj}^{(l+1)} \sigma(z_j^{(l)}) + b_k^{(l+1)} \right] \tag{3-44}$$

利用上述公式求 $\partial z_k^{(l+1)}$ 对 $\partial z_j^{(l)}$ 的微分:

$$\frac{\partial z_k^{(l+1)}}{\partial z_j^{(l)}} = w_{kj}^{(l+1)} \sigma'(z_j^{(l)}) \tag{3-45}$$

将公式(3-45)代入公式(3-43)中:

$$\delta_j^{(l)} = \sum_k w_{kj}^{(l+1)} \delta_k^{(l+1)} \sigma'(z_j^{(l)}) \tag{3-46}$$

将其写为矩阵形式:

$$\boldsymbol{\delta}^{(l)} = \left[(\boldsymbol{w}^{(l+1)})^{\mathrm{T}} \boldsymbol{\delta}^{(l+1)} \right] \odot \sigma'(\boldsymbol{z}^{(l)}) \tag{3-47}$$

3) 推导公式(3-39)

根据链式法则,$\frac{\partial C}{\partial b_j^{(l)}}$ 可以转换为

$$\frac{\partial C}{\partial b_j^{(l)}} = \frac{\partial C}{\partial z_j^{(l)}} \frac{\partial z_j^{(l)}}{\partial b_j^{(l)}} \tag{3-48}$$

由 $z_j^{(l)}$ 计算公式 $z_j^{(l)} = \omega_{jk}^{(l)} a_k^{(l-1)} + b_j^{(l)}$ 求偏导数 $\frac{\partial z_j^{(l)}}{\partial b_j^{(l)}}$：

$$\frac{\partial z_j^{(l)}}{\partial b_j^{(l)}} = 1 \tag{3-49}$$

将公式(3-49)代入公式(3-48)中，得到：

$$\frac{\partial C}{\partial b_j^{(l)}} = \frac{\partial C}{\partial z_j^{(l)}} \frac{\partial z_j^{(l)}}{\partial b_j^{(l)}} = \delta_j^{(l)} \tag{3-50}$$

将其写为矩阵形式：

$$\nabla_b \boldsymbol{C}^{(l)} = \boldsymbol{\delta}^{(l)} \tag{3-51}$$

4）推导公式(3-40)

根据链式法则，$\frac{\partial C}{\partial \omega_{jk}^{(l)}}$ 可以转换为

$$\frac{\partial C}{\partial \omega_{jk}^{(l)}} = \frac{\partial C}{\partial z_j^{(l)}} \frac{\partial z_j^{(l)}}{\partial \omega_{jk}^{(l)}} = \frac{\partial z_j^{(l)}}{\partial \omega_{jk}^{(l)}} \delta_j^{(l)} \tag{3-52}$$

由 $z_j^{(l)}$ 计算公式 $z_j^{(l)} = \omega_{jk}^{(l)} a_k^{(l-1)} + b_j^{(l)}$ 求偏导数 $\frac{\partial z_j^{(l)}}{\partial \omega_{jk}^{(l)}}$：

$$\frac{\partial z_j^{(l)}}{\partial \omega_{jk}^{(l)}} = a_k^{(l-1)} \tag{3-53}$$

将公式(3-53)代入公式(3-52)中，得到：

$$\frac{\partial C}{\partial \omega_{jk}^{(l)}} = \frac{\partial C}{\partial z_j^{(l)}} \frac{\partial z_j^{(l)}}{\partial \omega_{jk}^{(l)}} = a_k^{(l-1)} \delta_j^{(l)} \tag{3-54}$$

将其写为矩阵形式：

$$\nabla_\omega \boldsymbol{C}^{(l)} = \boldsymbol{\delta}^{(l)} \left[\boldsymbol{a}^{(l-1)}\right]^{\mathrm{T}} \tag{3-55}$$

3. 使用仓颉语言实现反向传播算法

通过仓颉语言程序实现上述反向传播算法的 4 个公式，代码如下：

```
//反向传播算法
func backProp(input : Vector, label : UInt8) : (Matrices, Matrices) {

    //1. 创建用于存储梯度的数组
    var nabla_biases = Matrices(layerNum - 1, {i =>
        constantMatrix(netShape[i + 1], 1, 0.0)
    })
    var nabla_weights = Matrices(layerNum - 1, {i =>
        constantMatrix(netShape[i + 1], netShape[i], 0.0)
    })
    //2. 前馈算法求得 a 值和 z 值
```

```
var activations = ArrayList<Matrix>()
var zs = ArrayList<Matrix>()
//输入层
activations.append(transpose(Matrix([input])))
//中间层和输出层
for (i in 1..layerNum) {
    let z = add(dot(weights[i - 1], activations[i - 1]), biases[i - 1])
    zs.append(z)
    let activation = sigmoid(z)
    activations.append(activation)
}


//3. 反向传播
//构造正确的结果
let y = constantMatrix(10, 1, 0.0)
y[Int64(label)][0] = 1.0
//求最后一层的梯度
var delta : Matrix = multiply(subtract(activations[layerNum - 1], y), sigmoid_prime(zs
[layerNum - 2]))
nabla_biases[layerNum - 2] = delta
nabla_weights[layerNum - 2] = dot(delta, transpose(activations[layerNum - 2]))
//反向传播求任意一层的梯度
for (l in 2..layerNum) {
    let z = zs[layerNum - l - 1]
    let sp = sigmoid_prime(z)
    delta = multiply(dot(transpose(this.weights[layerNum - l]), delta), sp)
    nabla_biases[layerNum - l - 1] = delta
    nabla_weights[layerNum - l - 1] = dot(delta, transpose(activations[layerNum - l -
1]))
}
return (nabla_biases, nabla_weights)
}
```

该函数中形参 input 和形参 label 分别表示手写数字的图像和正确分类结果,在函数体中主要包含以下 3 个步骤:

(1) 构造用于存储梯度的 Matrices 变量 nabla_biases 和 nabla_weights,并将各个元素值赋值为 0。这两个数组的形状和多层感知机的偏置和权重 Matrices 变量 biases 和 weights 的形状是相同的。

注意 变量中的 nabla 表示梯度符号 ∇。

(2) 通过前馈算法求得神经网络中的激活值和 z 值,并分别将其存储在 activations 和 zs 变量中。由于输入层中没有 z 值,所以 zs 的长度比 activations 的长度小 1。

(3) 通过反向传播算法求梯度,并存储到 Matrices 变量 nabla_biases 和 nabla_weights 中。在求解过程中,临时变量 delta 用于存储公式(3-37)和公式(3-38)中所计算的 $\delta^{(l)}$,然后分别利用公式(3-39)和公式(3-40)计算求得 $\nabla_b C^{(l)}$ 和 $\nabla_\omega C^{(l)}$ 并分别复制到 nabla_biases 和 nabla_weights 中。

至此,多层感知机的核心部分已经介绍完毕。3.2.4节将介绍随机梯度下降算法及一些超参数的设置。

3.2.4 随机梯度下降和超参数的设置

本节介绍随机梯度下降(SGD)及小批量的概念,然后介绍多层感知机的超参数,最后实现多层感知机程序所剩余的全部代码。

1. 随机梯度下降

前文已经介绍过 MNIST 包含 60 000 个训练样本,在传统的梯度下降算法中需要将这 60 000 个训练样本全部通过前馈算法得到代价函数后,再进行梯度下降。在实际应用中,可以将这 60 000 个训练样本分成若干小份,分别进行梯度下降。通过每一小份所计算的梯度并不能代表训练样本的整体,但是其梯度的大致方向是正确的。这就像"醉汉下山"一样,计算的梯度并不是指代价函数的极小值,而是有一定的偏差,所以这种梯度下降算法称为随机梯度下降(Stochastic Gradient Descent,SGD)。与此对应的,每次计算梯度都要使用全部的训练样本的梯度下降方法称为批量梯度下降(Batch Gradient Descent,BGD)。

因此,SGD 是通过损失精度的方式来提高训练速度的,如图 3-11 所示。

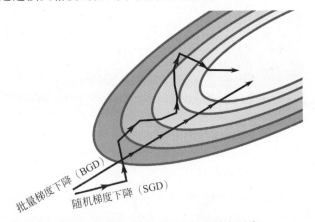

图 3-11 随机梯度下降和批量梯度下降

60 000个训练样本 ⟹

10个训练样本
小批量0

10个训练样本
小批量1

10个训练样本
小批量2

...

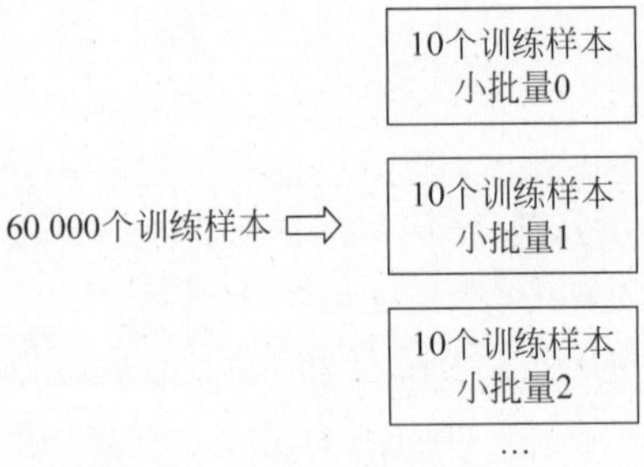

图 3-12 小批量(Mini Batch)

在 SGD 算法中,每次计算梯度的一小份训练样本称为一个小批量(Mini Batch)。例如,可以将 60 000 个训练样本分成 6000 个小批量,其中每个小批量包含了 10 个训练样本,如图 3-12 所示。如此一来,程序只需通过 10 个训练样本就可以进行一次梯度下降,所以 SGD 的梯度下降速度要比 BGD 更快(特别是刚刚开始计算时)。

2. 多层感知机的超参数

在随机梯度下降中,小批量的大小(Mini Batch

Size)属于多层感知机的超参数(Hyperparameter)。所谓超参数,就是确定模型特征的一些参数。在多层感知机中,一般参数(权重和偏置)可以通过其自身的方法学习得到,但是超参数需要模型的使用者手动设置。超参数的设置会深刻影响多层感知机的性能,所以常常需要根据经验确定这些超参数,并可能需要反复地调试和优化。

除了小批量大小以外,多层感知机的超参数还包括训练轮数(Epoch)和学习率(η)。在随机梯度下降中,对训练样本中全部的小批量进行一次遍历和反向传播后,通常并不能收敛到极小值,所以会对全部训练样本反复进行多轮训练,这样才能获得较好的训练效果,所以模型使用者需要为其设定训练轮数,以进行多次反复训练。

在每次梯度下降过程中,所有的权重和偏置都会按照其相应梯度的某个倍率下降,这个倍率就是学习率。学习率可以认为是沿着梯度每次下降的步子的大小。

任意一层,权重和偏置更新方法如下:

$$\boldsymbol{w}^{(l)} \leftarrow \boldsymbol{w}^{(l)} - \mu \ \nabla_w C^{(l)} \tag{3-56}$$

$$\boldsymbol{b}^{(l)} \leftarrow \boldsymbol{b}^{(l)} - \mu \ \nabla_b C^{(l)} \tag{3-57}$$

其中,$\boldsymbol{w}^{(l)}$ 和 $\boldsymbol{b}^{(l)}$ 分别是第 l 层的权重和偏置矩阵,$\nabla_w C^{(l)}$ 和 $\nabla_b C^{(l)}$ 为相应的梯度;η 为学习率。学习率也是非常重要的超参数:如果学习率设置过高,则会很难收敛到极小值;如果学习率设置过低,则可能会引起梯度下降得太慢,徒增训练时间,如图 3-13 所示。

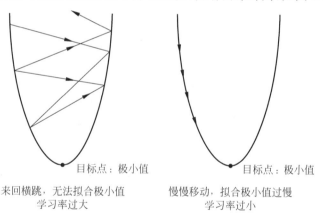

目标点:极小值　　　　　　　　目标点:极小值

来回横跳,无法拟合极小值　　　　慢慢移动,拟合极小值过慢
学习率过大　　　　　　　　　　学习率过小

图 3-13　学习率的设置不能过高也不能过低

综上,多层感知机包含了小批量的大小、训练轮数和学习率等超参数。这些超参数需要模型使用者根据经验多次尝试,才可以得到符合需求的神经网络。

3. 随机梯度下降的程序实现

随机梯度下降算法需要把训练样本拆分成若干个小批量。可以通过 batches 函数将训练样本的数组下标拆分到多个缓冲区中,代码如下:

```
func batches(data_size : Int64, batch_size : Int64) : ArrayList < ArrayList < Int64 >>{
    var sampleindexes = randomIndexes(data_size)      //随机下标
    //创建 Batches
```

```
        var batches = ArrayList < ArrayList < Int64 >>()
        var batch = ArrayList < Int64 >()
        for (j in 0..data_size) {
            batch.append(sampleindexes[j])
            if (batch.size == batch_size) {
                batches.append(batch)
                batch = ArrayList < Int64 >()
            }
        }
        if (batch.size != 0) {
            batches.add(batch)
        }
        return batches
    }
```

缓冲区 batches 分为两个层次,外层是小批量层次,内层为小批量中所包含的 MNIST
样本的下标。在随后的处理单个小批量程序中,只需根据 batches 缓冲区的下标获取
MNIST 中的手写数字数据。

在上面的代码中,创建小批量样本下标缓冲区时需要随机将训练样本的顺序打乱,可使
用生成随机下标列表的函数 randomIndexes,代码如下:

```
//随机下标列表
func randomIndexes(size : Int64) : Array < Int64 > {
    let arr = ArrayList < Int64 >(size, {i => i})
    let indexes = Array < Int64 >(size, {i =>
        let index = abs(random.nextInt64(arr.size))
        let value = arr[index]
        arr.remove(index)
        value
    })
    indexes
}
```

在处理每个小批量时,需要通过遍历的方式分别通过反向传播算法求得各个权重和偏
置的梯度,然后求这些梯度的平均值并乘以学习率,得到各个权重和偏置沿着梯度下降所需
要移动的数值,最后将这些数值更新到多层感知机的权重和偏置中,代码如下:

```
func processBatch(data : TrainingData, batch : ArrayList < Int64 >, eta : Float64) {
    //创建 nabla 数组
    var nabla_biases = Matrices(layerNum − 1, {i =>
        constantMatrix(netShape[i + 1], 1, 0.0)
    })
    var nabla_weights = Matrices(layerNum − 1, {i =>
        constantMatrix(netShape[i + 1], netShape[i], 0.0)
    })
    //遍历 Batch
    for (index in batch) {
        let input = data.getInput(index)
        let label = data.getLabel(index)
```

```
            let res = backProp(input, label)
            let delta_nabla_biases : Matrices = res[0]
            let delta_nabla_weights : Matrices = res[1]

            nabla_biases = add(nabla_biases, delta_nabla_biases)
            nabla_weights = add(nabla_weights, delta_nabla_weights)
        }
        for (index in 0..layerNum - 1) {
            this.biases[index] = add(this.biases[index], multiply(nabla_biases[index], - eta
/ Float64(batch.size)))
            this.weights[index] = add(this.weights[index], multiply(nabla_weights[index], -
eta / Float64(batch.size)))
        }
    }
```

最后，实现随机梯度下降法函数 SGD，代码如下：

```
/*
    随机梯度下降法
    data : 输入数据
    epoches : 迭代次数
    batch_size :        //iterations 就是完成一次 epoch 所需的 batch 的个数
    eta : 学习率
    test_data : 输出数据
*/
func SGD(data : TrainingData, epoches : Int64, batch_size : Int64, eta : Float64, test_data :
TrainingData) {
    //训练样本数量
    let data_size = data.size()
    //测试样本数量
    let test_data_size = test_data.size()

    //迭代训练
    for (i in 0..epoches) {
        print("Epoch: ${i}\n")
        let batches = batches(data_size, batch_size)
        //使用 batches 开始训练
        for (batch in batches) {
            processBatch(data, batch, eta)
        }
        //测试结果
        let res = evaluate(test_data)
        print("Epoch : ${i}, Result : ${res} / ${test_data_size}\n")

    }
}
```

该函数通过 batches 函数生成了多个小批量，然后对各个小批量分别处理，并在每次处理后更新整个多层感知机的权重和偏置。在每轮训练后都会调用 evaluate 函数测试训练结果，代码如下：

```
//检验训练成果
func evaluate(test_data : TrainingData) : Int64{
    var count = 0
    //遍历 Batch
    for (index in 0..test_data.size) {
        let input : Vector = test_data.getInput(index)
        let label = test_data.getLabel(index)
        let res = this.feedForward(transpose(Matrix([input])))

        var max = Float64.Min
        var maxindex = -1
        for (i in 0..res.size) {
            if (res[i][0] > max) {
                max = res[i][0]
                maxindex = i
            }
        }
        if (maxindex == Int64(test_data.getLabel(index))) {
            count ++
        }
    }
    count
}
```

以上介绍了这个多层感知机的全部代码,接下来就可以尝试训练并运行这个多层感知机了。

3.2.5 让代码运行起来

在 main 函数中,创建一个多层感知机,然后,调用随机梯度下降函数 SGD 并设置超参数的值,其中将轮数设置为 30,将小批量大小设置为 10,将学习率设置为 3.0,代码如下:

```
main() : Unit {
    let epoch = 30                              //训练轮数
    let batch_size = 10                         //小批量大小
    let eta = 3.0                               //学习率
    let shape : Array<Int64> = [784, 20, 20, 10]  //多层感知机的形状

    println("Network shape: ${shape.toString()}")
    println("epoch: ${epoch},batch_size: ${batch_size},eta: ${eta}")

    //创建神经网络
    let net = Network(shape)
    //通过随机梯度下降法训练神经网络
    net.SGD(MnistLoader.getInstance(), epoch, batch_size, eta, MnistTestDataLoader.
getInstance())

}
```

编译并运行程序,输出的结果如下:

```
Network shape: [784, 20, 20, 10]
epoch: 30,batch_size: 10,eta: 3.000000
Epoch : 0
Epoch : 0, Result : 9002 / 10000
Epoch : 1
Epoch : 1, Result : 9172 / 10000
Epoch : 2
Epoch : 2, Result : 9240 / 10000

...

Epoch : 27
Epoch : 27, Result : 9507 / 10000
Epoch : 28
Epoch : 28, Result : 9513 / 10000
Epoch : 29
Epoch : 29, Result : 9520 / 10000
```

在 i5 1035G1 CPU(4 核 8 线程)和 8GB 内存的情况下,单轮训练大约需要 70s 的时间,并且训练整个神经网络不超过 40min。经过 30 轮的训练迭代后,该程序能够实现 95.20%的手写数字识别正确率。如果读者没达到这个正确率,则可以多尝试几次,在绝大多数情况下可以得到 95%左右的手写数字识别正确率。

读者可以尝试改变神经网络的结构和超参数,训练不同的多层感知机模型。当神经网络的层数加深或增加神经元数量时,可能得到更好的结果(但是测试并不明显),这是因为当前的神经网络结构的复杂度已经基本满足手写数字识别的要求了。制约识别正确率的主要因素还是神经网络的类型,例如可以改进激活函数的类型,或者改进代价函数的类型等方式进行训练。

3.3 本章小结

最后,让我们回顾一下多层感知机的构建、训练和执行过程。它究竟是如何识别手写数字的呢? 还记得在一开始我们设计多层感知机时,期望它能够在第 1 个隐含层识别短边,在第 2 个隐含层识别部件么(如图 3-4 所示)? 实际上,这仅仅是我们的期望而已。我们并不知道多层感知机究竟是如何完成这个任务的,就好像我们也并不知道人类是如何快速地识别手写数字的。

从实际上看,神经网络本身就是一个函数(由一系列仿射变换和非线性变化组合而成),并且是拥有多个输入和多个输出的函数。对于固定的输入值,这个神经网络总是有固定的输出。特别地,神经元中的激活函数让整个神经网络变得非线性化,使其可以拟合成为任何我们期望它能够成为的样子(而不是一个超平面)。我们只是给定了神经网络的模型和训练机制,至于它究竟成为一个什么样的神经网络,以及如何完成这些任务的,这些复杂的问题就留给神经网络模型本身来解决了。

环境造就人,训练样本造就神经网络。人学习的途径无非来源于我们的感受器(眼、鼻、耳),它们所感受的信息很有限。同样,在我们构造的多层感知机的世界中,就是由 28×28 分辨率的手写数字构成的。我们为多层感知机给出世界以外的图形,不理解和误判是必然的。就像我们人类一样,当用先进的测量仪器探寻宏观和微观现象时,反直觉的模型(如量子理论、相对论)同样会让我们手足无措。事实上,通过不同类型的训练样本构造的神经网络可以帮助我们完成特定领域的工作,成为人类智慧的外延。

本章所介绍的多层感知机识别 MNIST 手写数字可以达到 95% 左右的正确率。虽然仍有改进的空间,但是效果已经非常不错了。用这种纯"原装"的方式构建多层感知机可以让读者直观地感受到神经网络的魅力,但是在实际应用中,手写"原装"的神经网络过于复杂且效率低下,此时可以使用"组装"的方法实现它们。仓颉 TensorBoost 通过集成 MindSpore 提供了完整的构建神经网络的能力,并且效率更高,相当于"组装"神经网络的"组件库"。通过这些组件库,就可以完成更加复杂和实用的神经网络了。后文将逐步介绍如何使用仓颉 TensorBoost 快速构建神经网络。

3.4 习题

1. 实现求解矩阵的秩,以及矩阵的逆运算函数。
2. 为什么在训练过程中使用小批量,有何作用?
3. 简述反向传播算法和随机梯度下降的主要原理。
4. 尝试在多层感知机中使用不同的激活函数,观察有什么区别。

## 第 4 章

自 动 微 分

自动微分(Automatic Differentiation,AD)是一种计算机快速准确求导的技术。在许多科学计算和人工智能领域中,微分运算是广泛存在且往往是效率较低的运算部分,所以如何快速准确地微分成为近几年比较热门的技术方向。与许多其他的编程语言不同,自动微分是仓颉语言的基础特性,即可微编程。仓颉 TensorBoost 充分应用了仓颉语言自动微分的特性,因此学习自动微分是学习仓颉 TensorBoost 的基础。

本章首先介绍自动微分的优势,然后介绍仓颉的可微编程特性。本章的核心知识点如下:

- 自动微分及其优势。
- 计算图。
- 可微编程。
- 可微类型、可微函数和伴随函数。
- 高阶微分的使用。

4.1 自动微分的原理和实现

本节首先介绍通过计算机程序实现微分计算的常见类型,然后通过仓颉语言实现简单的自动微分。

4.1.1 微分类型

在实际编程中可以通过以下 4 个基本方法进行求导运算:手动微分、数值微分、符号微分和自动微分。本节分别介绍这几种微分方法并进行简单对比。

1. 手动微分

手动微分(Manual Differentiation)是指使用开发者自行实现导数函数计算微分。第 3 章就使用了这种方法构造了 Sigmoid 函数的导数函数 sigmoid_prime。手动微分拥有很强的精度,但是也有一些不可避免的缺点:

(1) 由于手动微分需要开发者自行进行求导运行,并分别设计求导函数,导致开发成本高,并且很容易出错。面对成千上万个求导运算,手动微分常常难以应付。

（2）相对于自动微分,手动微分将计算和求导的过程分离,效率较低,也难以在编译层面上对计算进行优化。

2. 数值微分

数值微分（Numerical Differentiation）是利用导数的定义来求解微分:

$$f'(x) = \lim_{\Delta x \to 0} \frac{f(x + \Delta x) - f(x)}{\Delta x} \tag{4-1}$$

上述公式中 Δx 趋向于无穷小,在计算机程序中,定义无穷小的数值是不可能的,所以将 Δx 定义为一个非常小的浮点型数值,例如类似 0.0001 的浮点值。如此一来,在函数 $f(x)$ 截断了两个非常相近的函数值 $f(x + \Delta x)$ 和 $f(x)$,然后通过公式（4-1）计算微分。当 Δx 越小,计算的误差也就越小。由于这种方法在函数上截断了一个并非无穷小的长度,所以这种误差称为截断误差。

可是,Δx 越小,$f(x + \Delta x) - f(x)$ 的浮点值也就越小。浮点类型的特性会使其计算精度降低,这种由于精度下降导致的误差称为舍入误差。综上,降低 Δx 的大小,可以降低截断误差,但是增加了舍入误差,因此,在实际应用中选取合适的 Δx 也是一个重要的问题,这直接影响着数值微分的精度。

【实例 4-1】 通过 Sigmoid 函数对比手动微分和数值微分的计算结果,代码如下:

```
//code/chapter04/example4_1.cj
from std import math. *
//Sigmoid 函数
func sigmoid(value : Float64) : Float64{
    1.0 / (1.0 + exp( - value))
}

//Sigmoid 函数的导数(手动微分)
func sigmoid_prime_manual(value : Float64) : Float64 {
    sigmoid(value) * (1.0 - sigmoid(value))
}

//Sigmoid 函数的导数(数值微分)
func sigmoid_prime_numerical(value : Float64) : Float64 {
    let delta = 0.001
    (sigmoid(value + delta) - sigmoid(value)) / delta
}

main() {
    println("x = 1.0 时的导数(手动微分) : ${sigmoid_prime_manual(1.0)}")
    println("x = 1.0 时的导数(数值微分) : ${sigmoid_prime_numerical(1.0)}")
    println("x = 2.0 时的导数(手动微分) : ${sigmoid_prime_manual(2.0)}")
    println("x = 2.0 时的导数(数值微分) : ${sigmoid_prime_numerical(2.0)}")
}
```

求导函数 sigmoid_prime_manual 是通过手动微分实现的,和第 3 章介绍的函数 sigmoid_prime 相同,其数值比较精确。求导函数 sigmoid_prime_numerical 是通过数值微

分实现的,存在一定的截断误差和舍入误差。编译并运行程序,输出的结果如下:

```
x = 1.0 时的导数(手动微分):0.196612
x = 1.0 时的导数(数值微分):0.196566
x = 2.0 时的导数(手动微分):0.104994
x = 2.0 时的导数(数值微分):0.104954
```

实际上,无论如何改变函数 sigmoid_prime_numerical 中的 delta 变量的值,都无法避免数值微分的计算误差。这就限制了数值微分的大范围应用。

3. 符号微分

符号微分(Symbolic Differentiation)可以自动对数学运算表达式进行求导,形成求导表达式后再计算导数值。符号微分相当于省去了手动微分的人工求导过程,但是,符号微分有两个问题:

(1) 参与符号微分的公式必须有闭式解(Closed Form Solution),也称为解析解,即应变量必须能够从函数中分离出来,否则无法应用符号微分。例如,对于下述公式:

$$e^y y = x \tag{4-2}$$

无法将应变量 y 分离,所以该公式无法应用符号微分。

(2) 表达式膨胀问题。符号微分存在表达式膨胀问题,会导致其性能较低。例如,对于公式:

$$l_{n+1} = 4 l_n (1 - l_n) \tag{4-3}$$

其中,$l_1 = x$。如果使用符号微分求解 $\dfrac{\mathrm{d} l_n}{\mathrm{d} x}$,对 n 为不同取值时,符号微分求解公式如表 4-1 所示。

表 4-1 表达式膨胀

n	l_n	$\dfrac{\mathrm{d} l_n}{\mathrm{d} x}$	$\dfrac{\mathrm{d} l_n}{\mathrm{d} x}$(化简)
1	x	1	1
2	$4x(1-x)$	$4(1-x)-4x$	$4-8x$
3	$16x(1-x)$ $(1-2x)^2$	$16(1-x)(1-2x)^2 - 16x(1-2x)^2 -$ $64x(1-x)(1-2x)$	$16(1-10x+24x^2-16x^3)$
4	$64x(1-x)$ $(1-2x)^2$ $(1-8x+8x^2)^2$	$128x(1-x)(-8+16x)(1-2x)^2$ $(1-8x+8x^2)+64(1-x)(1-2x)^2$ $(1-8x+8x^2)^2 - 64x(1-2x)^2$ $(1-8x+8x^2)^2 - 256x(1-x)(1-2x)$ $(1-8x+8x^2)^2$	$64\left(\begin{array}{c}1-42x+504x^2-2640x^3\\ +7040x^4-9984x^5\\ +7168x^6-2048x^7\end{array}\right)$

可见,当 $n=4$ 时,l_n 的导数公式 $\dfrac{\mathrm{d} l_n}{\mathrm{d} x}$ 变得极其复杂。在这些多项式中实际上包含了许多可以被优化计算的项,但是其整体会被符号微分进行化简,无论是求导过程还是计算过程

都十分繁杂并难以优化。

在计算机程序中很少需要函数的完整导数公式,通常仅仅需要计算函数在某个位置上的导数值,所以符号微分的主要问题在于具有过多的冗余计算。

4. 自动微分

自动微分是在符号微分的基础上进行了优化:在计算函数值的同时会依次保存计算的过程,并在计算结束后利用链式法则按照这个计算过程从前往后(或从后往前)依次计算导数。由于自动微分会随着计算过程保存中间结果并在求导过程中实现复用,因此自动微分避免了符号微分中表达式膨胀的问题。4.1.2节将详细介绍自动微分的原理。

上述的几种微分方法的对比如表 4-2 所示。

表 4-2　几种微分方法的对比

微分类型	实现难度	精　　度	效　　率
手动微分	复杂	较高	中
数值微分	简单	较低	高
符号微分	简单	较高	低
自动微分	简单	较高	高

4.1.2　自动微分的原理

本节介绍自动微分的原理:从计算图的概念切入,介绍自动微分的两种基本方式,即前向微分和反向微分。

1. 计算图

计算图(Computational Graphs)是指用图论语言(有向无环图)的方式表示函数的计算过程,可以对函数计算的过程进行分解,形成若干个子步骤。例如,对于函数:

$$f(x) = x^2 + x \tag{4-4}$$

其计算图可以表示为如图 4-1 所示。

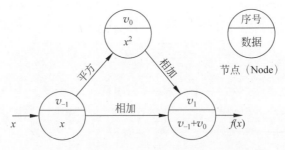

图 4-1　函数 $f(x) = x^2 + x$ 的计算图

计算图由节点(Node)和边(Edge)组成:

(1) 节点表示数据,用 v_n 表示,其中 n 表示节点的序号,通常从 -1 开始编号。

(2) 边表示某种运算,并且这种运算通常是不可分割的单一运算,如加、减、乘、除、平方、卷积等。

通过计算图可以将函数运算原子化,拆分成若干个不可细分的计算过程,并且可以将整个计算(包括计算步骤和中间数据)结构体保存下来。在自动微分中,需要使用计算图来保存中间数据,并且按照计算图的顺序进行链式求导。按照计算图从前向后或从后向前的顺序,自动微分可以分为前向微分和反向微分。

2. 前向微分

前向微分分为两个步骤:

(1) 按照从前向后的顺序计算函数值,并形成计算图。

(2) 按照计算图的顺序,从前向后计算导数值。

为了更加方便读者理解前向微分,下面举一个简单的例子。对于函数:

$$f(x_1, x_2) = x_1 + x_1 x_2 \tag{4-5}$$

其中,$x_1 = 2$ 且 $x_2 = 3$。

下面按照上述两个步骤进行前向微分计算。

(1) 按照从前向后的顺序计算函数值,并形成计算图。这个步骤非常简单,经过计算,其计算图如图 4-2 所示。

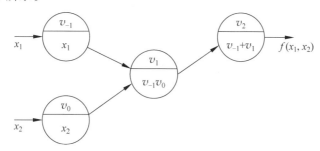

图 4-2　函数 $f(x_1, x_2) = x_1 + x_1 x_2$ 的计算图

不仅是计算步骤,其中每个节点的数据也会以结构体保存下来,如表 4-3 所示。

表 4-3　函数 $f(x_1, x_2) = x_1 + x_1 x_2$ 计算图中的数据

节　　点	运　　算	数　　据
v_{-1}	x_1	2
v_0	x_2	3
v_1	$v_{-1} v_0$	$2 \times 3 = 6$
v_2	$v_{-1} + v_1$	$2 + 6 = 8$
$f(x_1, x_2)$	v_2	8

(2) 按照计算图的顺序,从前向后计算导数值。

计算 $f(x_1, x_2)$ 对 x_1 的偏导数。定义 $\dot{v}_i = \dfrac{\partial v_i}{\partial x_1}$,下面按照计算图从前向后的顺序依次计算 $\dot{v}_{-1}$、$\dot{v}_0$、$\dot{v}_1$ 和 $\dot{v}_2$,计算过程如下所示。

$$\dot{v}_{-1} = \dot{x}_1 = 1$$

$$\dot{v}_0 = \dot{x}_2 = 0$$

$$\dot{v}_1 = \dot{v}_{-1} v_0 + v_{-1} \dot{v}_0 = 1 \times 3 + 2 \times 0 = 3$$

$$\dot{v}_2 = \dot{v}_{-1} + \dot{v}_1 = 1 + 3 = 4$$

于是：

$$\dot{y} = \dot{v}_2 = 4$$

$f(x_1, x_2)$ 对 x_2 的偏导数也可以利用类似的方法进行计算，不再赘述。在前向微分中，如果需要求函数值对多个自变量的偏导数，就需要进行多次前向微分计算。

3. 反向微分

类似地，反向微分(也称为后向微分)同样分为两个步骤：

(1) 按照从前向后的顺序计算函数值，并形成计算图。

(2) 按照计算图的反顺序，从后向前计算各个自变量的偏导数值。

对于第 1 个步骤，前向微分和反向微分是类似的。不同的是，反向微分可以做到一次计算就可以得到所有自变量的偏导数。定义 $\bar{v}_i = \dfrac{\partial y}{\partial v_i}$，那么 $\bar{y} = 1$。下面按照计算图从后向前的顺序依次计算 $\bar{v}_2$、$\bar{v}_1$、$\bar{v}_0$ 和 $\bar{v}_{-1}$，计算过程如下所示。

对于 $y = v_2$，求 $\bar{v}_2$：

$$\bar{v}_2 = \bar{y} = 1$$

对于 $v_2 = v_{-1} + v_1$，求 $\bar{v}_{-1}$ 和 $\bar{v}_1$：

$$\bar{v}_{-1} = \bar{v}_2 \frac{\partial v_2}{\partial v_{-1}} = 1 \times 1 = 1$$

$$\bar{v}_1 = \bar{v}_2 \frac{\partial v_2}{\partial v_1} = 1 \times 1 = 1$$

对于 $v_1 = v_{-1} v_0$，求 $\bar{v}_{-1}$ 和 $\bar{v}_0$：

$$\bar{v}_{-1} = \bar{v}_{-1} + \bar{v}_1 \frac{\partial v_1}{\partial v_{-1}} = 1 + 1 \times v_0 = 4$$

$$\bar{v}_0 = \bar{v}_1 \frac{\partial v_1}{\partial v_0} = 1 \times v_{-1} = 2$$

对于 $v_0 = x_2$，求 $\bar{x}_2$：

$$\bar{x}_2 = \bar{v}_0 = 2$$

对于 $v_{-1} = x_1$，求 $\bar{x}_1$：

$$\bar{x}_1 = \bar{v}_{-1} = 4$$

于是，我们经过 1 次反向微分，就可以求得应变量对所有自变量的偏导数了，而正向微分每次却只能求解一个偏导数。不过并不能说反向微分就一定比前向微分更优。在函数的自变量远小于函数的应变量的情况下，正向微分比反向微分的运行效率更高。这是因为正向微分能够很好地计算函数值,并且通过少量的正向微分就可以求解到各个应变量对自变量的偏导数。反之,在函数的应变量远小于函数的自变量的情况下,反向微分比正向微分的运行效率更高。在神经网络中,通常应变量就是代价函数(只有 1 个),而自变量(权重和偏置)很多,所以通常使用反向微分。不知道读者注意到没有,反向微分的整个过程和第 3 章介绍的反向传播算法是非常类似的:

(1) 目标上都是为了求微分。

(2) 过程上都包括前向计算和反向传播两部分。

实际上,自动微分在神经网络的主要应用就是通过反向微分实现反向传播算法,能够在一定程度上提高算法的效率。在 MindSpore、TensorFlow、PyTorch 等神经网络框架中都采用了各自不同的自动微分特性。

4.1.3　自动微分的实现

自动微分的实现主要包括以下几种方法。

(1) 基本表达式法:通过函数和表达式的方式构建函数计算和微分计算之间的关系,并通过函数调用的方法实现自动微分。这种方法属于早期的理论验证阶段,而且并不是很自动,所以逐渐被淘汰在历史长河中。

(2) 操作符重载法:通过操作符重载的方式将自动微分计算整合在函数计算之中。例如 PyTorch 就采用了这种方式实现自动微分。

(3) 代码变化法:通过元编程的方式,对需要进行自动微分的代码部分进行变换,通过编译器优化自动微分的计算。例如,仓颉 TensorBoost、MindSpore 和 TensorFlow 等均采用了这种自动微分方式。

注意　由于操作符重载法是在运行时构建计算图的,所以也称为动态图。由于代码变化法在编译时会对计算图进行构建并优化,所以也称为静态图。

总体来讲,代码变化法更加先进:一方面,因为微分计算可以被编译器进行优化,效率会高于前者。另一方面,代码变换法对于用户来讲是无感的,并没有特别冗余的代码,整个程序会十分简洁清晰。仓颉的自动微分就是通过代码变化法实现的。

为了能够更加详细地分析自动微分的计算过程,本节通过操作符重载法实现了反向微分。该方法并没有用到仓颉语言本身的自动微分特性,仅供学习参考使用,读者可以选择性地阅读这一部分内容。如果读者能够完整地阅读这一部分内容,则相信你一定能对自动微分拥有更加深层的理解。

【实例 4-2】　使用操作符重载法实现后向自动微分,并计算下面函数的偏导数:

$$f(x_1, x_2) = \ln(x_1) + x_1 x_2 - \sin(x_2) \tag{4-6}$$

其中,$x_1 = 2$ 且 $x_2 = 5$。后文将按照以下几个步骤实现上述功能:

(1) 实现计算类型枚举类型。

(2) 实现计算图节点 Node 类。

（3）通过操作符重载和一般函数的方式实现 Node 类的各类计算。

（4）实现计算图执行器 Executer 类。

（5）在 main 函数中实现前向计算和自动微分。

下文将分别介绍这些步骤的实现方法，具体代码可在本书配套资源 code/chapter04/example4_2.cj 文件中找到。

1）实现计算类型枚举类型

在式（4-6）中，共包含加法、减法、乘法、自然对数、正弦函数等计算类型。用枚举类型 OperationType 抽象这些计算，用于标记 Node 类。

```
//计算类型
enum OperationType{
    | INPUT          //输入自变量
    | ADD            //加法
    | SUB            //减法
    | MULTIPLY       //乘法
    | LN             //自然对数
    | SIN            //正弦函数
}
```

实际上，这个枚举类型的定义并不是必需的，只是为了调试和输出方便，其中，INPUT 枚举值是特殊的计算类型，用于表示用户输入的值。这些值并不是通过某种计算得来的，但是为了共同管理方便，和其他的计算类型放在同一个枚举类型中。

2）实现计算图节点 Node 类

虽然计算图中包含了节点和边两部分，但是边主要包含了节点之间连接和算法信息，这些信息可以直接存储在节点中，所以本实例只实现了计算图节点 Node 类，代码如下：

```
//计算图节点
class Node {
    //节点是否被计算
    private var computed : Bool = false
    //用于计数,生成节点数量
    private static var NODE_NUM = 0
    //计算类型
    private let op : OperationType
    //用于计算节点值的函数
    private let compute_func : (Array<Node>) -> Float64
    //用于计算前序节点微分值的函数
    private let gradient_func : (Array<Node>, Float64) -> Array<Float64>

    //节点 ID
    public let id : Int64
    //前序节点数组
    public let nodes : Array<Node>
    //节点值
    public var value : Float64 = 0.0
```

```
        //节点微分值
        public var gradient : Float64 = 0.0
        /**
           * 构造函数
           * op：计算类型
           * nodes：前序节点数组
           * compute_func：用于计算节点值的函数
           * gradient_func：用于计算前序节点微分值的函数
        */
        private init(op : OperationType,
                     nodes : Array<Node>,
                     compute_func : (Array<Node>) -> Float64,
                     gradient_func : (Array<Node>, Float64) -> Array<Float64>) {
            //计算当前节点 ID
            this.id = NODE_NUM
            NODE_NUM ++
            //初始化成员变量
            this.op = op
            this.nodes = nodes
            this.compute_func = compute_func
            this.gradient_func = gradient_func
            //this.compute()          //eager 模式
        }

        //生成输入节点
        public static func inputNode(value : Float64) {
            Node(INPUT, [], {nodes => value}, {nodes, gradient => []})
        }
        //计算当前节点的值
        public func compute() {
            if (computed) { return }
            this.value = compute_func(nodes)
            computed = true
        }
        //计算前序节点的微分值
        public func compute_gradient() {
            let gradis = gradient_func(nodes, gradient)
            for (i in 0..gradis.size) {
                nodes[i].gradient += gradis[i]
            }
        }
    }
```

计算图节点中主要包含以下信息：

（1）节点 ID 变量 id 用于标记节点对象，只是为了调试和输出方便，不是必需的。

（2）通过节点值变量 value 和节点微分值变量 gradient 存储计算数据。

（3）通过前序节点数组变量 nodes 和计算类型变量 op 存储计算图中边的信息。这里的前序节点是指直接的前序节点，即计算该节点所需要的所有节点。

（4）用于计算节点值的函数 compute_func 和用于计算前序节点微分值的函数 gradient_

func 与节点的计算类型是相关的。同种计算类型的节点拥有相同的 compute_func 和 gradient_func。

在构造函数中,对上述主要的成员变量进行初始化。特别地,类 Node 通过静态函数定义了用户输入的节点生成方法 inputNode,其中计算当前节点函数的输出值恒为该节点的值 value;计算前序节点的微分值函数没有意义,所以以输出空数组。

在计算当前节点的值函数 compute 中,通过一个标志变量 computed 结构体判断该节点是否被计算,如果已经被计算,则跳过计算过程,这样可以提高效率,但该判断不是必需的。

在计算前序节点的微分值函数 compute_gradient 中,计算各个变量的微分值后还需要通过 for 循环将这些变量更新到前序节点的微分值中。

可见,该 Node 是一个典型的数据结构:图(Graph)。通过 nodes 数组的方式将这些节点相互连接起来。只不过这张图包含了用于计算值和微分值的各种变量和方法。那么如何创建 Node 变量并形成计算图呢?

3) 通过操作符重载和一般函数的方式实现 Node 类的各类计算

通过操作符重载和一般函数的方式即可实现 Node 对象的创建。在创建 Node 对象的同时,需要对该 Node 对象的计算方法(包括微分计算方法)作为参数传入。例如,对于加法,其计算就是节点值相加;其两个加数的微分均为 1。在反向微分中,这些微分值还需要通过链式法则乘以后续节点的微分值 gradient,因此节点 Node 的加法操作符重载函数的代码如下:

```
//加法实现
public operator func + (node : Node) {
    Node(ADD, [this, node],
            {nodes => nodes[0].value + nodes[1].value},
            {nodes, gradient => [gradient, gradient]})
}
```

其中,this 和形参 node 用于计算加法的节点对象。类似地,减法和乘法的操作符重载函数的代码如下:

```
//减法实现
public operator func - (node : Node) {
    Node(SUB, [this, node],
            {nodes => nodes[0].value - nodes[1].value},
            {nodes, gradient => [gradient, - gradient]})
}
//乘法实现
public operator func * (node : Node) {
    Node(MULTIPLY, [this, node],
            {nodes => nodes[0].value * nodes[1].value},
            {nodes, gradient =>
                [nodes[1].value * gradient, nodes[0].value * gradient]
            })
}
```

对于自然对数和正弦函数,可通过一般函数实现其节点的创建方法,代码如下:

```
//自然对数实现
public func ln() {
    Node(LN, [this],
            {nodes => log(nodes[0].value)},
            {nodes, gradient => [1.0 / nodes[0].value * gradient]})
}
//正弦函数实现
public func sin() {
    Node(SIN, [this],
            {nodes => sin(nodes[0].value)},
            {nodes, gradient => [cos(nodes[0].value) * gradient]})
}
```

4) 实现计算图执行器 Executer 类

上面实现的 Node 类用于构建计算图,但是计算图的前向计算和反向微分都需要计算图执行器来完成。计算图执行器 Executer 的代码如下:

```
//计算图执行器
class Executor {
    //根节点
    private let root_node : Node
    //节点列表(正序)
    private let node_list = ArrayList < Node >()

    //构造函数
    init(root_node : Node) {
        this.root_node = root_node
        //生成节点列表(正序)
        intoNodeList(node_list, root_node)

    }
    //递归生成节点列表(正序)
    static func intoNodeList(node_list : ArrayList < Node >, node : Node) : Unit{
        for (n in node.nodes) {
            intoNodeList(node_list, n)
        }
        node_list.append(node)
    }
    //正向计算
    public func run() {
        for (node in node_list) {
            node.compute()
        }

    }
    //反向微分
    public func gradient() {
        let node_reverse_list = node_list.clone() //反向
        node_reverse_list.reverse()
```

```
        node_reverse_list[0].gradient = 1.0
        for (node in node_reverse_list) {
            node.compute_gradient()
        }

    }
}
```

该类的主要功能如下：

（1）在创建计算图执行器时，遍历整个计算图，并按照正向顺序将其中所有的节点加入node_list 缓冲区中。这个缓冲区中的节点顺序就是正向计算的顺序。

（2）通过 run 函数实现正向计算，即直接遍历 node_list 缓冲区并调用其 compute 函数进行计算。由于 node_list 中可能包含重复的节点，所以在 compute 函数中需要判断其值是否已经被计算（前文已经介绍）。

注意 这种计算模式也称为 Lazy 模式，即在创建计算图时并没有计算节点值，需要用户（或其他函数）主动触发才计算各个节点值。实际上，可以在 Node 节点的构造方法（创建计算图时）中直接调用 compute 函数计算节点值，这种模式称为 Eager 模式。

（3）通过 gradient 函数实现反向微分。该函数中首先将节点列表反转换为 node_reverse_list 缓冲区，然后将其第 1 个节点（计算函数值的节点）的微分值赋值为 1，这是因为函数值对函数值的偏导数为 1。随后，依次遍历反向节点缓冲区 node_reverse_list，并依次调用各个节点的 compute_gradient，进行偏导数的计算。

5）在 main 函数中实现前向计算和自动微分

在 main 函数中，通过 Node 类创建两个输入节点 x1 和 x2，然后通过重载的操作符和一般函数组合所需要计算的函数，构建整个函数的计算图，然后创建计算图执行器 exe 对象，调用 run 函数和 gradient 函数实现正向计算和反向传播，代码如下：

```
main() : Unit{
    //输入值 x1 和 x2
    let x1 = Node.inputNode(2.0)
    let x2 = Node.inputNode(5.0)
    //通过节点生成计算图
    let root_node = x1.ln() + x1 * x2 - x2.sin()
    //计算图执行器
    let exe = Executor(root_node)
    exe.run()              //正向计算
    println("函数值: ${root_node.value}")
    exe.gradient()         //反向传播
    println("x1 的微分: ${x1.gradient}")
    println("x2 的微分: ${x2.gradient}")
}
```

编译并运行程序，输出的结果如下：

```
函数值:11.652071
x1 的微分:5.500000
x2 的微分:1.716338
```

这个结果是符合预期的。在 main 函数中,开发者只需通过操作符和函数的方式就可以轻易地构建整个计算图,在整个计算和求微分的过程中也全部是自动的。对于更加复杂的函数,读者可以尝试扩展操作符重载函数和一些常用函数,以此来扩展该程序的能力。

4.2 仓颉的可微编程

随着人工智能、科学计算等众多领域的发展,可微编程(Differentiable Programming)的概念如日中天。可微编程需要让编程语言和自动微分深层绑定,成为编程语言的重要特性。可微编程不仅可以提供更优秀的开发体验,也能够在编译器的角度上对自动微分的运算进行优化。仓颉语言就是通过元编程的方式实现了可微编程,本节将带领读者一睹为快。

注意 目前仓颉的可微编程特性仅支持反向模式的自动微分。

4.2.1 初探可微编程

本节通过一个简单的例子介绍可微编程的基本用法,并引出可微类型、可微函数等概念。

【**实例 4-3**】 定义可微函数 process,并实现式(4-5)。计算该函数在变量 $x_1 = 2$ 且 $x_2 = 3$ 时的梯度,代码如下:

```
//code/chapter04/example4_3.cj
from std import math. *

//可微函数 process
@Differentiable
func process(x1 : Float64, x2 : Float64) {
    x1 + x1 * x2
}

main() {
    //计算微分值
    let grads = @Grad(process, 2.0, 3.0)
    //输出微分值
    println(" ${grads[0]}")
    println(" ${grads[1]}")

}
```

对于需要计算梯度的函数,需要通过 @Differentiable 标注。在 main 函数中,通过 @Grad 表达式计算 process 函数的梯度。使用 @Grad 表达式的基本结构如下:

```
@Grad(函数名称, 函数实参 1, 函数实参 2, …)
```

其中,函数实参的顺序需要和函数定义中形参的顺序一致。表达式@Grad (process, 2.0, 3.0)表示计算函数 process 在 x1 为 2.0 且 x2 为 3.0 时的梯度。该表达式的值表示梯度的数值或者元组。如果所求微分值仅为 1 个,则表达式的值为浮点类型;如果所求微分值不止一个,则表达式的值为梯度元组。该梯度元组中存储偏导数的顺序和参数的顺序一致,即 grads[0]表示函数值对 x1 的偏导数,grads[1]表示函数值对 x2 的偏导数。

如果包含了可微编程代码,则需要在编译时启用可微编程特性。使用 cjc 命令编译时需要使用--enable-ad 参数。例如,使用可微编程特性编译 main.cj,命令如下:

```
cjc -- enable - ad main.cj
```

如果通过 cpm 编译仓颉程序,则需要在 module.json 文件的 command_option 项中加入--enable-ad 编译参数,代码如下:

```
{
  …
  "command_option": " -- enable - ad"
}
```

编译并运行程序,输出的结果如下:

```
4.000000
2.000000
```

这两个值分别为所求函数对变量 x_1 和 x_2 的偏导数。

如果需要同时求得函数值和梯度,则可以使用@ValWithGrad 表达式,其基本结构与@Grad 类似:

```
@ValWithGrad(函数名称, 函数实参1, 函数实参2, …)
```

不同的是,该表达式的值是由包含函数值和梯度的元组组成的,其中第 1 个元素为函数值,第 2 个元素为梯度数值或梯度元组(取决于可微参数的个数)。

【实例 4-4】 定义可微函数 triple,其函数为 x^3。通过@ValWithGrad 表达式计算该函数在变量 $x=2$ 时的值和梯度,代码如下:

```
//code/chapter04/example4_4.cj
//可微函数
@Differentiable
public func cube(value : Float64) : Float64{
    value * value * value
}

main() {
    //计算函数值和微分值
    let valueWithGrad = @ValWithGrad(cube, 2.0)
    //输出
    println("函数值: ${valueWithGrad[0]}")
    println("梯度值: ${valueWithGrad[1]}")

}
```

编译并运行程序,输出的结果如下:

```
函数值: 8.000000
梯度值: 12.000000
```

注意　@Grad 和@ValWithGrad 表达式必须应用在包含 let 或 var 关键字组成的变量初始化表达式中,@Grad 或@ValWithGrad 的表达式结果不能赋值到预先定义的变量中。另外,@Grad 和@ValWithGrad 只能处理返回结果为浮点型的函数。

在上述两个实例中,只需通过@Differentiable 标注和@Grad(或@ValWithGrad)表达式就完成了一个函数的梯度计算,这就是可微编程的魅力,但是,可微编程具有一定的限制:

(1)参与梯度计算的函数参数必须为可微类型。

(2)参与梯度计算的函数必须为可微函数。

在后面两节中将分别详细介绍可微类型和可微函数的范畴。

4.2.2　可微类型

在仓颉语言中,目前支持的可微类型如表 4-4 所示。

表 4-4　可微类型

类　　　型	可　微　条　件
浮点型(Float16、Float32、Float64)	无
元组类型(Tuple)	仅包含可微类型元素时可微
结构体类型(Struct)	通过@Differentiable 标注且指定的成员变量可微时可微
Unit 类型	无

元组类型和结构体类型在特定的条件下可微,而浮点型和 Unit 类型在任何情况下均可微。对于字符串、类、数组等其他类型,目前均不可微。下面着重介绍可微结构体类型。

结构体类型可微的条件包括以下两个:

(1)通过@Differentiable 标注。

(2)指定的成员变量可微。

如果结构体类型中的所有成员变量均可微,则不需要对成员变量进行指定。例如,下面的结构体类型天然可微(只需添加@Differentiable 标注):

```
@Differentiable
struct Triple {
    let x : Float64
    let y : Float64
    let z : Float64
    init(x: Float64, y: Float64, z: Float64) {
        this.x = x
        this.y = y
        this.z = z
    }
}
```

但是，如果结构体类型中的部分成员变量不可微，则需要通过 except 列表将这些成员变量排除。例如，将结构体类型 Triple 中不可微的成员变量 str 排除，代码如下：

```
@Differentiable [except : [str]]           //将不可微类型排除之外
struct Triple {
    let x : Float64
    let y : Float64
    let z : Float64
    let str : String                        //不可微类型
    init(x: Float64, y: Float64, z: Float64, str: String) {
        this.x = x
        this.y = y
        this.z = z
        this.str = str
    }
}
```

除了可以使用 except 列表排除不可微的成员变量以外，还可以使用 include 列表指定可微的成员变量。例如，指定结构体类型 Triple 中可微的成员变量 x、y 和 z，代码如下：

```
@Differentiable [include : [x, y, z]]
struct Triple {
    let x : Float64
    let y : Float64
    let z : Float64
    let str : String            //不可微类型
    init(x: Float64, y: Float64, z: Float64, str: String) {
        this.x = x
        this.y = y
        this.z = z
        this.str = str
    }
}
```

注意 通过 Differentiable 接口可以自定义结构体的微分规则。在默认情况下会直接使用仓颉内置的微分规则。

4.2.3　可微函数

本节介绍可微函数的条件，以及可微函数的嵌套调用及非顶层可微函数。

1. 可微函数的条件

可微函数需要具备以下条件：

■ 通过@Differentiable 标注。

■ 函数的参数可微（或者通过 except、include 列表指定可微参数）。

■ 函数的返回类型可微。

■ 函数体中的表达式可微。

■ 函数的返回只能出现一次。

下文分别介绍这些约束条件。

1）可微函数需要通过@Differentiable 标注

和结构体类型一样，通过@Differentiable 标注的函数可微。

2）函数的参数可微

如果函数的参数包含不可微参数，则需要通过 except 列表排除这些不可微的参数，或者通过 include 列表指定可微的参数。例如，为函数 multiply 添加 except 列表，排除不可微参数 info，代码如下：

```
@Differentiable[except : [info]]
func multiply(x1 : Float64, x2 : Float64, info : String) {
    let x = x1 * x2
    println(info + ": ${x}")
    x
}
```

也可以通过 include 列表指定可微类型 x1 和 x2，代码如下：

```
@Differentiable[include : [x1, x2]]
func multiply(x1 : Float64, x2 : Float64, info : String) {
    let x = x1 * x2
    println(info + ": ${x}")
    x
}
```

上述两个函数是等价的。除了不可微参数可以被排除以外，可微参数也可以被排除，而且被排除在外的可微参数会当作常数处理，并不会计算其梯度。

【实例 4-5】　计算乘法函数 multiply 中可微参数 x1 的梯度，代码如下：

```
//code/chapter04/example4_5.cj
@Differentiable[except : [x2, info]]
func multiply(x1 : Float64, x2 : Float64, info : String) {
    let x = x1 * x2
    println(info + ": ${x}")
    x
}

main() {
    //计算微分值
    let gradient = @Grad(multiply, 2.0, 3.0, "mutiply")
    //输出微分值
    println("微分值: ${gradient}")
}
```

由于参数 x2 被 except 列表排除，所以会将 x2 当作常数处理，不会对其进行微分处理。编译并运行程序，输出的结果如下：

```
微分值: 3.000000
```

3）函数的返回类型可微并且只能返回一次

函数的返回类型必须是可微的浮点型、元组、结构体、Unit 等类型，并且在可微函数中不能出现多个 return 关键字（包括被省略的返回值），即函数的返回只能出现一次。

4）函数体中的表达式可微

目前仓颉语言支持的可微表达式类型如下：

- 赋值表达式。
- 算术表达式。
- 流表达式。
- 条件表达式（if）。
- 循环表达式（while 或 do-while），并且不能包含 continue、break 和 return 关键字。
- lambda 表达式。
- 可微 Tuple 类型对象的初始化表达式。
- 可微 Tuple 类型对象的解构和下标访问表达式。
- 函数调用。

在可微函数中调用的函数必须也为可微函数，后文将介绍可微函数的嵌套调用。

【实例 4-6】 通过条件表达式实现 ReLU 函数并实现自动微分求解，代码如下：

```
//code/chapter04/example4_6.cj
//ReLU 函数
@Differentiable [except: [loc]]
func ReLU(value : Float64, loc : Bool) : Float64{
    if (loc) { value } else { 0.0 }
}

main() {
    let gradi = @Grad(ReLU, 2.0, true)
    println("微分值: ${gradi}")
}
```

在 ReLU 实现中，loc 参数用于指定 value 值是否为正数。具体使用时，需要在外部判断 value 值的正负，并作为 loc 参数传入 ReLU 函数。由于布尔型的 loc 参数不可微，因此通过 except 列表将其排除。输出的结果如下：

```
微分值: 1.000000
```

可见，ReLU 函数在 value 为 2.0 时的微分值为 1。

2. 可微函数的嵌套调用

在自动微分时，可微函数之间可以嵌套调用。

【实例 4-7】 定义求和的可微函数 sum 及双倍求和可微函数 double_sum，并且在 double_sum 中调用 sum 函数进行求和运算，代码如下：

```
//code/chapter04/example4_7.cj
main() {
```

```
    //计算微分
    let gradient = @Grad(double_sum, 2.0, 3.0)
    //输出微分
    println("x1 微分值: ${gradient[0]}")
    println("x2 微分值: ${gradient[1]}")
}

@Differentiable
func sum(x1 : Float64, x2 : Float64) {
    x1 + x2
}

@Differentiable
func double_sum(x1 : Float64, x2 : Float64) {
    sum(x1 * 2.0, x2 * 2.0)
}
```

由于函数 sum 和函数 double_sum 均可微,所以可以实现相互调用。编译并运行程序,
输出的结果如下:

```
x1 微分值: 2.000000
x2 微分值: 2.000000
```

当可微变量作为函数的不可微参数进行调用时,需要通过 stopGradient 接口函数中止
其反向传播。stopGradient 接口是一个泛型接口,即 stopGradient < T >。T 的类型取决于
需要中止反向传播的变量类型,例如,对于 Float64 类型的变量 x,通过以下代码阻断反向
传播:

```
stopGradient < Float64 >(x)
```

【实例 4-8】　对上一个实例进行修改,将 sum 函数的 x2 参数通过 except 列表设置为不
可微参数,那么在 double_sum 函数调用 sum 函数时需要通过 stopGradient 接口中止该变
量的反向传播,代码如下:

```
//code/chapter04/example4_8.cj
main() {
    //计算微分
    let gradient = @Grad(double_sum, 2.0, 3.0)
    //输出微分
    println("x1 微分值: ${gradient[0]}")
    println("x2 微分值: ${gradient[1]}")
}

@Differentiable [ except : [x2] ]
func sum(x1 : Float64, x2 : Float64) {
    x1 + x2
}

@Differentiable
```

```
func double_sum(x1 : Float64, x2 : Float64) {
    sum(x1 * 2.0, stopGradient<Float64>(x2 * 2.0))
}
```

由于函数 double_sum 的参数 x2 的反向传播被阻断,该参数相当于一个常量,因此 x2 的微分值为 0。编译并运行程序,输出的结果如下:

```
x1 微分值: 2.000000
x2 微分值: 0.000000
```

stopGradient 除了可以阻断可微类型变量的反向传播,也可以阻断可微函数的反向传播。当 stopGradient 作用于函数时,可以把可微函数变成不可微函数。

3. 非顶层可微函数

结构体类型的构造函数和成员函数,以及类中的成员函数也可以添加@Differentiable 作为可微函数使用。当结构体的构造函数定义为可微函数时,需要保证这个结构体类型也是可微的,否则会编译出错。例如,将 Couple 类型中的构造函数作为可微函数使用,代码如下:

```
@Differentiable
struct Couple {
    var x1 : Float64
    var x2 : Float64

    @Differentiable
    init(x1 : Float64, x2 : Float64) {
        this.x1 = x1
        this.x2 = x2
    }
}
```

当结构体或类的成员函数作为可微函数时,这个结构体或类不一定必须是可微的(事实上类一定不是可微类型)。不过,如果可微成员函数访问了结构体(或者类)的成员变量,则需要保证这个结构体是可微的,或者通过 except 列表将当前对象(this)排除为不可微类型。

例如,对于不可微的 Couple 类型,其可微成员函数访问了 Couple 内的成员变量,那么就需要使用 except 列表将 this 排除(否则编译时会报错),代码如下:

```
struct Couple {
    var x1 : Float64
    var x2 : Float64

    @Differentiable [ except : [this] ]
    func sum(value : Float64) {
        x1 + x2 + value
    }
}
```

对于类一定是不可微的,所以其可微成员函数必须使用 except 列表排除 this 后,才可以访问其成员变量。

4.2.4 伴随函数

在自动微分中,伴随函数是指可以计算函数值和梯度的函数。伴随函数的调用和 @ValWithGrad 表达式的使用效果类似。伴随函数的返回值包含拥有两个元素的元组,其第 1 个元素为函数值,第 2 个元素为计算梯度的反向传播器。通过@AdjointOf 表达式即可获取一个函数的伴随函数。

1. 伴随函数的使用

通过@AdjointOf 表达式获取伴随函数的基本结构如下:

```
@AdjointOf(函数名称)
```

例如,获取 process 函数的伴随函数的代码如下:

```
let adj = @AdjointOf(process)
```

此时 adj 就是 process 的伴随函数,其输入参数列表和 process 的输入参数列表一致,其输出为函数值和反向传播器组成的元组。

注意 相对于@Grad 和@ValWithGrad 表达式,@AdjointOf 把更细粒度的微分内部的结果提供给了用户。前者只能处理返回值为浮点型的可微函数,而@AdjointOf 表达式可以处理返回值为任意可微类型的可微函数。在后续章节中,会更多地使用@AdjointOf 表达式进行自动微分运算。

【实例 4-9】 通过@AdjointOf 表达式获取 process 函数的伴随函数,代码如下:

```
//code/chapter04/example4_9.cj
//可微函数 process
@Differentiable
func process(x1 : Float64, x2 : Float64) {
    x1 + x1 * x2
}

main() {
    //获取伴随函数
    let adj = @AdjointOf(process)
    //计算函数值和反向传播器
    let res = adj(2.0, 3.0)
    //输出函数值
    println("函数值: ${res[0]}")
    //反向传播器
    let back_propagator = res[1]
    //反向传播
    let gradis = back_propagator(1.0)
    println("x1 微分值: ${gradis[0]}")
    println("x2 微分值: ${gradis[1]}")
}
```

编译并运行程序,输出的结果如下:

```
函数值: 8.000000
x1 微分值: 4.000000
x2 微分值: 2.000000
```

通过伴随函数可以直接获得函数值,以及在当前位置的反向传播器。这个反向传播器的本质是一个函数,通过该反向传播器传入一个初始目标梯度既可以反向传播,又可以获得梯度结果。当传入 1.0 时即可获得一般梯度,也可以传入其他的值作为反向传播算法的学习率,即可获得相应倍率的梯度值。

2. 自定义伴随函数

伴随函数可以由开发者自定义,通过@Adjoint 标注的函数即可定义某个函数的伴随函数,其中使用 primal 指定原函数的名称,其基本结构如下:

```
@Adjoint [primal : 原函数名称]
func 伴随函数名称(参数列表) : (函数值类型, ((Float64) -> 梯度类型))
```

其中,伴随函数的参数列表和原函数列表应当是一致的。伴随函数的返回值是一个由两个元素组成的元组:第 1 个元素是函数值类型,需要和原函数的返回值类型一致;第 2 个元素是反向传播器函数。在反向传播器函数中,参数固定为 1 个 Float64 类型,返回类型为梯度类型。

【实例 4-10】 定义 sigmoid 函数,并定义其伴随函数 sigmoid_adj,代码如下:

```
//code/chapter04/example4_10.cj
//可微函数 process
@Differentiable
func sigmoid(value : Float64) : Float64{
    let e = 2.718281828459
    1.0 / (1.0 + e ** (-value))

}

@Adjoint [primal : sigmoid]
func sigmoid_adj(value : Float64): (Float64 , ((Float64) -> Float64)) {
    let e = 2.718281828459
    let sigmoid_res = 1.0 / (1.0 + e ** (-value))   //函数值
    return (sigmoid_res,
            {dy : Float64 =>                        //反向传播器
                sigmoid_res * (1.0 - sigmoid_res) * dy
            }
    )
}
```

在伴随函数 sigmoid_adj 中,反向传播器使用了 sigmoid 导数的简便算法。在 main 函数中,求解 sigmoid 函数在 value 为 1.0 时的微分值,代码如下:

```
main() {
    let a = @Grad(sigmoid, 1.0)
    println("微分值: ${a}")
}
```

编译并运行程序,输出的结果如下:

```
微分值: 0.196612
```

4.2.5 高阶微分

仓颉自动微分特性支持高阶微分。对于需要计算高阶微分的函数,需要在@Differentiable标注中为其指定 stage 值,表示该函数最高支持的微分阶数。目前仓颉语言最高支持的阶数为 2,所以可以通过以下标注使函数支持二阶微分:

```
@Differentiable [stage: 2]
```

【实例 4-11】 求解 x^3 在 $x=1$ 处的一阶导数和二阶导数,代码如下:

```
//code/chapter04/example4_11.cj
@Differentiable [stage: 2]
func cube(value : Float64) : Float64{
    value * value * value
}

@Differentiable
func cube_prime(value : Float64) : Float64{
    let dx = @Grad(cube, value)
    dx
}

main() {
    let res_prime = @Grad(cube, 1.0)
    let res_prime_prime = @Grad(cube_prime, 1.0)
    println("一阶微分值: ${res_prime}")
    println("二阶微分值: ${res_prime_prime}")
}
```

实现二阶微分时,需要一个额外的函数 cube_prime 作为辅助计算二阶微分。在 cube_prime 中,通过@Grad 表达式计算 cube 的微分。在 main 函数中,通过@Grad 微分分别计算当 value 为 1.0 时函数 cube 和 cube_prime 的微分。编译并运行程序,输出的结果如下:

```
一阶微分值: 3.000000
二阶微分值: 6.000000
```

4.3 本章小结

本章详细介绍了自动微分的原理、设计和用法。在 4.1 节中着重从理论上介绍了自动微分的优势和原理,并通过一个简单的例子实现了反向自动微分。4.2 节介绍了仓颉可微编程的用法。通过可微编程可以非常方便且高效地计算函数的梯度。

4.4 习题

1. 简述几种不同微分类型的联系和区别。

2. 利用自动微分特性求解三角函数 $y = \sin x$ 在 $x = 1$ 处的微分值。

3. 通过 struct 类型设计可微的三阶方阵,并实现两个方阵的矩阵乘法运算。随机生成两个方阵进行乘法运算,并分别求解其梯度。

第5章

仓颉 TensorBoost 的环境搭建

工欲善其事，必先利其器。在详细进入仓颉 TensorBoost 编程体系前，首先带领读者搭建开发环境。仓颉 TensorBoost 需要 MindSpore 的支持，并且需要在 MindSpore 编译时打上仓颉 TensorBoost 的补丁程序。鉴于 MindSpore 的编译较为复杂，以至于本章绝大多数内容是在介绍 MindSpore 的编译方法，所以建议开发者严格按照流程进行操作，并且不要轻易试图改变各个软件的版本号，以免导致编译错误，即使操作流程全部正确，由于网络环境和系统环境的不同，在编译时还可能会遇到各种各样的异常问题，建议读者利用互联网资源，当遇到问题时耐心认真排查错误，相信各种问题都会解决。

本章的核心知识点如下：

■ 搭建 MindSpore 编译环境。

■ MindSpore 的下载、补丁配置和编译。

■ 仓颉 TensorBoost 的环境配置。

■ 测试仓颉 TensorBoost 是否安装正确。

5.1 准备工作

在搭建仓颉 TensorBoost 的环境前，需要进行硬件和软件方面的准备。

1. 硬件准备

仓颉 TensorBoost 支持 NVIDIA GPU 平台，也支持昇腾处理器平台。两者在搭建仓颉 TensorBoost 开发环境上大同小异，本章以 NVIDIA GPU 平台为例介绍仓颉 TensorBoost 开发环境搭建的全过程。

搭建仓颉 TensorBoost 的主机需要一定的算力基础，其中，NVIDIA GPU 算力要在 5.3 以上，读者可以在 NVIDIA 官网中查询各款显卡的算力。另外，编译过程需要消耗大量的 CPU 算力，所以应尽可能选择多核心高主频的 CPU，以便于提高编译速度，避免系统卡死。此外，建议磁盘预留 100GB 以上的存储空间。

注意 仓颉 TensorBoost 不能在虚拟机中正常使用。

2. 软件准备

仓颉 TensorBoost 的版本需要与 MindSpore、CUDA 版本严格一致，否则会导致

MindSpore 的编译错误，或者导致仓颉 TensorBoost 无法使用。本书以仓颉 TensorBoost 的 0.39.4 版本为例，其所对应的各个软件的版本如表 5-1 所示。

表 5-1　仓颉 TensorBoost 0.39.4 版本所对应的各个软件版本

软 件 名 称	软 件 版 本
Ubuntu 操作系统	18.04 LTS
仓颉语言和仓颉 TensorBoost	0.39.4
MindSpore	1.8.1 GPU
CUDA	11.1
cuDNN	8.0.X

准备好相应的硬件和软件之后，就可以在 Ubuntu 18.04 版本中搭建 MindSpore 编译环境了。建议在刚刚安装完毕的"干净"的 Ubuntu 操作系统中进行操作，以避免软件冲突导致编译错误。

3. Ubuntu 操作系统的相关准备工作

确认 Ubuntu 操作系统环境是否正常，并安装 git、vim 等基础软件。

1) 确认 Ubuntu 的版本

通过 lsb_release 命令可以查询当前 Linux 系统的发行版信息，命令如下：

```
lsb_release -a
```

对于 Ubuntu 18.04.5 操作系统，输出的类似结果如下：

```
No LSB modules are available.
Distributor ID: Ubuntu
Description:    Ubuntu 18.04.5 LTS
Release:        18.04
Codename:       bionic
```

开发者可根据输出内容判断操作系统版本的正确性。

注意　　LSB 是 Linux 标准基础(Linux Standard Base)的缩写，是 Linux 标准化的重要里程碑，用于提高 Linux 操作系统所使用代码的兼容性。

通过 uname 命令查询操作系统是否为 64 位，命令如下：

```
uname -a
```

对于 64 位操作系统，输出的类似结果如下：

```
Linux ms-gpu 5.4.0-56-generic #62~18.04.1-Ubuntu SMP Tue Nov 24 10:07:50 UTC 2020 x86_
64 x86_64 x86_64 GNU/LINUX
```

开发者可根据输出内容判断操作系统位数的正确性。

2) 确认当前用户是否具有管理员权限

由于在环境搭建过程中需要安装依赖软件，通常需要用到 root 权限。幸运的是，对于

Ubuntu,默认安装时所创建的用户具有 root 权限。当需要用到 root 权限时,可以在命令前添加 sudo 命令(super user do),即所有以 sudo 开头的命令都需要 root 权限。读者可以根据下一步中的 sudo apt upgrade 命令来判断当前用户是否具有 root 权限。

3) 通过 APT 安装基础软件

Ubuntu 可以通过高级包管理工具(Advanced Packaging Tool,APT)管理软件,其命令为 apt。apt 命令可以在线下载并安装绝大多数软件。在安装基础软件之前,首先需要更新 apt 源并更新现有的软件包,命令如下:

```
sudo apt update        ♯ 更新 apt 源
sudo apt upgrade       ♯ 更新软件包
```

注意 由于 Ubuntu 默认的 apt 源服务器布设在境外,所以可能更新较为缓慢。此时可以尝试使用国内的 apt 镜像源来安装基础软件。

随后,就可以通过 apt 命令安装 git、vim 等基础软件了,命令如下:

```
sudo apt install git vim - y
```

完成之后即可进入 MindSpore 编译环境的搭建流程了。

5.2　搭建 MindSpore 编译环境

本节按照显卡驱动与 CUDA 的安装、编译工具的安装、编译依赖的安装共 3 部分介绍 MindSpore 编译环境的搭建。部分软件之间存在依赖关系,读者不要盲目更换操作顺序,以防止产生不必要的编译错误。

在 MindSpore 的官网上提供了自动搭建环境的脚本(可参考 https://www.mindspore.cn/install 的相关说明),主要包括两个步骤。

(1) 安装显卡驱动,命令如下:

```
sudo apt - get update
sudo apt - get install Ubuntu - drivers - common
sudo Ubuntu - drivers autoinstall
```

随后,重启计算机,通过以下命令检查显卡驱动是否安装成功:

```
nvidia - smi
```

(2) 通过脚本完成编译工具和依赖的配置,主要包括以下几方面:

- 将软件源配置为华为云源。
- 安装 MindSpore 所需的编译依赖,如 GCC 和 CMake 等。
- 通过 APT 安装 Python 3 和 pip 3,并设为默认。
- 下载 CUDA 和 cuDNN 并安装。
- 如果将 OPENMPI 设置为 on,则安装 Open MPI。

■ 如果将 LLVM 设置为 on,则安装 LLVM。

命令如下:

```
#下载自动脚本
wget https://gitee.com/mindspore/mindspore/raw/r1.8/scripts/install/ubuntu-gpu-source.sh
#运行自动脚本
OPENMPI=on bash -i ./ubuntu-gpu-source.sh
```

执行完毕后,重启计算机,即可完成本节的全部配置,但是,这种配置方法也经常因为网络和系统环境问题而出错,因此建议读者使用手动配置的方法搭建 MindSpore 编译环境。

5.2.1 显卡驱动与 CUDA 的安装

本节以 GeForce GTX 1050 Ti 显卡为例,介绍显卡驱动和 CUDA 的安装方法。其他显卡驱动的安装方法与此类似,只是显卡驱动的版本可能不同。

1. 显卡驱动的安装

Ubuntu 默认使用 Nouveau(开源驱动项目)作为 NVIDIA 显卡的默认驱动,所以需要替换为 NVIDIA 的官方驱动,否则无法正常使用 CUDA。Ubuntu 显卡驱动的安装方法有很多种,可以从 NVIDIA 官方下载对应显卡的 deb 包进行安装,也可以通过 APT 的方式进行安装等。

注意 在 NVIDIA 官方网站 https://www.nvidia.cn/Download/index.aspx?lang=cn 中可以下载合适的显卡驱动 deb 安装包。

使用 APT 安装的方式更加简便快捷,所以后文使用 APT 的方式安装 NVIDIA 显卡驱动。首先需要查询当前显卡的可用驱动,命令如下:

```
Ubuntu-drivers devices
```

此时,Ubuntu 会自动查找并列出当前显卡的可用驱动。对于 GeForce GTX 1050 Ti 显卡,该命令输出的信息如下:

```
== /sys/devices/pci0000:00/0000:00:03.0/0000:04:00.0 ==
modalias : pci:v000010DEd00001C82sv00001043sd0000862Abc03sc00i00
vendor   : NVIDIA Corporation
model    : GP107 [GeForce GTX 1050 Ti]
driver   : nvidia-driver-515 - distro non-free
driver   : nvidia-driver-470 - distro non-free recommended
driver   : nvidia-driver-470-server - distro non-free
driver   : nvidia-driver-510 - distro non-free
driver   : nvidia-driver-450-server - distro non-free
driver   : nvidia-driver-510-server - distro non-free
driver   : nvidia-driver-390 - distro non-free
driver   : nvidia-driver-418-server - distro non-free
driver   : nvidia-driver-515-server - distro non-free
driver   : xserver-xorg-video-nouveau - distro free builtin
```

由此可见,该显卡可用的驱动版本包括 515、470、510、390 等。由于新版本的显卡驱动是向上兼容的,因此这里选择最新驱动 nvidia-driver-515。

随后,即可通过 APT 的方式安装 nvidia-driver-515 驱动,命令如下:

```
sudo apt install nvidia - driver - 515 - y
```

安装完成后,需要重启 Ubuntu 操作系统以便生效。通过 nvidia-smi 命令可以判断 NVIDIA 驱动是否安装成功。该命令执行后如果提示 NVIDIA-SMI has failed because it couldn't communicate with the NVIDIA driver,则说明安装失败。安装成功后该命令的输出结果如图 5-1 所示。

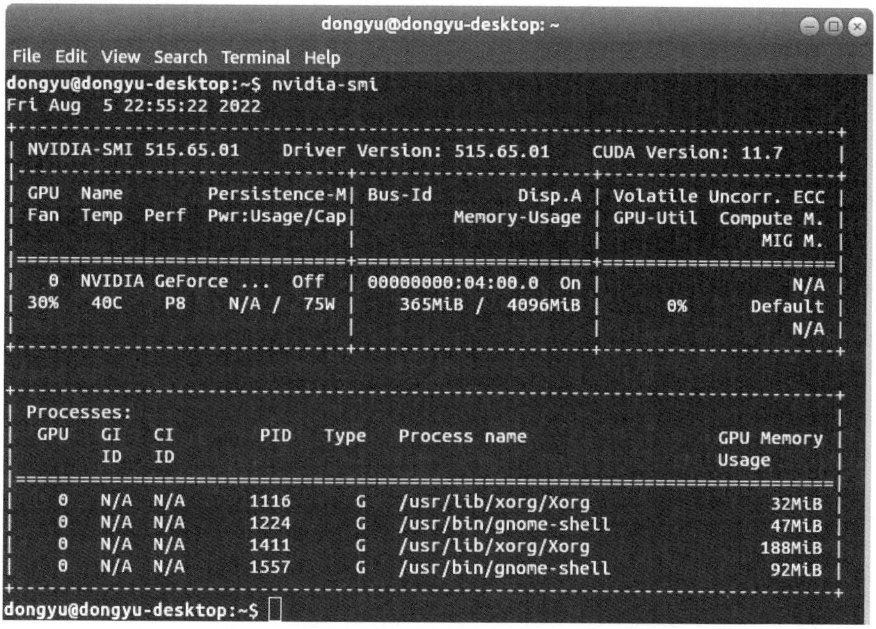

图 5-1　查询 NVIDIA 显卡是否安装成功

另外,还可在 Ubuntu 的设置(Settings)中的关于选项(About)中查询到显卡信息。如果在图形(Graphics)能够正常显示当前显卡的信息(如 NVIDIA GeForce GTX 1050 Ti/PCIe/SSE2),则说明显卡驱动安装成功,如图 5-2 所示。

2. CUDA 的安装

CUDA 是 NVIDIA 提供的运算平台,名为统一计算设备架构(Compute Unified Device Architecture)。通过 CUDA 可以大大提高 GPU 的计算性能。MindSpore 1.8.1 支持最新的 CUDA 版本为 11.1。读者可以在 NVIDIA 官方网站(https://developer.nvidia.com/cuda-downloads)中下载并安装包 cuda_11.1.1_455.32.00_linux.run,也可以在本书的附带资源中找到。

定位到该文件所在目录后,通过以下命令开始安装驱动:

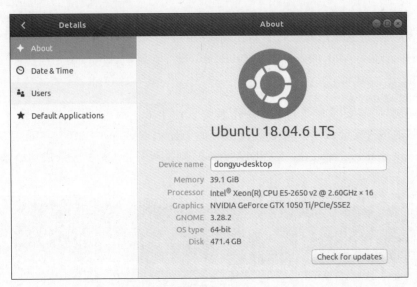

图 5-2　在设置中查询显卡信息

```
sudo ./cuda_11.1.1_455.32.00_linux.run
```

稍等片刻后,安装程序会提示 Existing package manager installation of the driver found. It is strongly recommended that you remove this before continuing,此时选择 Continue 继续,然后在随后的 CUDA 安装许可页面中输入 accept 后确定安装,如图 5-3 所示。

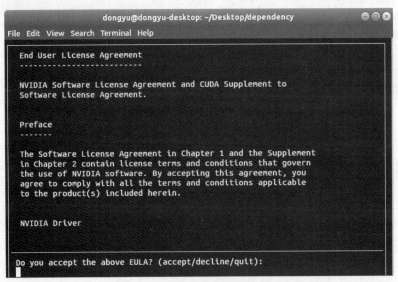

图 5-3　CUDA 的安装许可

在弹出的 CUDA Installer 页中,取消选中显卡驱动(Driver)选项,如图 5-4 所示(通过方向键可以定位到相应的项,通过 Enter 键可以选择相应的项)。这是因为在上一个步骤中已经安装了当前显卡的最新驱动了,无须再次安装驱动。

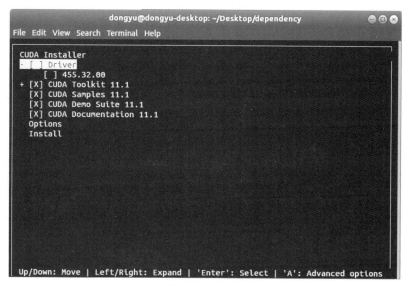

图 5-4 取消选中显卡驱动选项

选中安装(Install)选项后开始安装,这可能需要一段时间。在这段时间内,可能终端没有任何回显提示,需耐心等待。安装结束后,会提示如图 5-5 所示的信息。

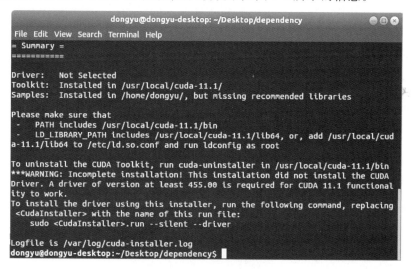

图 5-5 CUDA 安装成功

在~/. bashrc 文件进行 CUDA 的环境变量配置,在末尾添加的命令如下:

```
export PATH = /usr/local/cuda/bin: $ PATH
export LD_LIBRARY_PATH = /usr/local/cuda/lib64:\
/usr/local/cuda/extras/CUPTI/lib64: $ LD_LIBRARY_PATH
export LIBRARY_PATH = /usr/local/cuda/lib64: $ {LIBRARY_PATH}
```

保存该文件后,通过以下命令生效:

```
source ~/.bashrc
```

在随后的安装流程中,凡是修改 .bashrc 文件都需要在修改完毕后运行一遍上述命令使其生效,后文将不再赘述。

查询 CUDA 是否安装正确,命令如下:

```
nvcc - V
```

如果提示以下信息,则说明 CUDA 安装正确:

```
nvcc: NVIDIA (R) CUDA compiler driver
Copyright (c) 2005 - 2020 NVIDIA Corporation
Built on Mon_Oct_12_20:09:46_PDT_2020
CUDA compilation tools, release 11.1, V11.1.105
Build cuda_11.1.TC455_06.29190527_0
```

3. cuDNN 的安装

cuDNN(CUDA Deep Neural Network Library)是 CUDA 的深度神经网络库,用于优化深度神经网络的计算能力。MindSpore 1.8.1 和 CUDA 11.1 需要 cuDNN 8.0.X 版本配套,这里使用 8.0.5 版本的 cuDNN 进行安装介绍。

注意 读者可以在 https://developer.nvidia.com/cudnn 网站下载各个版本的 cuDNN 的库文件或安装文件。

下载 libcudnn8_8.0.5.39-1+cuda11.1_amd64.deb 和 libcudnn8-dev_8.0.5.39-1+cuda11.1_amd64.deb 文件之后,通过 APT 进行安装,命令如下:

```
sudo apt install ./libcudnn8_8.0.5.39 - 1 + cuda11.1_amd64.deb
sudo apt install ./libcudnn8 - dev_8.0.5.39 - 1 + cuda11.1_amd64.deb
```

5.2.2 编译工具的安装

本节安装 gcc、Python、cmake、automake 等编译时需要的工具。由于在编译 Python 时需要 gmp 和 OpenSSL 的支持,所以 gmp 和 OpenSSL 依赖的安装在本节中一并介绍。本节需要安装的编译工具和依赖如表 5-2 所示。

表 5-2　安装编译工具时所需的软件及其版本

软 件 名 称	软 件 版 本
gcc	7.3.0
gmp	6.1.2
OpenSSL	1.1.1
Python	3.7.5
wheel	0.32.0

续表

软 件 名 称	软 件 版 本
cmake	3.18.3
autoconf	2.70
automake	1.16

本节所有需要下载的编译工具均可在本书的附带资源中找到。

1. 安装 gcc 7.3.0

gcc(GNU Compiler Collection)全称为 GNU 编译器套件,是 Linux 操作系统中常用的编译器,可以用于编译 C、C++、Objective-C 等语言的源代码。MindSpore 1.8.1 编译需要使用的 gcc 版本为 7.3.0。在安装 gcc 7.3.0 之前,首先需要安装其依赖库,命令如下:

```
sudo apt install build - essential m4 libgmp - dev libmpfr - dev libmpc - dev - y
```

下载 gcc 7.3.0 源代码,命令如下:

```
wget http://ftp.gnu.org/gnu/gcc/gcc - 7.3.0/gcc - 7.3.0.tar.gz
```

注意 包括 gcc-7.3.0.tar.gz 在内,本章所涉及的所有编译工具和依赖均可在本书的配套资源中找到,后文将不再单独说明。

解压并进入 gcc 7.3.0 源代码目录,命令如下:

```
tar zxvf gcc - 7.3.0.tar.gz
cd gcc - 7.3.0
```

通过 configure 工具进行编译前配置,命令如下:

```
./configure -- enable - checking = release \
            -- enable - languages = c,c++\
            -- disable - multilib
```

其中,--enable-checking＝release 参数用于声明编译的目标为发行(非调试用途),--enable-languages＝c,c＋＋参数用于声明编译的支持语言为 C 和 C++,--disable-multilib 参数用于取消多目标编译。

随后,即可分别通过 make 和 make install 命令进行编译构建和安装了,命令如下:

```
make
sudo make install
```

通过-j 参数指定参与构建和安装的 CPU 核数,用于加速整个流程。例如,对于 16 核 CPU,可以使用-j16 参数将所有的 CPU 核心参与构建和安装,命令如下:

```
make - j16
sudo make install - j16
```

读者可以根据 CPU 核数将 16 替换为当前机器的 CPU 核数。在后文中,凡是涉及

make 和 make install 命令都可以通过-j 参数加速构建编译和安装过程。

当然,可以通过终端符号 && 依次执行构建和安装流程,命令如下:

```
make - j16 && sudo make install - j16
```

gcc 的编译时间较长,读者需耐心等待编译完成。编译和安装完成后,通过软连接将 gcc 7.3.0 设置为默认的 gcc 编译器,命令如下:

```
sudo ln - sf /usr/local/bin/gcc /usr/bin/gcc
```

执行 gcc --version 命令检查 gcc 7.3.0 是否安装成功。如果安装成功,则输出的结果如下:

```
gcc (GCC) 7.3.0
Copyright (C) 2017 Free Software Foundation, Inc.
This is free software; see the source for copying conditions. There is NO warranty; not even for
MERCHANTABILITY or FITNESS FOR A PARTICULAR PURPOSE.
```

2. 安装 gmp 6.1.2

gmp 是开源数学运算库(GNU MP Bignum Library),用于高精度的数学运算。下载 gmp 6.1.2 源代码,命令如下:

```
wget https://gmplib.org/download/gmp/gmp - 6.1.2.tar.xz
```

gmp 的安装流程与 gcc 比较类似,包括解压、进入安装目录、配置、构建、安装这几个过程,命令如下:

```
tar xvf gmp - 6.1.2.tar.xz          # 解压
cd gmp - 6.1.2/                      # 进入安装目录
./configure                         # 配置
make && sudo make install           # 构建和安装
```

3. 安装 OpenSSL 1.1.1

OpenSSL 是 SSL 加密的开源实现,用于互联网数据的安全传输。下载 OpenSSL_1_1_1g.tar.gz 源代码文件,命令如下:

```
wget https://github.com/openssl/openssl/archive/OpenSSL_1_1_1g.tar.gz
```

解压并进入 OpenSSL 的源代码目录,命令如下:

```
tar zxvf OpenSSL_1_1_1g.tar.gz
cd openssl - OpenSSL_1_1_1g
```

配置、构建并安装 OpenSSL,命令如下:

```
./config -- prefix = /usr/local/openssl
make && sudo make install
```

其中,--prefix=/usr/local/openssl 参数用于指定 OpenSSL 的安装位置。最后,在

～/.bashrc 文件中进行 OpenSSL 的环境变量配置，在末尾添加的命令如下：

```
export OPENSSL_ROOT_DIR = /usr/local/openssl
```

OpenSSL 的安装主要是为确保下一步安装 Python 3.7.5 后，能够通过 SSL 的方式安装 pip 库依赖。

4. 安装 Python 3.7.5

MindSpore 源代码编译时需要使用 Python 脚本，并且部分依赖需要通过 pip 工具安装。在 Ubuntu 18.04 中默认的 Python 版本为 3.6，需要替换安装为 Python 3.7.5。另外，需要更新 pip，并通过 pip 安装 wheel 0.32.0。

1）安装 Python 3.7.5

在安装 Python 3.7.5 之前，首先需要安装其依赖库，命令如下：

```
sudo apt install - y libssl - dev zlib1g - dev libbz2 - dev \
                      libreadline - dev libsqlite3 - dev wget \
                      curl llvm libncurses5 - dev libncursesw5 - dev \
                      xz - utils tk - dev libffi - dev liblzma - dev python - openssl
```

下载 Python 3.7.5 源码包：

```
wget https://www.python.org/ftp/python/3.7.5/Python - 3.7.5.tgz
```

解压并进入 Python 的源代码目录，命令如下：

```
tar zxvf Python - 3.7.5.tgz
cd Python - 3.7.5
```

运行配置脚本，准备构建环境，命令如下：

```
./configure -- prefix = /usr/local/python3.7.5 \
            -- with - openssl = /usr/local/openssl \
            -- enable - shared
```

其中，--prefix＝/usr/local/python3.7.5 参数用于指定其安装目录，--with-openssl＝/usr/local/openssl 参数用于指定上一步 OpenSSL 的安装目录，--enable-shared 用于启用 Python 库的共享。

编译、构建并安装 Python 3.7.5，命令如下：

```
make && sudo make install
```

安装完成后，在～/.bashrc 文件中进行 Python 的环境变量配置，在末尾添加的命令如下：

```
export PATH = /usr/local/python3.7.5/bin:~/.local/bin: $ PATH
export LIBRARY_PATH = /usr/local/python3.7.5/lib: $ {LIBRARY_PATH}
export LD_LIBRARY_PATH = /usr/local/python3.7.5/lib: $ {LD_LIBRARY_PATH}
```

为了方便使用 Python 3.7.5，这里通过软连接的方式将 Python 3.7.5 设置为系统默认

的 Python 程序,命令如下:

```
sudo ln - sf /usr/local/python3.7.5/bin/python3 /usr/bin/python
sudo ln - sf /usr/local/python3.7.5/bin/python3 /usr/bin/python3
```

检查 Python 是否安装正确,命令如下:

```
python -- version
```

如果安装正确,则输出的结果如下:

```
Python 3.7.5
```

2) 更新 pip
更新 pip 软件版本,命令如下:

```
sudo python - m pip install -- upgrade pip
```

如果安装过程中提示 subprocess. CalledProcessError:Command '('lsb_release', '-a')' returned non-zero exit status 1 错误,则可以将/usr/bin/lsb_release 文件删除(或者将 lsb_release 重命名为其他名称),命令如下:

```
sudo rm - rf /usr/bin/lsb_release
```

如果安装过程中提示 python:error while loading shared libraries:libpython3.7m. so. 1.0:cannot open shared object file:No such file or directory 错误,则可将 libpython3.7m. so.1.0 文件复制到/usr/lib 目录,命令如下:

```
sudo cp /usr/local/python3.7.5/lib/libpython3.7m.so.1.0 /usr/lib
```

安装完成后,检查 pip 是否安装正确,命令如下:

```
pip -- version
```

如果 pip 安装成功,则输出的结果如下:

```
pip 22.2.2 from /usr/local/python3.7.5/lib/python3.7/site - packages/pip (python 3.7)
```

随着 pip 版本的更新,版本号可能不同,但是输出结果与此类似。

注意 由于后文需要安装依赖,建议将 pip 修改为国内源,以便加快环境搭建的速度。

3) 安装 wheel 0.32.0
wheel 是 Python 中的打包工具,提供跨平台和跨机器的一致性安装。安装 wheel 0.32.0,命令如下:

```
pip install wheel == 0.32.0
```

安装过程中输出的信息如下:

```
Defaulting to user installation because normal site-packages is not writeable
Collecting wheel==0.32.0
  Downloading wheel-0.32.0-py2.py3-none-any.whl (21 kB)
Installing collected packages: wheel
Successfully installed wheel-0.32.0
```

如果提示 Successfully installed wheel-0.32.0，则表示安装成功。

5. 安装 cmake 3.18.3

cmake(cross-platform make)是跨平台的构建编译和构建工具，建立在已有的 make 等构建工具之上，可以将构建编译的过程依据平台生成对应的 makefile、project 等文件。这些文件再通过本机的构建编译工具生成具体的二进制产品。首先下载 cmake 3.18.3，命令如下：

```
wget https://cmake.org/files/v3.18/cmake-3.18.3.tar.gz
```

解压并进入 cmake 的源代码目录，命令如下：

```
tar zxvf cmake-3.18.3.tar.gz
cd cmake-3.18.3
```

通过 Bootstrap 命令运行配置脚本，并分别通过 make 和 make install 命令构建并安装 cmake，命令如下：

```
./Bootstrap
make -j16 && sudo make install -j16
```

cmake 的构建编译过程也较慢，需耐心等待。安装完成后，检查 cmake 是否安装正确，命令如下：

```
cmake -- version
```

输出的结果如下：

```
cmake version 3.18.3
CMake suite maintained and supported by Kitware (kitware.com/cmake).
```

6. 安装 autoconf 2.70

autoconf 是自动化配置脚本生成工具，通常和 automake 配合使用。下载 autoconf，命令如下：

```
wget http://ftp.gnu.org/gnu/autoconf/autoconf-2.70.tar.gz
```

解压并进入 autoconf 的源代码目录，命令如下：

```
tar zxvf autoconf-2.70.tar.gz
cd autoconf-2.70
```

通过 configure 命令运行配置脚本，分别通过 make 和 make install 命令构建并安装

autoconf，命令如下：

```
./configure
make - j16 && sudo make install - j16
```

安装完成后，检查 autoconf 是否安装正确，命令如下：

```
autoconf -- version
```

如果安装正确，则输出的结果如下：

```
autoconf (GNU Autoconf) 2.70
Copyright (C) 2020 Free Software Foundation, Inc.
License GPLv3 + /Autoconf: GNU GPL version 3 or later
< https://gnu.org/licenses/gpl.html >, < https://gnu.org/licenses/exceptions.html >
This is free software: you are free to change and redistribute it.
There is NO WARRANTY, to the extent permitted by law.

Written by David J. MacKenzie and Akim Demaille.
```

7. 安装 automake 1.16

automake 和 cmake 类似，是一种高层级的构建工具，可以用于生成 makefile。首先下载 automake，命令如下：

```
wget https://ftp.gnu.org/gnu/automake/automake - 1.16.tar.gz
```

解压并进入 automake 的源代码目录，命令如下：

```
tar zxvf automake - 1.16.tar.gz
cd automake - 1.16
```

通过 configure 命令运行配置脚本，并分别通过 make 和 make install 命令构建并安装 automake，命令如下：

```
./configure
make - j16 && sudo make install - j16
```

检查 automake 是否安装正确，命令如下：

```
automake -- version
```

如果安装正确，则输出的结果如下：

```
automake (GNU automake) 1.16
Copyright (C) 2018 Free Software Foundation, Inc.
License GPLv2 + : GNU GPL version 2 or later < https://gnu.org/licenses/gpl - 2.0.html >
This is free software: you are free to change and redistribute it.
There is NO WARRANTY, to the extent permitted by law.

Written by Tom Tromey < tromey@redhat.com >
        and Alexandre Duret - Lutz < adl@gnu.org >.
```

5.2.3　编译依赖的安装

本节需要安装的依赖包括 patch、Libtool 等，如表 5-3 所示。除了 NUMA 通过 APT 的方式安装以外，其余依赖均使用 make 构建源代码的方式进行安装，其方法大同小异。

表 5-3　需要安装的依赖及其版本

软 件 名 称	软 件 版 本
patch	2.6
Libtool	2.4.6
flex	2.6.4
OpenMPI	4.0.3
NUMA	2.0.11

1. 安装 patch 2.6

patch 是常用的代码维护工具，可以用于对代码的更新。首先下载 patch 2.6，命令如下：

```
wget https://ftp.gnu.org/gnu/patch/patch-2.6.tar.gz
```

解压并进入 patch 的源代码目录，命令如下：

```
tar zxvf patch-2.6.tar.gz
cd patch-2.6
```

通过 configure 命令运行配置脚本，分别通过 make 和 make install 命令构建并安装 patch，命令如下：

```
./configure
make -j16 && sudo make install -j16
```

检查 patch 是否安装正确，命令如下：

```
patch --version
```

如果安装正确，则输出的结果如下：

```
patch 2.6
Copyright (C) 1988 Larry Wall
Copyright (C) 2003 Free Software Foundation, Inc.

This program comes with NO WARRANTY, to the extent permitted by law.
You may redistribute copies of this program
under the terms of the GNU General Public License.
For more information about these matters, see the file named COPYING.

written by Larry Wall and Paul Eggert
```

2. 安装 Libtool 2.4.6

Libtool 是大型软件编译中常用的库依赖管理工具。首先下载 Libtool 2.4.6，命令如下：

```
wget https://ftpmirror.gnu.org/libtool/libtool-2.4.6.tar.gz
```

解压并进入 Libtool 的源代码目录，命令如下：

```
tar zxvf libtool-2.4.6.tar.gz
cd libtool-2.4.6
```

通过 configure 命令运行配置脚本，分别通过 make 和 make install 命令构建并安装 Libtool，命令如下：

```
./configure
make -j16 && sudo make install -j16
```

检查 Libtool 是否安装正确，命令如下：

```
libtool -- version
```

如果安装正确，则输出的结果如下：

```
libtool (GNU libtool) 2.4.6
Written by Gordon Matzigkeit, 1996

Copyright (C) 2014 Free Software Foundation, Inc.
This is free software; see the source for copying conditions. There is NO
warranty; not even for MERCHANTABILITY or FITNESS FOR A PARTICULAR PURPOSE.
```

3. 安装 flex 2.6.4

flex 是快速语法分析生成器(Fast Lexical Analyzer Generator)。首先下载 flex 2.6.4，命令如下：

```
wget https://github.com/westes/flex/releases/download/v2.6.4/flex-2.6.4.tar.gz
```

解压并进入 flex 的源代码目录，命令如下：

```
tar zxvf flex-2.6.4.tar.gz
cd flex-2.6.4
```

通过 configure 命令运行配置脚本，分别通过 make 和 make install 命令构建并安装 flex，命令如下：

```
./configure
make -j16 && sudo make install -j16
```

检查 flex 是否安装正确，命令如下：

```
flex -- version
```

如果安装正确，则输出的结果如下：

```
flex 2.6.4
```

4. 安装 OpenMPI 4.0.3

OpenMPI 是高性能信息传递库,是 MPI(Message Passing Interface)的开源实现。在高性能计算领域,OpenMPI 能够显著提高并发性能。首先下载 OpenMPI 4.0.3,命令如下:

```
wget https://download.open - mpi.org/release/open - mpi/v4.0/openmpi - 4.0.3.tar.gz
```

解压并进入 OpenMPI 的源代码目录,命令如下:

```
tar zxvf openmpi - 4.0.3.tar.gz
cd openmpi - 4.0.3
```

通过 configure 命令运行配置脚本,分别通过 make 和 make install 命令构建并安装 OpenMPI,命令如下:

```
./configure
make - j16 && sudo make install - j16
```

检查 OpenMPI 是否安装正确,命令如下:

```
whereis openmpi
```

如果安装正确,则输出的结果如下:

```
openmpi: /usr/local/lib/openmpi
```

将/usr/local/lib 目录添加到 LD_LIBRARY_PATH 环境变量中,修改～/.bashrc,添加以下内容:

```
export LD_LIBRARY_PATH = /usr/local/lib: $ {LD_LIBRARY_PATH}
```

如果这一步设置错误,则在运行仓颉 TensorBoost 时会弹出以下提示:

```
./demo: error while loading shared libraries: libmpi.so.40: cannot open shared object file: No
such file or directory
```

5. 安装 NUMA 2.0.11

NUMA(Non Uniform Memory Access)是非统一内存访问技术,常用于分布式计算系统中的内存管理。通过 APT 安装 NUMA,命令如下:

```
sudo apt install libnuma - dev - y
```

检查 NUMA 是否安装正确,命令如下:

```
whereis numa
```

如果安装一切正常,则输出的结果如下:

```
numa: /usr/include/numa.h /usr/share/man/man3/numa.3.gz /usr/share/man/man7/numa.7.gz
```

安装完成上述软件以后，就可以编译 MindSpore 了。

5.3　编译并安装 MindSpore

首先，通过 git 工具下载 MindSpore 的代码仓，命令如下：

```
git clone https://gitee.com/mindspore/mindspore.git
```

进入 MindSpore 源代码目录后，可通过 git 命令将其切换到 1.8.1 版本，命令如下：

```
git checkout v1.8.1
```

开始编译 MindSpore，命令如下：

```
./build.sh - e gpu - S on - j16
```

其中，"-e gpu"参数指明了编译后 MindSpore 的运行平台为 NVIDIA GPU；"-S on"参数表示使用 gitee 镜像站下载相关依赖，在国内可以加速下载速度；"-j16"参数用于指定编译时应用 CPU 的核心数，需要根据设备的具体情况进行修改。如果运行平台为昇腾平台，则编译命令如下：

```
./build.sh - e ascend - S on - j16
```

MindSpore 编译过程较为缓慢，可能需要数小时，建议读者耐心等待。编译伊始，会下载编译 MindSpore 的依赖，此时应保持网络通畅。编译完成后，输出的结果如图 5-6 所示。

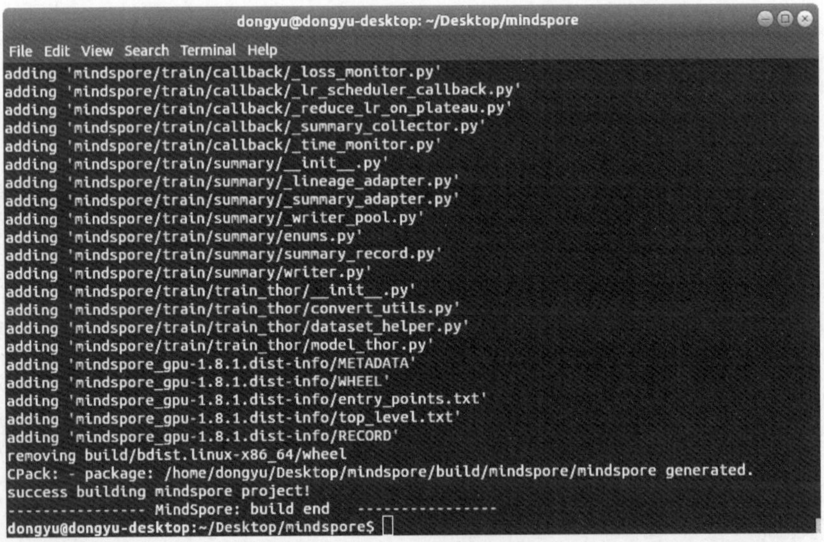

图 5-6　MindSpore 编译完成

进入 MindSpore 源代码目录中的 build/package 子目录,通过 pip 命令安装 MindSpore,命令如下:

```
# 进入 MindSpore 的安装包目录,安装包也同时存在于 output 目录中
cd build/package
# 安装 MindSpore
pip install mindspore_gpu - 1.8.1 - cp37 - cp37m - linux_x86_64.whl
```

安装期间会自动下载 NumPy、psutil、pillow、SciPy 等相关依赖,如果下载速度较慢,则可以使用国内的 pip 源。例如,使用清华大学的 pip 源的命令如下:

```
pip install mindspore_gpu - 1.8.1 - cp37 - cp37m - linux_x86_64.whl - i https://pypi.tuna.
tsinghua.edu.cn/simple
```

安装完成后整个 MindSpore 的环境搭建就完成了。通过 Python 脚本导入 MindSpore 包的方法可以判断 MindSpore 安装是否正确,命令如下:

```
python - c "import mindspore;mindspore.run_check()"
```

如果 MindSpore 已被正确安装,则输出的信息类似如下:

```
MindSpore version: 1.8.1
The result of multiplication calculation is correct, MindSpore has been installed successfully!
```

5.4 仓颉 TensorBoost 的环境配置

本节介绍仓颉 TensorBoost 的安装方法,并通过一个简单的例子检验仓颉 TensorBoost 是否安装成功。

5.4.1 仓颉 TensorBoost 的安装

在 0.38.2 版本之后的仓颉包已整合仓颉 TensorBoost,之前的版本需要单独解压 AI 包,命令如下:

```
unzip cangjie - v0.38.2 - alpha.zip
unzip Cangjie_AI_0.38.2.zip
```

解压后,进入相应目录后通过 tar 命令解压相应架构的软件包,命令如下:

```
tar zxvf Cangjie - AI - 0.38.2 - x86_64 - ubuntu18.04.tar.gz
tar zxvf Cangjie - 0.38.2 - linux_x64.tar.gz
```

将解压后的 cangjie_ai、cangjie 目录移动到当前用户的主目录(也可以是其他目录)中。如果解压到其他目录下,则应注意在配置 ~/.bashrc 时需要指定到相应的位置。

注意 如已经配置了仓颉语言的开发环境,则应确认仓颉语言的版本和仓颉 TensorBoost 的版本一致。

在仓颉 TensorBoost 软件包的 lib 子目录中新建 mindspore 目录,并将编译后的 MindSpore 源代码目录中的 build 目录和 config 目录复制到刚刚创建的 mindspore 目录中,命令如下:

```
mkdir - p ./cangjie_ai/lib/mindspore
cd ./cangjie_ai/lib/mindspore
cp - r <编译后的 MindSpore 源代码目录>/build .
cp - r <编译后的 MindSpore 源代码目录>/config .
```

在上述命令中将加粗部分修改为编译后的 MindSpore 源代码目录。

在 ~/.bashrc 文件中进行仓颉 TensorBoost 的环境变量配置,在每次用户登录时自动配置仓颉 TensorBoost 和仓颉语言环境,需要添加的内容如下:

```
source ~/cangjie/envsetupAI.sh
source ~/cangjie/envsetup.sh
```

此时,仓颉 TensorBoost 的安装已经完成。如果当前用户没有对应 Python 包目录(/usr/local/python3.7.5/lib/python3.7/site-packages)下的写入权限,就会回显如下错误:

```
please install mindspore - 1.8 before running CangjieAI
```

这是因为我们没有 Python 包目录的写入权限,所以 MindSpore 包就会安装到当前用户主目录下的如下位置:

```
~/.local/lib/python3.7/site - packages/mindspore
```

此时,通过 pip 安装任意包时都会出现如下警告:

```
Defaulting to user installation because normal site - packages is not writeable
```

为了解决这个问题,可以修改 cangjie_ai 目录中的 envsetup.sh 文件,修改 MindSpore 安装目录变量的定义:

```
MINDSPORE_INSTALL_PATH = ${PYTHON_BIN_PATH}/../lib/python3.7.5/site - packages/mindspore
MINDSPORE_INSTALL_PATH = ~/.local/lib/python3.7/site - packages/mindspore
```

再次执行 ~/cangjie_ai/envsetup.sh 文件,即可解决这一问题。

5.4.2 检查仓颉 TensorBoost 是否安装成功

本节测试仓颉 TensorBoost 的安装是否完成,并介绍堆栈空间大小设置方法。

1. 通过矩阵(张量)的乘法判断仓颉 TensorBoost 是否安装成功

通过一个简单的程序判断仓颉 TensorBoost 是否安装成功。

【实例 5-1】 通过张量的方式实现矩阵的乘法,代码如下:

```
//code/chapter05/example5_1.cj
from CangjieAI import ops. *
from CangjieAI import common. *
main(): Int64
{
```

```
    let input_x = Tensor(Array<Float32>([1.0, 2.0, 3.0, 4.0]), shape:Array<Int64>([2,
2]))
    let input_y = Tensor(Array<Float32>([1.0, 2.0, 3.0, 4.0]), shape:Array<Int64>([2,
2]))
    print(matmul(input_x, input_y))
    print("Cangjie AI run test success!\n")
    return 0
}
```

关于张量的含义和应用在第6章中会详细介绍,这里的程序仅用于测试环境配置是否正确。在 examples_1.cj 源代码所在目录中通过以下命令编译:

```
cjc --enable-ad --int-overflow=wrapping -lcangjie_ai \
    -lmindspore_wrapper ./example5_1.cj -o ./main
```

上述命令参数的具体含义如下。

- --enable-ad:启用仓颉的自动微分能力。
- --int-overflow=wrapping:将运算溢出模式设置为 wrapping。
- -lcangjie_ai:使用仓颉 TensorBoost 库。
- -lmindspore_wrapper:使用 MindSpore Wrapper 库。
- ./examples5_1.cj -o ./main:编译 examples5_1.cj 代码,输出为 main 程序。

编译完成后,执行编译后的 main 可执行程序,命令如下:

```
./main
```

如果仓颉 TensorBoost 环境配置正常,则输出的结果如下:

```
Tensor(shape = [2, 2], dtype = Float32, value =
[[7.00000000e + 00 1.00000000e + 01]
[1.50000000e + 01 2.20000000e + 01]])
Cangjie AI run test success!
```

2. 仓颉程序的堆栈空间大小设置

仓颉程序默认的栈空间大小为 1MB,堆空间大小为 256MB。由于仓颉 TensorBoost 程序通常伴随着大量的程序,因此可以通过环境变量的配置修改堆栈的空间大小。在 ~/.bashrc 文件中进行环境变量配置,在末尾添加的命令如下:

```
export CJSTACKSIZE = 100MB      # 栈空间设置为 100MB
export CJHEAPSIZE = 16GB        # 堆空间设置为 16GB
```

加粗字体部分可以根据开发者的需求修改。

注意 仓颉程序的栈空间范围可以配置为 64KB~1GB,堆空间范围可以配置为 4MB~16GB,并且配置的数值需要小于物理内存大小。

在之后的学习中,如果出现内存溢出的情况,开发者则可以尝试扩大堆栈空间来保证程序的正常运行。如果栈空间不足,则会在运行时提示 StackOverflowError 错误;如果堆空间不足,则会在运行时提示 OutOfMemoryError。

当然,上述配置都是针对主板上的物理内存的分配空间的设置,显卡的内存大小也是影响仓颉 TensorBoost 程序运行的重要因素,并且无法升级显卡及通过软件配置的方式提高其分配的空间。建议读者尽可能选用内存更大的显卡,例如 NVIDIA TESLA P40 等计算专用卡。

5.5　环境配置中的常见问题

本节总结了环境配置中可能遇到的常见问题。

5.5.1　更新 Python 版本后终端无法正常打开

安装 Python 3.7.5 后,会遇到无法直接打开终端的情况。这是因为新编译的 Python 3.7.5 中缺少 GI 包。此时,读者可以在任意目录上右击,选择 Open in terminal 打开终端,但是这种方法治标不治本,下面介绍解决这一问题的方法。

1. 确定终端无法打开的原因

为了能够顺利解决问题,首先需要确认是否因为缺少 GI 包引起终端无法打开。在已经打开的终端打开终端,命令如下:

```
gnome - terminal
```

输出的结果如下:

```
Traceback (most recent call last):
    File "/usr/bin/gnome - terminal", line 9, in < module >
        from gi.repository import GLib, Gio
ModuleNotFoundError: No module named 'gi'
```

通过报错信息 ModuleNotFoundError：No module named 'gi'可以发现确实是没有发现 GI 包导致的错误。如果报错信息与上文不同,则说明是其他原因,读者可从互联网上寻求帮助,不要按照本书的解决方法进行处理。

2. 问题的解决方法

打开 GI 包的目录,命令如下:

```
cd /usr/lib/python3/dist - packages/gi/
```

由于原本的 Python 版本为 3.6,所以需要将 GI 包的版本切换为 3.7。直接对两个涉及版本的文件名进行修改即可,命令如下:

```
sudo mv _gi_cairo.cpython - 36m - x86_64 - linux - gnu.so \
        _gi_cairo.cpython - 37m - x86_64 - linux - gnu.so
sudo mv _gi.cpython - 36m - x86_64 - linux - gnu.so \
        _gi.cpython - 37m - x86_64 - linux - gnu.so
```

注意黑体代码中的版本号的替换,将文件名中的 36 改为 37。如果当前 Python 版本为其他版本,如 3.5 版本,则将 35 改为 37 即可。

随后,将 GI 包目录复制到新编译后的 Python 3.7.5 的相应安装目录中即可,命令如下:

```
sudo cp - rf /usr/lib/python3/dist - packages/gi/ \
        /usr/local/python3.7.5/lib/python3.7
sudo cp - rf /usr/lib/python3/dist - packages/gi/ \
        /usr/local/python3.7.5/site - packages
```

此时即可正常打开终端了。

5.5.2　编译 MindSpore 时出现 OpenMPI 编译错误

编译 MindSpore 时可能会出现 OpenMPI 编译错误并终止程序,错误信息输出如下:

```
=================================================
Open MPI autogen: completed successfully. w00t!
=================================================

checking whether  - - prefix = /home/dongyu/Desktop/dependency/mindspore/build/mindspore/.
mslib/ompi_0c49acaf25c2c0e3d530c0461bc6c004 is declared … ./configure: line 4308: 5: Bad
file descriptor ./configure: line 4310: $ { + y}: bad substitution
CMake Error at cmake/utils.cmake:179 (message):
  error! when ./configure;CXXFLAGS = - D_FORTIFY_SOURCE = 2
  - O2; -- prefix = /home/dongyu/Desktop/dependency/mindspore/build/mindspore/.mslib/ompi_
0c49acaf25c2c0e3d530c0461bc6c004
  in /home/dongyu/Desktop/dependency/mindspore/build/mindspore/_deps/ompi - src
Call Stack (most recent call first):
  cmake/utils.cmake:393 (__exec_cmd)
  cmake/external_libs/ompi.cmake:10 (mindspore_add_pkg)
  cmake/mind_expression.cmake:42 (include)
  CMakeLists.txt:54 (include)
```

这是由于下载 OpenMPI 时源文件发现了变更,从而导致出现此问题。此时,可以更改 OpenMPI 的下载源解决整个问题,修改 MindSpore 源代码目录中的 cmake/external_libs/ompi.cmake 文件,按照删除线和黑体部分内容进行修改:

```
if(ENABLE_GITEE)
    set(REQ_URL "https://gitee.com/mirrors/ompi/repository/archive/v4.0.3.tar.gz")
    set(MD5 "70f764c26ab6cd99487d58be0cd8c409")
    set(REQ_URL "https://download.open - mpi.org/release/open - mpi/v4.0/openmpi - 4.0.3.
tar.gz")
    set(MD5 "f4be54a4358a536ec2cdc694c7200f0b")

else()
    set(REQ_URL "https://github.com/open - mpi/ompi/archive/v4.0.3.tar.gz")
    set(MD5 "86cb724e8fe71741ad3be4e7927928a2")
    set(REQ_URL "https://download.open - mpi.org/release/open - mpi/v4.0/openmpi - 4.0.3.
tar.gz")
    set(MD5 "f4be54a4358a536ec2cdc694c7200f0b")
```

```
endif()

set(ompi_CXXFLAGS " - D_FORTIFY_SOURCE = 2 - O2")
mindspore_add_pkg(ompi
        VER 4.0.3
        LIBS mpi
        URL ${REQ_URL}
        MD5 ${MD5}
        PRE_CONFIGURE_COMMAND ./configure
        CONFIGURE_COMMAND ./configure)
include_directories( ${ompi_INC})
add_library(mindspore::ompi ALIAS ompi::mpi)
```

在默认情况下,MindSpore 编译程序会使用 GitHub 源下载依赖源文件。在上述代码中,对 GitHub 源和 gitee 源的相关内容都进行了修改。如果读者确认使用了 gitee 源,则只需对 if(ENABLE_GITEE)分支下的内容进行修改。再次编译 MindSpore 即可解决上述问题。

5.5.3　eigen 包下载失败

前文提到,在编译 MindSpore 时会首先下载并编译相关依赖,包括 grpc、isl、nccl 等。由于网络环境的不确定性,以后还可能会存在类似的问题,读者可以在源代码的 cmake/external_libs 目录下找到相关依赖的配置文件进行定制化修改。这些依赖都会被下载到 build/mindspore/_dep 目录中。读者也可以直接将已经被编译的_dep 目录复制到需要编译的 MindSpore 源代码的相应目录中,用于解决相关问题。这里以 eigen 包为例介绍相应的处理办法。

无论选择 GitHub 还是 gitee 作为 MindSpore 依赖的下载源,在默认情况下,eigen 包是通过 https://gitlab.com/libeigen/eigen/-/archive/3.3.9/eigen-3.3.9.tar.gz 地址下载的,更加容易出现下载失败问题,可能出现的提示如下:

```
[ 22 % ] Performing download step (download, verify and extract) for 'eigen3 - populate'
-- Downloading …
   dst = '/home/dongyu/Desktop/mindspore/build/mindspore/_deps/eigen3 - subbuild/eigen3 -
populate - prefix/src/eigen - 3.3.9.tar.gz'
   timeout = 'none'
-- Using src = 'https://gitlab.com/libeigen/eigen/ - /archive/3.3.9/eigen - 3.3.9.tar.gz'
-- verifying file …
      file = '/home/dongyu/Desktop/mindspore/build/mindspore/_deps/eigen3 - subbuild/eigen3
- populate - prefix/src/eigen - 3.3.9.tar.gz'
-- MD5 hash of
   /home/dongyu/Desktop/mindspore/build/mindspore/_ deps/eigen3 - subbuild/eigen3 -
populate - prefix/src/eigen - 3.3.9.tar.gz
  does not match expected value
     expected: '609286804b0f79be622ccf7f9ff2b660'
      actual: '4a4778ea63911c79a86ac1eab22076d4'
-- Hash mismatch, removing …
-- Retrying …
```

　　这就是因为下载失败使 eigen-3.3.9.tar.gz 文件不完整或者损坏,导致了 Hash 校验错误。此时,读者可以自行下载(或者在本书配套资源中找到)eigen-3.3.9.tar.gz 文件并放置到 MindSpore 源码目录下的/build/mindspore/_deps/eigen3-subbuild/eigen3-populate-prefix/src/位置,替换下载错误的 eigen-3.3.9.tar.gz 文件。随后,重新编译即可解决问题。

5.5.4　通过 SSH 和 Samba 服务在 Windows 环境中开发仓颉 TensorBoost 程序

　　许多开发者习惯于在 Windows 环境中开发仓颉程序,本节介绍在 Windows 系统中使用 Ubuntu 终端及在 Windows 系统中访问 Ubuntu 文件的基本方法。在进行如下操作前,需要保证 Windows 和 Ubuntu 主机在同一个网络下。

1. 在 Windows 系统中使用 Ubuntu 终端

　　(1)查询 Ubuntu 主机的 IP 地址,命令如下:

```
ip addr
```

　　此时会弹出当前的网络配置信息,如图 5-7 所示。

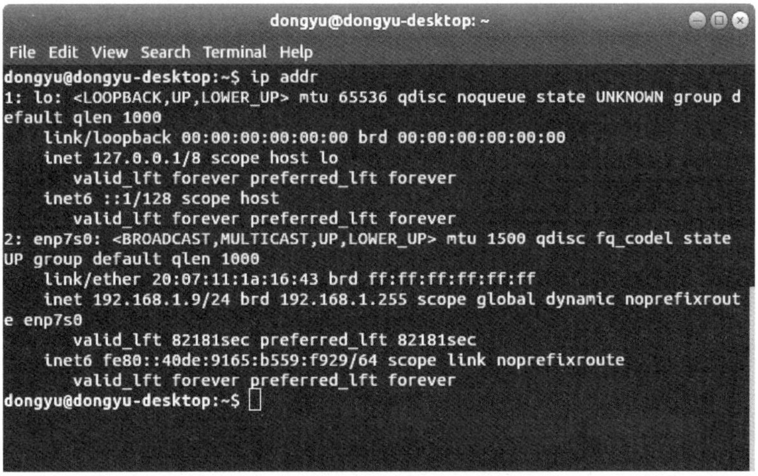

图 5-7　查看主机网络配置信息

　　图 5-7 中显示了主机的 IP 地址为 192.168.1.9。这个 IP 地址会根据读者使用的网络环境的不同而不同。

　　(2)安装 SSH 工具。在 Ubuntu 终端中下载并安装 SSH,命令如下:

```
sudo apt install ssh - y
```

　　输入当前用户名的密码后即可安装 SSH。安装完成后,Ubuntu 会自动启动 SSH 服务,通过以下命令可以查询 SSH 的运行状态:

```
systemctl status sshd
```

如果在回显的信息中找到 active（Running）提示，则说明 SSH 服务正常运行。

（3）在 Windows 环境中，通过 ssh 命令即可访问 Ubuntu 主机，命令如下：

```
ssh 192.168.1.9 -l <用户名>
```

其中，IP 地址需要按实际情况进行替换，并且把"<用户名>"替换为 Ubuntu 主机的可用用户名。命令执行后，根据提示输入密码即可使用 Ubuntu 中的终端，如图 5-8 所示。

图 5-8　通过 SSH 远程连接 Ubuntu 主机

注意　首次连接时，会提示授权信息为建立，并提示 Are you sure you want to continue connecting，此时输入 yes 后回车即可正常连接。

读者还可以选择在 VSC 等集成开发环境（IDE）中使用 Ubuntu 终端，在同一个 IDE 中进行代码编辑和编译，操作会更加方便。

2. 在 Windows 系统中访问 Ubuntu 文件

为了能够远程访问 Ubuntu 文件，方便进行代码的编辑操作，可通过 Samba 的方式将 Ubuntu 的目录共享出来，以便于在 Windows 系统中访问其目录中的内容。具体步骤如下。

（1）安装 Samba。在命令行工具中安装 Samba，命令如下：

```
sudo apt install samba -y
```

（2）查询 Samba 是否正常运行，命令如下：

```
systemctl status smbd
```

如果 Samba 正常运行，则可见 active(running)提示，如图 5-9 所示。

（3）在/etc/samba/smb.conf 文件的末尾添加当前用户的主目录共享配置，代码如下：

图 5-9　Samba 服务已经启动

```
[cangjie]            //共享目录名称
    comment = cangjie ai directory
    browseable = yes
    path = /home/dongyu          ♯共享目录位置,可根据实际情况修改
    create mask = 0777
    directory mask = 0777
    valid users = dongyu         ♯用户名需要和稍后添加的 Samba 用户名相同
    public = yes
    available = yes
    read only = no
    writable = yes
```

这里将共享目录名设置为 cangjie,在 Windows 连接时需要用到该名称。另外,需要注意根据上面的注释对共享目录和用户名进行调整。

(4) 添加一个 Samba 用户。这里的用户名为 dongyu,命令如下:

```
sudo smbpasswd – a dongyu
```

根据提示输入密码后确认即可,如图 5-10 所示。

图 5-10　添加 Samba 用户

(5) 重启 Samba 服务,命令如下:

```
sudo systemctl restart smbd
```

(6) 在 Windows 环境中通过 IP 地址访问共享目录。在 Windows 11 中,右击桌面上的"此计算机",选择"映射网络驱动器"选项,如图 5-11 所示。

图 5-11　映射网络驱动器

图 5-13 所示。

在弹出的映射网络驱动器对话框中,在"驱动器"选项中选择合适的驱动器盘符(这里选择 Z:),在"文件夹"中输入\\192.168.1.199\cangjie,如图 5-12所示。注意这里的 IP 和目录名要和之前的 IP 和配置信息一致;共享目录名 cangjie 需要和配置时一致,其他选项保持默认,单击"完成"按钮。

在弹出的"输入网络凭据"对话框中键入 Samba用户名和密码后,即可访问 Ubuntu 的共享目录,如

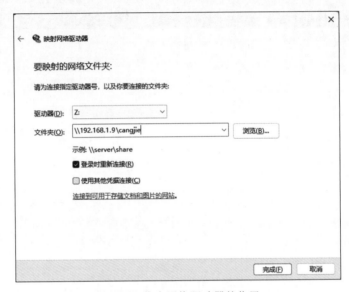

图 5-12　指定网络驱动器的位置

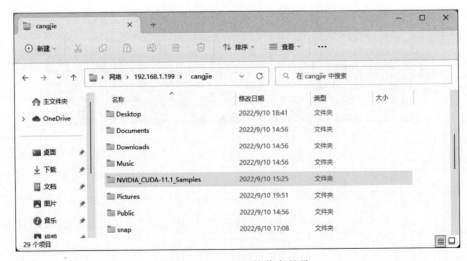

图 5-13　Ubuntu 的共享目录

此时，就可以通过一个固定的盘符（Z:）传递数据和文件了，可以通过 VSC 打开 Ubuntu 共享目录中的代码进行编辑。

5.6　本章小结

本章介绍了仓颉 TensorBoost 的完整配置方法，并列举了编译过程中几个可能出现的常见问题。编译的过程可能比较枯燥，可能需要若干小时的努力。对于初学者，利用几天时间研究编译过程也是正常的。

在随后的几章中都会利用这个仓颉 TensorBoost 开发环境。建议读者保持计算机的独立环境，防止开发环境遭到破坏。同时建议对全盘进行备份，至少对 MindSpore 的编译目录进行备份，以便于在系统出现问题后可以快速地恢复开发环境。

5.7　习题

1. 在 Ubuntu 18.04 操作系统中，配置仓颉 TensorBoost 的开发环境。
2. 通过矩阵（张量）的乘法程序判断仓颉 TensorBoost 的开发环境是否配置成功。
3. 查阅 MindSpore 的相关资料，思考 MindSpore 和仓颉 TensorBoost 之间的关系。

第 6 章

张量的基本用法

张量的概念是标量、向量和矩阵的扩展，是极其重要的数据类型。在仓颉 TensorBoost 中，绝大多数数据是通过张量的形式表现的，例如数据集中的各类数据、神经网络的各层神经元的数据描述都是依靠张量实现的，所以掌握张量的用法是学习仓颉 TensorBoost 的必经之路。

本章介绍张量的定义和基本用法，核心知识点如下：

- 张量、张量元组、参数及其基本用法。
- 张量的属性及其基本运算。
- 张量元组。
- 参数。

6.1 张量

张量（Tensor）即多维数组，可以将向量、矩阵推向更高的维度，是神经网络计算中的基本数据结构。张量中的每个值称为张量的元素。张量的维度称为张量的阶（Order），也称为张量的秩（Rank），如图 6-1 所示。

- 0 阶张量：标量（Scalar）。
- 1 阶张量：向量（Vector）。
- 2 阶张量：矩阵（Matrix）。
- N 阶张量：理解为 N 维数组。

张量每增加一个阶（秩）都会使张量在新的维度上扩展。每个维度称为张量的轴（Axis）。例如，3 阶张量也称为秩为 3 的张量，拥有 3 个维度，即包含了 3 个轴。

张量的形状用于表达张量的阶及每个轴的长度。例如，形状为 2×2 的张量表示 2 阶张量，并且轴的长度均为 2，相当于 2×2 的矩阵。再如，形状为 $10\times10\times8$ 的张量表示轴的长度分别为 10、10 和 8 的 3 阶张量。

注意 张量的形状描述是有顺序的。形状为 $10\times10\times8$ 的张量和形状为 $10\times8\times10$ 的张量是不同的。

在某些运算场景下，需要对某个具体的轴（维度）进行操作，因此，需要对具体的维度进

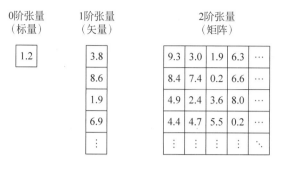

图 6-1　张量的阶

行指定,此时需要轴的序号。轴的序号包括两种表示方式:

(1) 形状从左向右,轴的序号从 0 开始向后计数。例如,对于形状为 $4 \times 5 \times 8$ 的张量,其第 0 个轴的长度为 4,第 1 个轴的长度为 5,第 2 个轴的长度为 8。

(2) 形状从右向左,轴的序号从 -1 开始向前计数。例如,对于形状为 $4 \times 5 \times 8$ 的张量,其第 -1 个轴的长度为 8,第 -2 个轴的长度为 5,第 -3 个轴的长度为 4。

显然,对于 n 阶张量,轴的序号取值范围为 $[-n, n-1]$。在实际应用中,轴的序号从 -1 开始向前计数更加常用。这是因为在绝大多数场景下,张量通常是若干个矩阵或者向量的集合。此时,第 -1 个轴用于表示向量中元素的位置,第 -1 个轴和第 -2 个轴用于表示矩阵中元素的位置。

6.1.1　张量的定义

本节介绍张量的定义方法,包括通过构造函数定义、具有规律的张量定义及通过 initialize 函数定义。

1. 通过构造函数定义张量

张量是通过 struct 类型定义的,其类型名为 Tensor。在使用 Tensor 之前,需要导入 ops 包和 common 包:

```
from CangjieAI import ops. *        //算子(函数)包
from CangjieAI import common. *     //公共包
```

注意　之所以张量通过 struct 类型定义张量,是因为 struct 定义的类型可以被 @Differentiable 修饰,从而使其具备自动微分特性。张量的自动微分方法详见 6.3 节的相关内容。

张量具有多个重载构造函数,用于定义不同属性的张量,代码如下:

```
struct Tensor {
    init(value: Float32, dtype!: Int32 = FLOAT32)
    init(value: Float64, dtype!: Int32 = FLOAT64)
    init(value: Int32, dtype!: Int32 = INT32)
```

```
    init(value: Int64, dtype!: Int32 = INT64)
    init(value: Bool, dtype!: Int32 = BOOL)
    init(value: Array<Float32>, shape!: Array<Int64>,
        dtype!: Int32 = FLOAT32)
    init(value: Array<Float64>, shape!: Array<Int64>,
        dtype!: Int32 = FLOAT64)
    init(value: Array<Int32>, shape!: Array<Int64>,
        dtype!: Int32 = INT32)
    init(value: Array<Int64>, shape!: Array<Int64>,
        dtype!: Int32 = INT64)
    init(value: Array<Bool>, shape!: Array<Int64>,
        dtype!: Int32 = BOOL)
}
```

构造函数的形参包括 value、shape 和 dtype,其中,value 是指张量的元素或由元素组成的数组。当张量的阶为 0 时,value 可以为 Int32、Int64、Float32、Float64 和 Bool 等基本数据类型。当张量的阶不为 0 时,则使用对应类型的数组 Array 表示。

张量具有两个属性,包括形状(shape)和类型(dtype)。在仓颉语言中,用数组 Array <Int64>来表示形状,并且数组的各个元素对应于张量各阶的长度。例如,用 Array<Int64> ([2, 2])表示 2×2 形状的张量,用 Array<Int64>([10, 10, 8])表示 10×10×8 形状的张量。

张量的类型是指张量元素的数据类型,目前仅支持 Float32、Float64、Int32、Int64 和 Bool 类型,分别用 FLOAT32、FLOAT64、INT32、INT64 和 BOOL 等常量表示,其值分别为 0、1、2、3、7。定义张量时,张量元素的数据类型需要和张量的类型匹配,但是 Int32、Int64 类型元素的张量也可以定义为 FLOAT32、FLOAT64 的张量。张量的可选类型如表 6-1 所示。

表 6-1 张量的可选类型(dtype)

张量元素的类型	张量的类型(dtype)
Int32、Int64	INT32、INT64、FLOAT32、FLOAT64
Float32、Float64	FLOAT32、FLOAT64
Bool	BOOL

例如,定义一个形状为 2×2 且元素依次为 1.0、2.0、3.0、4.0 的张量,代码如下:

```
var tensor = Tensor(Array<Float64>([1.0, 2.0, 3.0, 4.0]),
                shape: Array<Int64>([2, 2]),
                dtype: FLOAT64)
```

在上述定义中元素数组是一维的,张量定义时会按照形状将这些值升维,按顺序依次分布在各元素的位置上,最终形成的张量为

$$\begin{bmatrix} 1.0 & 2.0 \\ 3.0 & 4.0 \end{bmatrix}$$

注意 元素数组中的元素数量必须和张量的形状相匹配,否则会在运行时出现 Error: The number of data elements does not match the input shape 异常。

对于通过[]操作符定义的整型数组,其类型默认为 Array<Int64>,因此 shape 参数可

以直接用[2,2]代替 Array<Int64>([2，2])。另外，shape 和 dtype 参数是命名参数，其中 dtype 是可选的，默认和元素的类型相匹配，因此，定义一个形状为 2×2 且元素依次为 1.0、2.0、3.0、4.0 的张量可以简化为

```
var tensor = Tensor(Array<Float64>([1.0, 2.0, 3.0, 4.0]), shape: [2, 2])
```

对于通过[]操作符定义的浮点型数组，其类型默认为 Array<Float64>。当预先定义了元素数组时，还可以进一步精简代码：

```
let arr = [1.0, 2.0, 3.0, 4.0]      //定义元素数组
var tensor = Tensor(arr, shape: [2, 2])
```

对于整型和浮点型字面量，还可以使用后缀的方式指明其具体类型，如表 6-2 所示。

表 6-2 部分整型和浮点型字面量后缀

类　　型	字面量后缀
Int32	i32
Int64	i64
Float32	f32
Float64	f64

注意 在无后缀的情况下，整型字面量默认为 Int64 类型，浮点型字面量默认为 Float64 类型。

因此，Array<Float64>([1.0，2.0，3.0，4.0])还可以使用[1.0f32，2.0f32，3.0f32，4.0f32]表示。上述 tensor 的定义还可以进一步精简为

```
var tensor = Tensor([1.0f32, 2.0f32, 3.0f32, 4.0f32], shape: [2, 2])
```

当然，也可以对数组的第 1 个元素增加后缀，用于编译器的判断。其余元素的后缀可以省略，因此 tensor 的定义还可以精简为

```
var tensor = Tensor([1.0f32, 2.0, 3.0, 4.0], shape: [2, 2])
```

需要注意的是，下面的代码是错误的：

```
var tensor = Tensor([1.0, 2.0, 3.0, 4.0], shape: [2, 2])
```

虽然字面量默认判断为 Float64 类型，但是由于仓颉语言是强类型语言，这种模糊的定义是无法通过编译的，编译时会提示 ambiguous match for constructor call 'Tensor'错误。

张量类型重载了 print 函数，可以直接通过 print 函数（无须 println 即可自动换行）输出张量信息。

【**实例 6-1**】 定义 3×2 且元素依次为 1.0、2.0、3.0、4.0、5.0、6.0 的张量，并通过 print 函数输出，代码如下：

```
//code/chapter06/example6_1.cj
from CangjieAI import common. *
from CangjieAI import ops. *

main()
{
    //定义 tensor 张量
    var tensor = Tensor([1.0f64, 2.0, 3.0, 4.0, 5.0, 6.0], shape: [3, 2])
    //输出 tensor 张量
    print(tensor)
}
```

编译并运行程序,输出的结果如下:

```
Tensor(shape = [3, 2], dtype = Float64, value =
[[ 1.00000000e + 00 2.00000000e + 00]
 [ 3.00000000e + 00 4.00000000e + 00]
 [ 5.00000000e + 00 6.00000000e + 00]])
```

在输出的结果中,"shape=[3,2],dtype=Float64"描述了张量的属性,"value="后的内容描述了张量的元素分布。元素值使用科学记数法表示,字母 e 是指数(exponent)的缩写,并且基固定为 10。字母 e 前的数为尾数,字母 e 后的数为指数(幂)。例如 $4.00000000e+00$ 表示 $4.00000000 \times 10^{+00}$,即 4.00000000。上述张量等同于如下矩阵:

$$\begin{bmatrix} 1.0 & 2.0 \\ 3.0 & 4.0 \\ 5.0 & 6.0 \end{bmatrix}$$

对于 0 维张量,可以直接通过字面量定义张量。例如,定义几个 0 维张量并进行输出,代码如下:

```
var t1 = Tensor(1.0, dtype : FLOAT64)
//等同于 var t1 = Tensor(1.0f64)
//等同于 var t1 = Tensor(1.0)
print(t1)
var t2 = Tensor(2)
//等同于 var t2 = Tensor(1, dtype : INT64)
//等同于 var t2 = Tensor(2i64)
print(t2)
var t3 = Tensor(false)
print(t3)
```

上述代码的输出如下:

```
Tensor(shape = [], dtype = Float64, value = 1.00000000e + 00)
Tensor(shape = [], dtype = Int64, value = 2)
Tensor(shape = [], dtype = Bool, value = false)
```

2. 定义具有规律的张量

在初始化神经网络权重等应用场景下,还需要用到具有一定规律的张量。目前,仓颉

TensorBoost 提供了如表 6-3 所示的常见特殊张量的定义方法。

表 6-3　定义具有规律的张量

函　　数	描　　述
randomNormalTensor	定义元素符合正态分布的张量
uniformTensor	定义元素符合平均分布的张量
onesTensor	定义元素全部为 1 的张量
zerosTensor	定义元素全部为 0 的张量
FillTensor	定义元素为指定数值的张量
eyeTensor	定义对角张量
linSpace	定义等差数列张量
noneTensor	定义空张量

以下分别介绍这几种定义张量的函数用法。

1）定义元素符合正态分布的张量

randomNormalTensor 的函数签名如下：

```
func randomNormalTensor(shape: Array < Int64 >,
                        sigma!: Float32 = 0.01,
                        dtype!: Int32 = FLOAT32,
                        seed!: Int64 = 0,
                        seed2!: Int64 = 0): Tensor
```

其中，参数 shape 定义张量的形状，sigma 定义正态分布的标准差（正态分布的均值为 0，无法自定义），dtype 定义张量的类型，seed 和 seed2 分别为全局种子和 op 的种子，共同作为生成正态分布随机数的种子。

注意　当 seed 和 seed2 不都为 0 时，由于种子相同，每次所生成的正态分布张量都是相同的。当 seed 和 seed2 均为 0 时，使用当前时钟作为随机数种子，每次所生成的张量元素都是不同的。

2）定义元素符合平均分布的张量

uniformTensor 的函数签名如下：

```
func uniformTensor(shape: Array < Int64 >,
                   boundary!: Float32 = 0.01,
                   dtype!: Int32 = FLOAT32): Tensor
```

其中，参数 shape 和 dtype 分别用于定义张量的形状和类型，boundary 用于定义平均分布的值域，并且值域为（−boundary，boundary）。

3）定义元素全部为 1 的张量

通过 onesTensor 函数定义的张量中所有的元素值都为 1。onesTensor 的函数签名如下：

```
func onesTensor(shape: Array < Int64 >, dtype!: Int32 = FLOAT32): Tensor
```

其中,参数 shape 和 dtype 分别用于定义张量的形状和类型。

4) 定义元素全部为 0 的张量

通过 zerosTensor 函数定义的张量中所有的元素值都为 0。zerosTensor 的函数签名如下:

```
func zerosTensor(shape: Array < Int64 >, dtype!: Int32 = FLOAT32): Tensor
```

其中,参数 shape 和 dtype 分别用于定义张量的形状和类型。

5) 定义元素为指定数值的张量

通过 FillTensor 函数定义的张量中所有的元素值相同。FillTensor 包括以下重载函数:

func FillTensor(shape: Array < Int64 >, data: Float32): Tensor
func FillTensor(shape: Array < Int64 >, data: Float64): Tensor
func FillTensor(shape: Array < Int64 >, data: Int32): Tensor
func FillTensor(shape: Array < Int64 >, data: Int64): Tensor
func FillTensor(shape: Array < Int64 >, data: Bool): Tensor

其中,参数 shape 用于定义张量的形状,data 用于指定元素值。根据 data 类型的不同,选用不同的重载函数,也同时定义了张量的类型。

6) 定义对角张量

对角张量是指在对角线上的元素的值为 1,其他位置的元素均为 0 的 2 阶张量(矩阵)。eyeTensor 包括以下重载函数:

func eyeTensor(n: Int64, dtype!: Int32 = FLOAT32): Tensor
func eyeTensor(n: Int64, m: Int64, dtype!: Int32 = FLOAT32): Tensor

其中,n 和 m 分别用于指定矩阵的行数和列数。当不指定 m 时,行数和列数均为 n。

7) 创建等差数列张量

通过 linSpace 函数可以创建包含 1 个等差数列的 1 阶张量,其函数签名如下:

```
func linSpace(start: Tensor, stop: Tensor, num: Int64): Tensor
```

其中,start 是包含起始值的 0 阶张量,stop 是包含结束值的 0 阶张量,而 num 是等差数列值的个数。

注意 目前,start 和 end 仅支持 FLOAT32 类型的张量。

例如,创建等差数列 0、2、4、6、8,代码如下:

```
let output = linSpace(Tensor(0.0f32), Tensor(8.0f32), 5)
print(output)
```

输出的结果如下:

```
Tensor(shape = [5], dtype = Float32, value =
[0.00000000e + 00 2.00000000e + 00 4.00000000e + 00 6.00000000e + 00 8.00000000e + 00])
```

8）定义空张量

空张量是一种特殊的张量，没有任何元素，也没有类型和形状定义。通过 noneTensor 函数返回空张量：

```
func noneTensor(): Tensor
```

空张量也可以通过全局变量 NONETENSOR 获取。

注意 通过 Tensor 的 isNone() 函数可以判断张量是否为空张量。

【**实例 6-2**】 定义并输出几种特殊的张量，代码如下：

```
//code/chapter06/example6_2.cj
from CangjieAI import ops. *
from CangjieAI import common. *
main()
{
    //定义元素符合正态分布的张量
    let randTensor = randomNormalTensor(Array < Int64 >([2, 4]))
    print("元素符合正态分布的张量: ", randTensor)
    //定义元素符合平均分布的张量,值域为(-0.01, 0.01)
    let uniformTensor = uniformTensor(Array < Int64 >([2, 4]))
    print("元素符合平均分布的张量: ", uniformTensor)
    //定义元素全部为1的张量
    let onesTensor = onesTensor(Array < Int64 >([2, 4]))
    print("元素全部为1的张量: ", onesTensor)
    //定义元素全部为0的张量
    let zerosTensor = zerosTensor(Array < Int64 >([2, 4]))
    print("元素全部为0的张量: ", zerosTensor)
    //定义元素为指定数值的张量
    let fillTensor = fillTensor(Array < Int64 >([2, 4]), 666)
    print("元素为指定数值666的张量: ", fillTensor)
    //定义对角张量
    let eyeTensor = eyeTensor(2, 4)
    print("对角张量: ", eyeTensor)
    //定义空张量
    let none = noneTensor()
    //定义等差数列张量
    let linSpace = linSpace(Tensor(10.0f32), Tensor(0.0f32), 6)
    print("等差数列张量: ", linSpace)
    //上述定义等价于 let none = NONETENSOR
    print("空张量: ", none)
}
```

编译并运行程序，输出的类似结果如下：

```
元素符合正态分布的张量:
Tensor(shape = [2, 4], dtype = Float32, value =
[[ 4.45465557e-03    2.63678357e-02  1.27827423e-02   -2.16010064e-02]
 [-1.29589178e-02  -6.49420684e-03  5.73150860e-03   -1.23640019e-02]])
元素符合平均分布的张量:
```

```
Tensor(shape = [2, 4], dtype = Float32, value =
[[ 6.29447401e - 03    8.11583921e - 03   - 7.46026356e - 03   8.26751627e - 03]
 [ 2.64718570e - 03   - 8.04919191e - 03   - 4.43003513e - 03   9.37629491e - 04]])
元素全部为 1 的张量:
Tensor(shape = [2, 4], dtype = Float32, value =
[[ 1.00000000e + 00   1.00000000e + 00   1.00000000e + 00   1.00000000e + 00]
 [ 1.00000000e + 00   1.00000000e + 00   1.00000000e + 00   1.00000000e + 00]])
元素全部为 0 的张量:
Tensor(shape = [2, 4], dtype = Float32, value =
[[ 0.00000000e + 00   0.00000000e + 00   0.00000000e + 00   0.00000000e + 00]
 [ 0.00000000e + 00   0.00000000e + 00   0.00000000e + 00   0.00000000e + 00]])
元素为指定数值 666 的张量:
Tensor(shape = [2, 4], dtype = Int32, value =
[[ 666   666   666   666]
 [ 666   666   666   666]])
对角张量:
Tensor(shape = [2, 4], dtype = Float32, value =
[[ 1.00000000e + 00   0.00000000e + 00   0.00000000e + 00   0.00000000e + 00]
 [ 0.00000000e + 00   1.00000000e + 00   0.00000000e + 00   0.00000000e + 00]])
等差数列张量:
Tensor(shape = [6], dtype = Float32, value =
[1.00000000e + 01 8.00000000e + 00 6.00000000e + 00 4.00000000e + 00 2.00000000e + 00
0.00000000e + 00])
空张量:
the input is noneTensor
```

3. 通过 initializer 函数定义张量

除了上述张量的定义方法以外,仓颉 TensorBoost 还提供了用于定义张量的 initializer 函数。initializer 函数是最为通用,也是最为强大的张量定义方法,可以定义各种不同类型、不同数值分布的张量,常用于神经网络内部的权重、偏置的定义。函数 initializer 的签名如下:

```
func initialize (shape: Array < Int64 >, initializer: BaseInitializer, dtype!: Int32 =
FLOAT32) : Tensor
func initialize(shape: Array < Int64 >, initType!: InitType = InitType.NORMAL, dtype!: Int32 =
FLOAT32) : Tensor
```

其中,参数 shape 用于定义张量的形状; dtype 用于定义张量的类型。对于张量的数值,可以使用初始化器 initializer 定义,也可以使用枚举类型 InitType 定义。可用的初始化器和初始化枚举类型如表 6-4 所示。

表 6-4 张量的初始化器和初始化枚举类型

初 始 化 器	初始化枚举	描　　述
RandomNormalInitializer	NORMAL	定义元素符合正态分布的张量
TruncatedNormalInitializer	TRUNCNORM	定义元素符合截断正态分布的张量
UniformInitializer	UNIFORM	定义元素符合平均分布的张量
XavierUniformInitializer	XAVIER_UNIFORM	定义元素符合分布的张量
—	ONE	定义元素全部为 1 的张量
—	ZERO	定义元素全部为 0 的张量

所有的初始化器的父类均为 BaseInitializer。

例如,使用 initializer 函数定义元素的值符合正态分布和均匀分布的张量,代码如下:

```
//正态分布
let t1 = initialize([2, 2], RandomNormalInitializer(),
                                    dtype: FLOAT32)
print("正态分布: ", t1)
//均匀分布
let t2 = initialize([2, 2], initType : InitType.UNIFORM,
                                    dtype : FLOAT32)
print("均匀分布: ", t2)
```

输出的结果如下:

```
正态分布:
Tensor(shape = [2, 2], dtype = Float32, value =
[[ 8.04178324e-03  3.47800017e-03]
 [-4.48890124e-03 1.07238730e-02]])
均匀分布:
Tensor(shape = [2, 2], dtype = Float32, value =
[[ 4.40613106e-02  5.68108782e-02]
 [-5.22218458e-02 5.78726158e-02]])
```

6.1.2　张量和数组的转换

张量和数组之间可以相互转换。

1. 将数组转换为张量

通过张量的构造函数即可轻松地将数组转换为张量,读者可以参考 6.1.1 节中关于通过构造函数定义张量的相关内容。

2. 将张量转换为数组(或基本数据类型)

当张量的阶为 0 时,张量为标量,可以通过 toScalar<T>() 函数将值转换为具体的基本数据类型的值,其中泛型 T 用于指明转换的具体数据类型。例如,将张量 scalar 转换为浮点型值,代码如下:

```
let scalar = Tensor(3.0)
print("scalar 张量: ", scalar)
println("将 scalar 转换为浮点型: ${scalar.toScalar<Float64>()}")
```

输出的结果如下:

```
scalar 张量:
Tensor(shape = [], dtype = Float64, value = 3.00000000e+00)
将 scalar 转换为浮点型: 3.000000
```

注意　泛型 T 需要和张量的类型相匹配,否则会抛出类似于 ERROR：Tensor dtype is not Float32 的异常。

当张量的阶不为 0 时,可以通过如表 6-5 所示的函数将张量转换为数组。

表 6-5　获取张量属性的常用函数

函　　数	描　　述
func toArrayInt32()：Array＜Int32＞	将张量转换为 Int32 类型的数组
func toArrayFloat32()：Array＜Float32＞	将张量转换为 Float32 类型的数组
func toArrayInt64()：Array＜Int64＞	将张量转换为 Int64 类型的数组
func toArrayFloat64()：Array＜Float64＞	将张量转换为 Float64 类型的数组
func toArrayBool()：Array＜Bool＞	将张量转换为 Bool 类型的数组

例如,将张量 scalar 转换为浮点型值,代码如下:

```
let rand = randomNormalTensor([2, 4])
print("rand张量: ", rand)
println("将 rand转换为浮点型数组: ${rand.toArrayFloat32()}")
```

输出的结果如下:

```
rand 张量:
Tensor(shape = [2, 4], dtype = Float32, value =
[[ - 1.66291632e - 02   2.30684504e - 03   3.83726344e - 03  - 6.15022518e - 03]
 [  1.77880563e - 03  - 1.30029758e - 02  - 1.13649089e - 02   2.00399011e - 02]])
将 rand 转换为浮点型数组: [ - 0.016629, 0.002307, 0.003837,  - 0.006150, 0.001779,
 - 0.013003,  - 0.011365, 0.020040]
```

与使用 toScalar＜T＞()函数类似,当使用表 6-5 中的函数时需要注意和张量的类型相匹配,否则会抛出异常。

6.1.3　张量的属性

本节介绍如何获取张量的属性,以及相关函数的用法。

1. 获取张量的属性

判断张量的属性在维护代码的健壮性和程序调试时较为常用,常用的函数如表 6-6 所示。

表 6-6　获取张量属性的常用函数

函　　数	描　　述
getDtype()	获取张量的数据类型,返回类型为 Int32
getStrDtype()	获取张量的数据类型,返回类型为 String
isInt32()	判断张量的类型是否为 Int32
isInt64()	判断张量的类型是否为 Int64
isFloat32()	判断张量的类型是否为 Float32
isFloat64()	判断张量的类型是否为 Float64
isBool()	判断张量的类型是否为 Bool
getShape()	获取张量的形状,返回类型为 Array＜Int64＞
isNone()	判断张量是否为空张量

当张量为空张量时,没有 shape 和 dtype 属性,此时调用 getDtype、getShape 等函数时会报错,建议开发者加以判断。如果尝试从空张量获取 shape 和 dtype 属性,则会抛出异常。

【**实例 6-3**】　定义张量 randTensor 和空张量 none,并获取各种属性,代码如下:

```
//code/chapter06/example6_3.cj
from CangjieAI import ops. *
from CangjieAI import common. *

main(): Int64
{
    let randTensor = randomNormalTensor(Array < Int64 >([2, 4]))
    print("randTensor 张量: ", randTensor)
    if (!randTensor.isNone()) {
        println("randTensor 张量的类型(常量): ${randTensor.getDtype()}")
        println("randTensor 张量的类型(字符串): ${randTensor.getStrDtype()}")
        println("randTensor 张量是否为 Int32 类型? ${randTensor.isInt32()}")
        println("randTensor 张量是否为 Int64 类型? ${randTensor.isInt64()}")
        println("randTensor 张量是否为 Float32 类型? ${randTensor.isFloat32()}")
        println("randTensor 张量的形状: ${randTensor.getShape()}")
        println("randTensor 张量是否为空张量? ${randTensor.isNone()}")
    }
    let none = noneTensor()
    println("none 张量是否为空张量? ${none.isNone()}")
    return 0
}
```

编译并运行程序,输出的结果如下:

```
randTensor 张量:
Tensor(shape = [2, 4], dtype = Float32, value =
[[ - 1.23149976e - 02   - 3.89190088e - 03    1.87832187e - 03    1.21247480e - 02]
 [ - 1.44906796e - 03   - 5.75660588e - 03  - 1.08552584e - 02  - 2.36119200e - 02]])
randTensor 张量的类型(常量): 0
randTensor 张量的类型(字符串): FLOAT32
randTensor 张量是否为 Int32 类型? false
randTensor 张量是否为 Int64 类型? false
randTensor 张量是否为 Float32 类型? true
randTensor 张量的形状: [2, 4]
randTensor 张量是否为空张量? false
none 张量是否为空张量? true
```

值得注意的是,虽然 0 维张量和仅包含 1 个元素的一维张量是不同的,两者都仅包含 1 个元素,但是其形状并不相同,前者的形状为[],后者的形状为[1]。输出一个 0 维张量和仅包含 1 个元素的一维张量,代码如下:

```
var t1 = Tensor(1.0f32)              //0 维张量
print(t1)
var t2 = Tensor([1.0f32], shape : [1]) //含 1 个元素的一维张量
print(t2)
```

上述代码的输出如下：

```
Tensor(shape = [], dtype = Float32, value = 1.00000000e + 00)
Tensor(shape = [1], dtype = Float32, value = [1.00000000e + 00])
```

多数情况下，形状不同的变量之间无法进行运算，读者应注意辨别。

2. 张量的秩

前文已述，张量的秩是指张量的维数（Dimension），也就是用于表达张量形状的数组长度。通过 rank 函数可以获得张量的秩，其函数签名如下：

```
func rank(input: Tensor): Int64
```

例如，获取一个形状为 2×2 张量的秩，代码如下：

```
let tensor = Tensor(Array < Float32 >([1.0, 2.0, 3.0, 4.0]), shape:[2, 2])
println("矩阵的秩: ${rank(tensor)}")
```

输出的结果如下：

```
矩阵的秩: 2
```

对于张量变量 tensor，函数调用 rank(tensor)等同于 tensor.getShape().size。

注意 张量的秩和矩阵的秩的概念是不同的，读者不要混淆。

3. 判断两个张量的属性是否相同

可以通过函数 sameTypeShape 判断两个张量的形状类型是否相同，其函数签名如下：

```
func sameTypeShape(input0: Tensor, input1: Tensor): Tensor
```

当函数的属性相同时，会返回和 input0 相同的张量。例如，判断 input0 和 input1 张量是否相同，代码如下：

```
let input0 = Tensor([4.0f32, 9.0, 8.0, 7.0], shape:[2, 2])
let input1 = Tensor([1.0f32, 2.0, 3.0, 4.0], shape:[2, 2])
let output = sameTypeShape(input0, input1)
print(output)
```

上述代码输出的结果如下：

```
Tensor(shape = [2, 2], dtype = Float32, value =
[[ 4.00000000e + 00   9.00000000e + 00]
 [ 8.00000000e + 00   7.00000000e + 00]])
```

如果两者的属性不相同，则会抛出异常。如果形状不同，则异常结果类似于 Error: op SameTypeShape error: input0's shape must be same with input1's shape, but get [2, 2] and [1, 4]。如果类型不同，则输出结果类似于 Error: op SameTypeShape error: input0's dtype must be same with input1's dtype, but get FLOAT32 and FLOAT64。

6.1.4 张量的复制

张量一经创建将无法被修改，其属性和各个元素的值都是固定的。这主要是由 struct 数据结构的基本特性决定的。不过，在某些应用场景下需要复制张量，或者沿用已有的张量属性创建新的张量。

使用 identity 算子可复制张量，其函数签名如下：

```
func identity(x: Tensor): Tensor
```

其中，x 为需要被复制的张量。该函数返回的张量是与张量 x 完全相同的另外一个张量。不过，根据已有的张量属性创建新的张量更为常用，常见的函数如表 6-7 所示。

表 6-7 沿用张量的属性创建新的张量

函 数	描 述
func onesLike(input: Tensor): Tensor	用已有张量的属性创建新的张量，值全部为 1
func zeroslike(input: Tensor): Tensor	用已有张量的属性创建新的张量，值全部为 0
func eps(input: Tensor): Tensor	用已有张量的属性创建新的张量，值全部为当前类型的最小值

【实例 6-4】 复制张量，以及沿用张量的属性创建张量，代码如下：

```
//code/chapter06/example6_4.cj
from CangjieAI import common. *
from CangjieAI import ops. *
main() {
    let tensor = Tensor([1.0f32, 2.0, 3.0, 4.0, 5.0, 6.0], shape : [2, 3])
    print(tensor)        //原张量
    let copied = identity(tensor)
    print(copied)        //复制的张量
    let ones = onesLike(tensor)
    print(ones)          //复制属性，值全部为 1
    let zeros = zerosLike(tensor)
    print(zeros)         //复制属性，值全部为 0
    let eps = eps(tensor)
    print(eps)           //复制属性，值全部为最小值
}
```

编译并运行程序，输出的结果如下：

```
Tensor(shape = [2, 3], dtype = Float32, value =
[[ 1.00000000e + 00   2.00000000e + 00   3.00000000e + 00]
 [ 4.00000000e + 00   5.00000000e + 00   6.00000000e + 00]])
Tensor(shape = [2, 3], dtype = Float32, value =
[[ 1.00000000e + 00   2.00000000e + 00   3.00000000e + 00]
 [ 4.00000000e + 00   5.00000000e + 00   6.00000000e + 00]])
Tensor(shape = [2, 3], dtype = Float32, value =
[[ 1.00000000e + 00   1.00000000e + 00   1.00000000e + 00]
 [ 1.00000000e + 00   1.00000000e + 00   1.00000000e + 00]])
Tensor(shape = [2, 3], dtype = Float32, value =
```

```
[[ 0.00000000e + 00   0.00000000e + 00   0.00000000e + 00]
 [ 0.00000000e + 00   0.00000000e + 00   0.00000000e + 00]])
Tensor(shape = [2, 3], dtype = Float32, value =
[[ 1.52587891e - 05   1.52587891e - 05   1.52587891e - 05]
 [ 1.52587891e - 05   1.52587891e - 05   1.52587891e - 05]])
```

6.2　张量的基本运算

本节介绍张量的基本运算方法。张量的运算都是依靠于算子来完成的。算子（Operator，简称 Op）是指神经网络中固定的计算单元，例如加、减、乘、除、三角函数、Softmax 等。通常神经网络框架会根据 CPU 和 GPU 等硬件能力进行优化，从而保证程序的高效运行。在仓颉 TensorBoost 中，Op 包通过函数的方式提供了神经网络中所需要的算子。上文介绍的 rank、sameTypeShape 等函数都属于算子。

值得注意的是，由于兼容性问题，当前 FLOAT64、INT64 类型的张量仅支持部分算子，所以在之后的学习中，建议开发者尽可能地使用 FLOAT32、INT32 类型的张量。

6.2.1　加、减、乘、除、取余

对于属性相同的两个张量，通过 add、sub、mul、realDiv、mod 算子可以分别实现对应元素的加、减、乘、除、取余基本运算。由于前 4 个算子通过操作符重载的方式进行了封装（详见附录 A），所以开发者也可以直接使用＋、－、＊和/这 4 个操作符对张量进行加、减、乘、除运算。

注意　加、减、乘、除、取余算子不支持 INT64 类型的张量。

【实例 6-5】　创建张量，并实现张量对应元素的加、减、乘、除运算，代码如下：

```
//code/chapter06/example6_5.cj
from CangjieAI import ops. *
from CangjieAI import common. *
main(): Int64
{
    let arr = Array<Float64>([1.0, 2.0, 3.0, 4.0])
    let tensor = Tensor(arr, shape: [2, 2])
    //1. 加法
    let sum = tensor + tensor
    //也可使用 add(tensor, tensor)
    print(sum)
    //2. 减法
    let diff = tensor - tensor
    //也可使用 sub(tensor, tensor)
    print(diff)
    //3. 乘法
    let product = tensor * tensor
    //也可使用 mul(tensor, tensor)
```

```
    print(product)
    //4. 除法
    let quotient = tensor / tensor
    //也可使用 realDiv(tensor, tensor)
    print(quotient)
    //5. 取余
    let mod = mod(tensor, tensor)
    print(mod)

    return 0
}
```

编译并运行程序,输出的结果如下:

```
Tensor(shape = [2, 2], dtype = Float64, value =
[[ 2.00000000e + 00   4.00000000e + 00]
 [ 6.00000000e + 00   8.00000000e + 00]])
Tensor(shape = [2, 2], dtype = Float64, value =
[[ 0.00000000e + 00   0.00000000e + 00]
 [ 0.00000000e + 00   0.00000000e + 00]])
Tensor(shape = [2, 2], dtype = Float64, value =
[[ 1.00000000e + 00   4.00000000e + 00]
 [ 9.00000000e + 00   1.60000000e + 01]])
Tensor(shape = [2, 2], dtype = Float64, value =
[[ 1.00000000e + 00   1.00000000e + 00]
 [ 1.00000000e + 00   1.00000000e + 00]])
Tensor(shape = [2, 2], dtype = Float64, value =
[[ 0.00000000e + 00   0.00000000e + 00]
 [ 0.00000000e + 00   0.00000000e + 00]])
```

这种在元素层面上的运算的算子称为逐元素算子(element-wise operator),即对应元素参与运算,也称为逐点算子(point-wise operator)。通常,逐元素算子要求两个张量的属性是相同的,或者符合特定的规则。

另外,除法和取余运算可以和取整相结合。floorDiv 算子用于两个张量的除法运算后向下取整。floorMod 算子可以用于两个张量的取余运算后向下取整。类似地,truncateDiv 和 truncateMod 算子分别用于除法运算和取余运算后向 0 取整。

注意 所谓向 0 取整,就是当结果大于 0 时向下取整,当结果小于 0 时向上取整。

例如,对两个张量分别进行 floorDiv 和 truncateDiv 运算,代码如下:

```
let input1 = Tensor([9i32, -9, 3, -1, -2, -3], shape:[6])
let input2 = Tensor([4i32, 4, 3, 3, 3, 3], shape: [6])
let td = truncateDiv(input1, input2)
print("向 0 取整 : ", td)
let fd = floorDiv(input1, input2)
print("向下取整 : ", fd)
```

输出的结果如下:

```
向 0 取整：
Tensor(shape = [6], dtype = Int32, value =
[2 - 2 1 0 0 -1])
向下取整：
Tensor(shape = [6], dtype = Int32, value =
[2 - 3 1 -1 -1 -1])
```

注意 floorDiv、floorMod、truncateDiv 和 truncateMod 算子仅支持 FLOAT32、INT32 类型的张量。

6.2.2 无穷与非数

在张量中,可能会出现无穷与非数的情况。

1. 无穷值(Infinite)

无穷值通常是指无穷大,包括正无穷大和负无穷大,根据位数的不同,用 Float16. InF 或 Float32. InF 等表示。例如,用 1 除以 0 就会得到无穷大值,代码如下:

```
let tensor = Tensor([1.0f32, 2.0, 3.0, 4.0], shape: [2, 2])
let tensor2 = Tensor([0.0f32, -1.0, 3.0, 4.0], shape: [2, 2])
let quotient = tensor / tensor2
print(quotient)
```

输出的结果如下:

```
Tensor(shape = [2, 2], dtype = Float32, value =
[[ - inf - 2.00000000e + 00]
 [ 1.00000000e + 00  1.00000000e + 00]])
```

其中,"-inf"表示无穷值。为了检查张量中的无穷值,可以使用 isInf 算子,其函数签名如下:

```
func isInf(input : Tensor): Tensor
```

isInf 算子可以用于判断张量中哪些元素为无穷值,该算子返回一个 Bool 类型的且形状和输入张量相同的张量。

2. 非数(NaN, Not a Number)

非数通常用于表示无法用数值表示的结果,根据位数的不同,用 Float16. NaN 或 Float32. NaN 表示。例如,-1 的对数 log(-1)超出了函数的作用域,那么就会产生一个非数,代码如下:

```
let tensor = Tensor([0.0f32, -1.0, 3.0, 4.0],shape: [2, 2])
let r = log(tensor)
print(r)
```

其中,log 为对数算子,读者可查看 8.1 节的内容了解详细用法。上述代码输出的结果如下:

```
Tensor(shape = [2, 2], dtype = Float32, value =
[[ − inf  nan]
 [ 1.09861231e + 00   1.38629436e + 00]])
```

由于 0 的对数为负无穷,−1 的对数为非数,所以结果中同时产生了-inf 和 nan。nan 表示一个非数。为了检查张量中的非数,可以使用 isNan 算子,其函数签名如下:

```
func isNan(input : Tensor) : Tensor
```

与 isInf 算子类似,isNan 可以用于判断张量中哪些元素为非数,该算子返回一个 Bool 类型且形状和输入张量相同的张量。

对于无穷值和非数都不属于有限数值。通过 isFinite 算子可以判断值是否属于有限数值,其函数签名如下:

```
func isFinite(input : Tensor) : Tensor
```

isInf、isNan 和 isFinite 的关系如表 6-8 所示。

表 6-8 判断无穷值和非数

函 数	描 述	函数返回张量的对应元素		
		当元素为 Inf 时	当元素为 NaN 时	当元素为其他有限值时
isInf	判断是否为无穷值	true	false	false
isNan	判断是否为非数	false	true	false
isFinite	判断是否为有限数值	false	false	true

另外,还可以使用 floatStatus 算子判断张量元素的溢出状态,其函数的签名如下:

```
func floatStatus (input : Tensor) : Tensor
```

该函数返回一个仅包含 1 个元素的 Float32 类型的张量。当张量中存在非数或者无穷值时,该张量的元素值为 1.0,否则为 0.0。

【实例 6-6】 定义包含非数和无穷值的张量,分别通过 isInf、isNan 和 isFinite 算子进行分析,代码如下:

```
//code/chapter06/example6_6.cj
from CangjieAI import ops. *
from CangjieAI import common. *

main() : Int64
{
    //tensor1 中不包含无穷值和非数
    let tensor1 = Tensor([1.0f32, 2.0], shape: [2])
    findNanInf(tensor1)
    //tensor2 中包含非数
    let tensor2 = Tensor([Float32.NaN, 2.0], shape: [2])
    findNanInf(tensor2)
    //tensor3 中包含无穷值
    let tensor3 = Tensor([Float32.Inf, 2.0], shape: [2])
```

```
    findNanInf(tensor3)

    return 0
}

func findNanInf(t : Tensor) {
    print(t)          //输出张量
    print("判断无穷值: ", isInf(t))
    print("判断非数: ", isNan(t))
    print("判断有限数值: ", isFinite(t))
    print("判断是否有溢出: ", floatStatus(t))
}
```

编译并运行程序,输出的结果如下:

```
Tensor(shape = [2], dtype = Float32, value =
[1.00000000e + 00 2.00000000e + 00])
判断无穷值:
Tensor(shape = [2], dtype = Bool, value =
[false false])
判断非数:
Tensor(shape = [2], dtype = Bool, value =
[false false])
判断有限数值:
Tensor(shape = [2], dtype = Bool, value =
[true true])
判断是否有溢出:
Tensor(shape = [1], dtype = Float32, value = [0.00000000e + 00])
Tensor(shape = [2], dtype = Float32, value =
[nan 2.00000000e + 00])
判断无穷值:
Tensor(shape = [2], dtype = Bool, value =
[false false])
判断非数:
Tensor(shape = [2], dtype = Bool, value =
[true false])
判断有限数值:
Tensor(shape = [2], dtype = Bool, value =
[false true])
判断是否有溢出:
Tensor(shape = [1], dtype = Float32, value = [1.00000000e + 00])
Tensor(shape = [2], dtype = Float32, value =
[inf 2.00000000e + 00])
判断无穷值:
Tensor(shape = [2], dtype = Bool, value =
[true false])
判断非数:
Tensor(shape = [2], dtype = Bool, value =
[false false])
判断有限数值:
Tensor(shape = [2], dtype = Bool, value =
[false true])
```

判断是否有溢出：
Tensor(shape = [1], dtype = Float32, value = [1.00000000e + 00])

由于 realDiv 算子可能存在无穷值，所以会对后续的计算产生影响。为了避免出现这种情况，可以使用函数 divNoNan。divNoNan 算子可以避免 Nan 和 Inf 的产生，一旦产生非数或无穷值元素，则会用 0 替换。例如，使用 divNoNan 算子计算两个张量对应元素的商，代码如下：

```
let tensor = Tensor(Array<Float32>([1.0, 2.0]), shape: [2])
let tensor2 = Tensor(Array<Float32>([0.0, 2.0]), shape: [2])
print("RealDiv : ", realDiv (tensor, tensor2))
print("DivNoNan : ", divNoNan (tensor, tensor2))
```

输出的结果如下：

```
RealDivOp :
Tensor(shape = [2], dtype = Float32, value =
[ inf 1.00000000e + 00])
DivNoNanOp :
Tensor(shape = [2], dtype = Float32, value =
[0.00000000e + 00 1.00000000e + 00])
```

注意 divNoNan 算子仅支持 FLOAT32、FLOAT16 和 INT32 类型的张量。

6.2.3 矩阵运算

本节介绍矩阵的乘法和矩阵的逆运算。

1. 矩阵的乘法

通过 matmul 算子可以实现矩阵的乘法。matmul 算子的函数签名如下：

```
func matmul(input_x: Tensor, input_y: Tensor, transpose_a!: Bool = false, transpose_b!: Bool = false): Tensor
```

其中，input_x 和 input_y 是参与矩阵乘法运算的两个张量。当 transpose_a 为 true 时，先将 input_x 进行转置后再进行矩阵乘法运算。同理，当 transpose_b 为 true 时，将 input_y 进行转置后再进行矩阵乘法运算。

为满足矩阵乘法的规则，input_x 和 input_y 必须为 2 阶张量，并且 input_x 的列数和 input_y 的行数相同（如果需要转置，则按照转置后的矩阵进行比较）。

【实例 6-7】 对张量 input_x 和 input_y 进行矩阵乘法运算，代码如下：

```
//code/chapter06/example6_7.cj
from CangjieAI import common. *
from CangjieAI import ops. *
main(): Int64 {
    let input_x = Tensor([1.0f32, 2.0, 3.0, 4.0], shape:[2, 2])
    let input_y = Tensor([1.0f32, 1.0, 2.0, 2.0], shape:[2, 2])
```

```
    let output = matmul(input_x, input_y)
    print(output)
    return 0
}
```

编译并运行程序,输出的结果如下:

```
Tensor(shape = [2, 2], dtype = Float32, value =
[[ 5.00000000e + 00   1.10000000e + 01]
 [ 1.10000000e + 01   2.50000000e + 01]])
```

2. 更高维度张量中的矩阵乘法

对于更高维度的张量,可以存储若干个矩阵。通常,最后的两个轴用于存储矩阵。例如,对于 3 阶张量,第 1 个轴和第 2 个轴用于存储矩阵,矩阵的个数为第 0 个轴的长度。对于更高维度的张量也是如此。例如,在多层感知机中可以通过 3 阶张量存储多个权重或偏置矩阵。

对于 3 阶及其以上维度的张量,可以通过批量矩阵乘法算子(batchMatMul)同时对多个矩阵进行乘法运算。参与 batchMatMul 运算的两个张量,最后 2 个轴(第 -1 个轴和第 -2 个轴)的长度需要满足矩阵运算的规则,而且前面的几个轴的长度必须相同。例如,对两个张量进行乘法运算,代码如下:

```
let input = randomNormalTensor(Array < Int64 >([1, 2, 2, 3]))
let weight = randomNormalTensor(Array < Int64 >([1, 2, 3, 1]))
let output = batchMatMul(input, weight)
print(output)
```

该代码实则是对 2 组形状分别为 2×3 和 3×1 的矩阵相乘,结果为两个 2×1 的矩阵,输出如下:

```
Tensor(shape = [1, 2, 2, 1], dtype = Float32, value =
[[[[ 1.68369646e - 04]
   [ 1.95155997e - 04]]
  [[ 6.67982094e - 05]
   [ 2.30235983e - 05]]]])
```

3. 矩阵的逆

算子 matrixInverse 用于计算矩阵的逆,其函数签名如下:

```
func matrixInverse(input: Tensor, adjoint!: Bool = false): Tensor
```

输入的张量的维度需要大于 2,参与逆运算的矩阵为最后两个轴组成的矩阵,所以张量 input 的最后两个轴的长度必须相同,即矩阵必须为方阵。如果矩阵不是方阵,则 matrixInverse 函数会抛出异常。

函数返回的张量和输入张量的属性相同。当矩阵不可逆时,其元素均为无穷值。

【实例 6-8】 计算两个矩阵(其中 1 个不可逆)的逆,代码如下:

```
//code/chapter06/example6_8.cj
from CangjieAI import common. *
from CangjieAI import ops. *
main(): Int64 {
    let t1 = Tensor([1.0f32, 2.0, 3.0, 4.0],shape:[2, 2])
    print("t1 矩阵的逆矩阵: ", matrixInverse(t1))
    let t2 = Tensor([1.0f32, 1.0, 2.0, 2.0],shape:[2, 2])
    print("t2 矩阵的逆矩阵: ", matrixInverse(t2))
    return 0
}
```

编译并运行程序,输出的结果如下:

```
t1 矩阵的逆矩阵:
Tensor(shape = [2, 2], dtype = Float32, value =
[[ - 2.00000000e + 00    1.00000000e + 00]
 [ 1.50000000e + 00   - 5.00000000e - 01]])
t2 矩阵的逆矩阵:
Tensor(shape = [2, 2], dtype = Float32, value =
[[ inf - inf]
 [ - inf inf]])
```

6.2.4 节将介绍矩阵的转置方法。

6.2.4　张量的维度交换和矩阵转置

通过 transpose 函数可以实现张量的维度交换,其函数签名如下:

```
func transpose(input: Tensor, inputPerm: Array < Int64 >): Tensor
```

其中 input 为原张量,inputPerm 为转置后的维度顺序。由于转置前后的维度相同,所以 inputPerm 的长度需要和 input 张量的阶保持一致。inputPerm 的值必须为 $0,1,\cdots,n-2$, $n-1$(其中 n 为阶数),但是这些值的顺序可以随意改变。

对于 2 阶张量(矩阵),维度交换就是转置,那么 inputPerm 应当为[1,0],表示将第 0 个维度和第 1 个维度互换。例如,将矩阵 $\begin{bmatrix} 1.0 & 2.0 \\ 4.0 & 8.0 \end{bmatrix}$ 转置为 $\begin{bmatrix} 1.0 & 4.0 \\ 2.0 & 8.0 \end{bmatrix}$,代码如下:

```
let input = Tensor([1.0f32, 2.0, 4.0, 8.0], shape: [2, 2])
print(input)
let output = transpose(input, [1, 0])        //转置矩阵
print(output)
```

输出的结果如下:

```
Tensor(shape = [2, 2], dtype = Float32, value =
[[ 1.00000000e + 00   2.00000000e + 00]
 [ 4.00000000e + 00   8.00000000e + 00]])
Tensor(shape = [2, 2], dtype = Float32, value =
[[ 1.00000000e + 00   4.00000000e + 00]
 [ 2.00000000e + 00   8.00000000e + 00]])
```

如果此时将 inputPerm 定义为[0,1],则表示保持原先的维度不变,输出的矩阵和原先的矩阵相同。

对于更高维度的张量,用法与此类似。例如,对于一个 3 阶张量,根据其 inputPerm 参数的不同,维度交换前后的效果如图 6-2 所示。

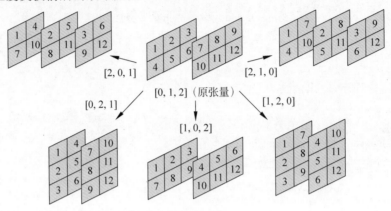

图 6-2　张量的维度交换

【**实例 6-9**】　对 3 阶张量进行维度交换,代码如下:

```
//code/chapter06/example6_9.cj
from CangjieAI import ops. *
from CangjieAI import common. *
main(): Int64
{
    let arr = Array<Int64>([1,2,3,4,5,6,7,8,9,10,11,12])
    let tensor = Tensor(arr, shape: [2, 2, 3])
    let output1 = transpose(tensor, [2,1,0])
    print(output1)
    let output2 = transpose(tensor, [1,0,2])
    print(output2)
    return 0
}
```

编译并运行程序,输出的结果如下:

```
Tensor(shape = [3, 2, 2], dtype = Int64, value =
[[[ 1  7]
  [ 4  10]]
 [[ 2  8]
  [ 5  11]]
 [[ 3  9]
  [ 6  12]]])
Tensor(shape = [2, 2, 3], dtype = Int64, value =
[[[ 1  2  3]
  [ 7  8  9]]
 [[ 4  5  6]
  [ 10  11  12]]])
```

读者可以观察输出结果是否符合图 6-2。

6.3　张量是可微类型

张量作为可微类型，支持自动微分。在神经网络的构建和应用中，张量的自动微分特性给程序设计和性能提高带来了很大的便利。本节首先介绍动态图和静态图模式，然后介绍张量自动微分的基本用法。

6.3.1　动态图和静态图

在 4.1.3 节中介绍了自动微分的计算模式，包括 Lazy 计算模式和 Eager 计算模式。前者程序会自动形成计算图，当用户主动调用某个函数（如 run 函数）时才会真正开始地计算，或者在计算图建立的同时就已经完成了计算。Lazy 计算模式和 Eager 计算模式对应于仓颉 TensorBoost 中的静态图和动态图。

1. 静态图的基本用法

仓颉 TensorBoost 默认使用动态图。在本章之前的例子中都是使用动态图完成张量的计算和自动微分的。仓颉 TensorBoost 也支持静态图，只需配置相应的环境变量，直接在终端中执行的命令如下：

```
export CANGJIEAI_GRAPH_MODE = true
```

这种方式在重启终端、重启计算机后就会因为重置环境变量而失效。如果需要固定为静态图运行模式，则只需修改～/.bashrc 文件，并添加上述命令。保存文件后，执行如下命令即可生效：

```
source ~/.bashrc
```

此时，执行仓颉 TensorBoost 程序时就会一直采用静态图模式运行。

在静态图模式下，张量的计算并不会自动完成，需要开发者手动调用 evaluate 函数才会开始计算。

【实例 6-10】　计算两个张量的均方差，代码如下：

```
//code/chapter06/example6_10.cj
from CangjieAI import common. *
from CangjieAI import ops. *

func mse(t1 : Tensor, t2: Tensor)
{
    reduceMean((t1 - t2) ** 2.0) / Float32(2.0)
}

main() {
    let t1 = Tensor([0.1f32, 0.2f32], shape : [2])
```

```
    let t2 = Tensor([2.1f32, 4.2f32], shape : [2])
    let res = mse(t1, t2).evaluate()
    print(res)
}
```

在 mse 函数中,算子 reduceMean 用于计算张量元素的平均值,并返回一个 0 阶张量,该张量的元素即为平均值计算结果。在 main 函数中,调用 mse 返回结果后紧接着调用张量的 evaluate 函数,此时才会正式开始计算。在调用 evaluate 函数之前,仅构建计算图,而不会产生计算结果。编译并运行程序,输出的结果如下:

```
Tensor(shape = [], dtype = Float32, value = 4.99999952e + 00)
```

注意 开发者可以使用张量的 isConcrete() 函数判断当前张量是否已经被计算。

在静态图模式下,如果将上述代码中的 evaluate 函数调用删去,则程序不会输出任何结果。如果后续代码还会对该张量进行额外的操作(如转换为数组等),则会提示 ERROR: Tensor state is not valid, please call evaluate 错误。

在动态图模式下,无论是否存在 evaluate 函数调用都能够输出正确的结果,所以建议开发者在需要计算结果的地方调用 evaluate 函数,这样程序即可在动态图和静态图模式之间自由切换执行。

2. 动态图和静态图的优缺点

动态图方便调试,但性能较差。在动态图模式下,程序会严格按照开发者的设计执行。当程序进行断点调试时,计算的所有中间结果都会体现在内存中。这和传统的程序调试没有太大的区别。不过,这种执行方式难以在编译器的角度上对其进行优化,所以理论上其性能略差于静态图。

静态图有助于提高性能,但不便于调试。静态图的特点是先构造计算图,再进行计算,所以计算图一旦形成,可以执行多次不同的计算,因此其性能会高于动态图,但是,计算过程只会在开发者调用 evaluate 函数时执行,因此无法做到逐步地进行程序调试。

好在仓颉 TensorBoost 中的静态图和动态图可以无缝切换。开发者可以先使用动态图进行开发,待需要上线运行时使用静态图的方式执行,以便于提高程序的性能。

6.3.2 张量的自动微分

由于@Grad 和@ValWithGrad 表达式仅支持返回值为浮点型的可微函数,所以通常使用@AdjointOf 表达式求解张量的微分。

【实例 6-11】 定义可微函数 mse,用于求解两个张量的均方差,并分别求 t1 张量和 t2 张量对该可微函数的微分值,代码如下:

```
//code/chapter06/example6_11.cj
from CangjieAI import ops. *
from CangjieAI import common. *
```

```
//均方差
@Differentiable
func mse(t1 : Tensor, t2: Tensor)
{
    reduceMean((t1 - t2) ** 2.0) / 2.0f32
}

main() {
    //定义张量
    let t1 = Tensor([1.0f32, 2.0], shape : [2])
    let t2 = Tensor([3.0f32, 10.0], shape : [2])
    //求得 mse 的伴随函数 adj
    let adj = @AdjointOf(mse)
    //求值和反向传播器
    var (value, fBackward) = adj(t1, t2)
    //通过反向传播器反求微分
    var (g_t1, g_t2) = fBackward(onesLike(value))
    //输出微分值
    print("t1 的微分值: ", g_t1.evaluate())
    print("t2 的微分值:", g_t2.evaluate())
}
```

该程序需要注意以下两方面：

（1）算子 onesLike 用于生成属性与指定张量相同的全 1 张量。在上述代码中，onesLike(value)用于作为反向传播器的初始值进行反向传播求解微分。

（2）在输出微分值 g_t1 和 g_t2 时，使用 evaluate 函数调用兼容静态图模式。如果仅在动态图模式下进行，则无须 evaluate 函数调用。

编译并运行程序，输出的结果如下：

```
t1 的微分值:
Tensor(shape = [2], dtype = Float32, value =
[-1.00000000e+00 -4.00000000e+00])
t2 的微分值:
Tensor(shape = [2], dtype = Float32, value =
[1.00000000e+00 4.00000000e+00])
```

通过张量的自动微分可以很方便地计算函数的梯度。

6.4 张量元组与参数

张量元组与参数是两种在神经网络构建和应用中较为常用的特殊张量。

6.4.1 张量元组

张量元组（Tuple）用于组合多个不同的张量，方便张量的统一管理和计算。例如，在静态图中可以通过张量元组同时调用 evaluate 方法触发计算。本节介绍张量元组的创建、输出、获取张量、求和等。

1. 张量元组的创建

通过 makeTuple 可以创建张量元组,其函数签名如下:

```
func makeTuple(inputArray: Array < Tensor >): Tensor
func makeTuple(inputArray: ArrayList < Tensor >): Tensor
```

例如,通过以下代码可以将 tensor1、tensor2、tensor3 这 3 个张量组合为元组:

```
let tuple = makeTuple([tensor1, tensor2, tensor3])
```

张量元组的本质也是张量类型,也可以通过 print 函数直接输出。

【实例 6-12】 通过 makeTuple 组合两个张量形成张量元组,并进行输出,代码如下:

```
//code/chapter06/example6_12.cj
from CangjieAI import common. *
from CangjieAI import ops. *
main()
{
    let t0 = Tensor([1.0f32, 2.0, 3.0, 4.0], shape:[2, 2])
    let t1 = Tensor([1.0f32, 2.0, 3.0, 4.0], shape:[2, 2])
    let tuple = makeTuple([t0, t1])
    print(tuple)
}
```

编译并运行程序,输出的结果如下:

```
Tensor(shape = [2, 2], dtype = Float32, value =
[[ 1.00000000e + 00   2.00000000e + 00]
 [ 3.00000000e + 00   4.00000000e + 00]])
Tensor(shape = [2, 2], dtype = Float32, value =
[[ 1.00000000e + 00   2.00000000e + 00]
 [ 3.00000000e + 00   4.00000000e + 00]])
```

需要注意的是,张量元组和由张量组成的元组不同,前者的本质是张量,后者的本质是元组。例如,在下面的代码中 tuple1 和 tuple2 是两种不同类型的变量,前者的类型为 Tensor,后者的类型为(Tensor,Tensor),代码如下:

```
let tuple1 : Tensor = makeTuple([Tensor(1.0), Tensor(2.0)])
let tuple2 : (Tensor, Tensor) = (Tensor(1.0), Tensor(2.0))
```

tuple2 不能直接通过 print 函数输出,并且也不能使用后文所介绍的各类算子的用法。

2. 张量元组的取值

通过 getTupleItem 算子可以获取张量元组中的某个张量,其函数签名如下:

```
func getTupleItem(input: Tensor, index: Int64): Tensor
```

其中,input 输入的是张量元组,index 为索引,返回值为对应索引的张量。另外,该函数被操作符[]重载,因此可以直接通过[]操作符获取张量元组中指定索引的张量。

【实例 6-13】 通过 getTupleItem 算子和操作符[]获取张量元组中指定索引的张量,并

进行输出,代码如下:

```
//code/chapter06/example6_13.cj
from CangjieAI import common. *
from CangjieAI import ops. *
main()
{
    let t0 = Tensor([1i32, 2, 3], shape: [3])
    let t1 = Tensor([4i32, 5, 6], shape: [3])
    let tuple = makeTuple([t0, t1])
    print(getTupleItem(tuple, 0))      //第 0 个张量
    print(tuple[1])                    //第 1 个张量
}
```

编译并运行程序,输出的结果如下:

```
Tensor(shape = [3], dtype = Int32, value =
[1 2 3])
Tensor(shape = [3], dtype = Int32, value =
[4 5 6])
```

3. 张量元组中的张量求和

通过 addN 算子可以对张量元组中的张量进行元素级计算,对相应位置上的元素求和,其函数签名如下:

```
func addN(input: Tensor): Tensor
```

【实例 6-14】 将两个张量组成张量元组后求和,代码如下:

```
//code/chapter06/example6_14.cj
from CangjieAI import common. *
from CangjieAI import ops. *
main()
{
    let input0 = Tensor([1.0f32, 2.0, 3.0, 4.0], shape:[2, 2])
    let input1 = Tensor([1.0f32, 2.0, 3.0, 4.0], shape:[2, 2])
    let input = makeTuple([input0, input1])
    let sum = addN(input)
    print(sum)
}
```

编译并运行程序,输出的结果如下:

```
Tensor(shape = [2, 2], dtype = Float32, value =
[[ 2.00000000e + 00   4.00000000e + 00]
 [ 6.00000000e + 00   8.00000000e + 00]])
```

6.4.2 参数

参数(Parameter)是具有名称且占据独立的内存空间的张量,可以理解为具有全局生命

周期的特殊张量。在神经网络计算中,涉及大量的张量计算,占据较大的内存空间。如果这些张量的内存空间不加以控制,就会导致内存来不及回收那些没有用的张量内存空间,从而导致内存溢出。

注意 参数的本质仍然是张量 Tensor,并不是独立的类型。

通常,将那些计算过程明确且大量修改的张量用参数定义。例如,神经网络的输入层神经元就可以定义为参数,这样每次加载数据时都会使用相同的内存空间,节约内存资源。否则在每次加载数据时都会创建一个新的张量,占据新的空间,导致内存溢出。读者可以在第7章中尝试不使用参数读取输入数据,观察内存溢出情况。

1. 定义并输出参数

参数通过 parameter 函数定义,其签名如下:

```
func parameter(base: Tensor,
                name: String,
                requiresGrad!: Bool = true): Tensor
```

其中,base 是已定义且有值的张量,定义参数时会使用该张量的内存空间作为参数的内存空间,所以 base 不能为已有的参数;name 用于定义参数的名称;requiresGrad 用于定义是否需要更新梯度,默认值为 true。

另外,参数还包括了字符串类型的 name 属性和布尔类型的 requiresGrad 属性,分别用于设置或获取参数的名称和是否需要更新提取的属性,其定义如下:

```
prop let name: String
prop var requiresGrad: Bool
```

可见,name 属性使用 let 定义,一旦定义后不能再修改,但是 requiresGrad 属性可以被修改。另外,对于任意张量,还可以通过 isParameter() 函数判断其是否属于参数类型。

【实例 6-15】 定义参数,并输出属性信息,代码如下:

```
//code/chapter06/example6_15.cj
from CangjieAI import common. *
from CangjieAI import ops. *
main()
{
    let ts = Tensor([1.0f32, 2.0, 3.0, 4.0], shape:[2, 2])
    var param = parameter(ts, "张量")
    println("是否是张量? ${param.isParameter()}")
    println("参数的名称: " + param.name)
    param.requiresGrad = false       //不需要更新梯度
    println("参数是否需要更新梯度: ${param.requiresGrad}")
    print("参数: ", param)
}
```

在上述代码中,定义了名称为"张量",并且需要更新梯度的参数 param。定义后,通过requiresGrad 属性将其修改为不需要更新梯度的参数。最后对参数的内容进行输出。编译

并运行程序,输出的结果如下:

```
参数的名称: 张量
参数是否需要更新梯度: false
参数:
Tensor(shape = [2, 2], dtype = Float32, value =
[[ 1.00000000e + 00   2.00000000e + 00]
 [ 3.00000000e + 00   4.00000000e + 00]])
```

2. 更改参数中的元素

不能通过赋值表达式直接改变参数中的元素。例如,对于实例 6-15 中的 param 变量,如果直接通过赋值表达式对 param 变量进行赋值,就会占据新的内存空间,不再是原先 param 变量所指向的内存位置了。如果需要修改参数的元素内容,则只能通过 assign、assignAdd 等算子实现。assign 的函数签名如下:

```
func assign(input: Tensor, value:Tensor): Tensor
```

input 是需要更新元素内容的算子,value 是与 input 的形状及类型相同的张量,通过 assign 函数可以将 value 中的元素对应地赋值到 input 参数相应的位置中。赋值完成后, input 参数所占据的内存空间不变。

assignAdd 算子可以在原先的参数元素的基础上加上某个值,更新元素值,其函数签名如下:

```
func assignAdd(variable: Tensor, x: Int32): Tensor
func assignAdd(variable: Tensor, x: Float16): Tensor
func assignAdd(variable: Tensor, x: Float32): Tensor
func assignAdd(variable: Tensor, x: Tensor): Tensor
```

其中,variable 为待更新的参数,而 x 则是加数,与 valuable 的元素(或对应元素)相加后赋值到 variable 中。与 assign 算子类似,assignAdd 算子并不改变 variable 参数的内存占用,仅更新其元素值。

【实例 6-16】 通过 assignAdd 算子更新 param 参数的值,代码如下:

```
//code/chapter06/example6_16.cj
from CangjieAI import common. *
from CangjieAI import ops. *
main(): Int64
{
    let ts = Tensor(Array<Float32>([1.0, 2.0, 3.0, 4.0]), shape:[2, 2])
    var param = parameter(ts, "张量")
    print("原先的参数: ", param)
    assignAdd(param, ts)
    print("各元素值翻倍后的参数: ", param)
    assignAdd(param, Float32(100.0))
    print("各元素增加 100 后的参数: ", param)
    return 0
}
```

原先的参数为 $\begin{bmatrix} 1 & 2 \\ 3 & 4 \end{bmatrix}$,经过与自身相加后翻倍为 $\begin{bmatrix} 2 & 4 \\ 6 & 8 \end{bmatrix}$,随后各元素均增加 100 后为

$\begin{bmatrix} 102 & 104 \\ 106 & 108 \end{bmatrix}$。编译并运行程序,输出的结果如下:

```
原先的参数:
Tensor(shape = [2, 2], dtype = Float32, value =
[[ 1.00000000e + 00   2.00000000e + 00]
 [ 3.00000000e + 00   4.00000000e + 00]])
各元素值翻倍后的参数:
Tensor(shape = [2, 2], dtype = Float32, value =
[[ 2.00000000e + 00   4.00000000e + 00]
 [ 6.00000000e + 00   8.00000000e + 00]])
各元素增加 100 后的参数:
Tensor(shape = [2, 2], dtype = Float32, value =
[[ 1.02000000e + 02   1.04000000e + 02]
 [ 1.06000000e + 02   1.08000000e + 02]])
```

虽然 assign 和 assignAdd 算子也可以更新普通张量的值,但是更多情况下会用在参数上。

6.5　本章小结

本章介绍了张量及其基本用法。张量的运算是通过算子(Operation)实现的,而这些算子会在编译器和硬件架构的基础上进行优化,以便提高训练和执行的效率。不过,本章所介绍的算子是非常基础的,关于张量的更多用法还会在第 8 章中详细介绍。

6.6　习题

1. 通过张量实现运算(a+b) * (a−b)。
2. 通过张量实现梯形、圆形面积公式的计算。
3. 通过张量实现获取一个数的个位数、十位数、百位数,结果以张量元组的形式输出。
4. 通过张量优化第 3 章中多层感知机的代码。

## 第 7 章

构建神经网络

第 6 章介绍了仓颉 TensorBoost 的基本数据类型张量,但是单纯通过张量实现神经网络还是过于复杂,所以仓颉 TensorBoost 还提供了一个涵盖神经网络的整个训练流程多框架,以简化开发代码。本章分别实现单层感知机和多层感知机,深入浅出地介绍如何通过仓颉 TensorBoost 构建神经网络。

本章的核心知识点如下:

- 数据集的读取和处理。
- 神经网络的搭建。
- 优化器。
- 神经网络的持久化。

7.1 单层感知机实现线性回归

神经网络既可以应用于分类,也可以应用于回归。本节通过实现单层感知机,回顾张量的基本使用方法,并介绍如何使用神经网络完成线性回归算法。单层感知机程序可以在本书的配套代码 code/chapter07/perceptron 目录中找到。在该目录中,编译并运行 perceptron.cj 源代码即可执行完整的单层感知机程序。

7.1.1 MindRecord 数据集的读取

仓颉 TensorBoost 定义了常见数据集(如 MNIST、CIFAR-10 等)的读取方式,也支持多种通用存储格式的数据集,如 TFRecord、MindRecord 和 ImageFolder 等。

仓颉 TensorBoost 定义了 Dataset 基类,用于抽象各种数据集;子类 MnistDataset 和 Cifar10Dataset 分别用于读取 MNIST 和 CIFAR-10 数据集;子类 TFRecordDataset、MindDataDataset 和 ImageFolderDataset 用于读取对应存储格式的数据集,如图 7-1 所示。

使用 Dataset 数据集,需要导入 dataset 包,代码如下:

```
from CangjieAI import dataset. *
```

下面分别进行介绍 MindRecord 数据格式,以及 MindRecord 数据读取的基本方法。

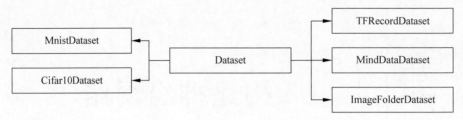

图 7-1　数据集(Dataset)类的关系

1. MindRecord 数据格式

在神经网络领域中拥有许多种数据集的存储格式,例如 MindSpore 框架中的 MindRecord 数据格式,TensorFlow 框架中的 TFRecord 数据格式,Caffe 框架中的 LMDB 格式,MXNet 框架中的 Rec 格式等。通过这些数据集存储格式可以大大地提高数据的读取效率。

1) MindRecord 的特点

由于仓颉 TensorBoost 使用了 MindSpore 框架,所以自然原生支持 MindRecord 数据格式(也称为 MindSpore Record 数据格式)。MindRecord 数据格式的优势如下:

(1) MindRecord 数据格式的目标在于归一化用户数据集,不仅可以存储数据集,而且还可以存储数据集的元数据、统计信息、检索信息等,因此,可以使用 MindRecord 格式封装一个数据集的所有数据,而不再依赖于其他任何的文件存储,而且,通过定义的索引字段可以方便快捷地实现数据的高级检索,进而提高数据应用的灵活性。

(2) MindRecord 可以将数据集切分为多个文件进行管理(数据分区),方便分布式加载和应用。

除此之外,MindSpore 官方还提供了从 TFRecord、Rec、LMDB 数据集文件向 MindRecord 文件转换的工具,方便开发者使用。

2) MindRecord 的文件组织

每个 MindRecord 数据集文件包括两部分,分别是数据文件和索引文件,如图 7-2 所示。

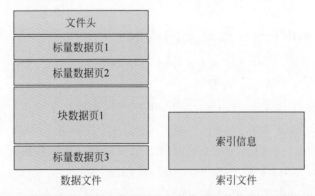

图 7-2　MindRecord 数据格式(数据文件中的标量数据页和块数据页的数量和顺序按需配置)

（1）数据文件的后缀名为.mindspore，存储了数据集的元数据、统计信息及数据集的所有记录。数据文件包括以下 3 部分。

- 文件头：主要用来存储数据的元信息，包括索引字段、统计信息、标量数据与块数据对应关系等。
- 标量数据页：主要用来存储整型、浮点型、字符串等标量数据。
- 块数据页：主要用来存储二进制数据。

（2）索引文件的后缀名为.mindspore.db，采用 SQLite 轻量级数据库存储方式，用于生成索引信息。

2. MindRecord 数据的读取

本节所介绍的线性回归案例将会用到 MindRecord 格式的数据集，包含了两个文件，分别是 test.mindrecord 和 test.mindrecord.db。

该数据集是通过 Python 代码生成的包含 x 和 y 两个标量字段的 200 个数据记录，代码如下：

```
//code/chapter07/perceptron/writefile.py
import mindspore.mindrecord as record
import numpy as np

# 元数据(字段信息)
cv_schema = {"x": {"type": "float32"},
             "y": {"type": "float32"}}

# 声明 MindSpore Record 文件格式
writer = record.FileWriter(file_name = "test.mindrecord", \
                           shard_num = 1)          # 数据文件的个数为 1
writer.add_schema(cv_schema, "linear test dataset")
writer.add_index(["x", "y"])                       # 索引信息

# y = 8x + 5
w = 8.0
b = 5.0
data = []
# 生成 200 个记录
for i in range(200):
    i += 1
    sample = {}
    x = np.random.uniform( - 10.0, 10.0)           # x 值的范围为 - 10～10
    noise = np.random.normal(0, 1)                 # 增加噪声
    y = x * w + b + noise
    sample['x'] = x
    sample['y'] = y
    data.append(sample)

# 写入并提交数据
writer.write_raw_data(data)
writer.commit()
```

记录中 y 约等于 $8x+5$ 的值,通过符合正态分布的值进行噪声处理。

在仓颉语言环境中,通过 MindDataDataset 类对 MindRecord 数据集进行读取,该类的构造函数如下:

```
init ( dataPath: String, columnsList: Array < String >, sampler!: BuildInSampler =
RandomSampler(), epoch!: Int32 = 1)
```

其中,参数 dataPath 用于指定 MindRecord 数据集数据文件的位置;columnsList 用于指定需要读取的字段;sampler 用于指定采样器,可以指定为随机采样器 RandomSampler 和顺序采样器 SequentialSampler;epoch 表示训练轮数。

注意 所谓下沉到设备,是指对读取并处理好的数据(batch)进行缓存,形成一个待训练的队列。处理器会依次从这个缓存中取数据,用于训练,数据读取处理和训练之间形成一个并行机制。当不将数据下沉到设备(sinkMode 为 false)时,数据读取处理和训练之间不会并行操作,而是串行交替执行,数据处理完成后进行训练,训练完成后再读取新的数据进行训练。

MindDataDataset 类是 Dataset 的子类。Dataset 基类定义了几个比较常用的数据处理的函数,包括数据重复、形成小批量(Mini Batch)、获取数据集大小等。

(1) func getDatasetSize():Int64:获取数据集大小。

(2) func shuffle(bufferSize:Int32):Unit:打乱数据集顺序,bufferSize 制定了打乱操作的次数,bufferSize 越大,那么打乱操作越慢。当 bufferSize 的值等于数据集大小时,数据集会全部打乱,但是会严重降低程序的效率。

(3) func datasetMap(dsOpHandleList:Array < MSDsOperationHandle >, name:String):Unit:执行数据增强操作,其中 dsOpHandleList 指定了数据增强操作 Handle 的列表,name 指定了需要增强的数据列。对于 MNIST,name 可以为 image 或 label。

(4) func batch(batchSize:Int32, dropRemainder:Bool):Unit:将数据集拆分为若干个小批量,其中 batchSize 用于指定小批量的大小。当 dropRemainder 为 true 时,如果数据集大小和 batchSize 不能整除,则会抛弃最后一组不完整的小批量。

(5) func repeat(count:Int32):Unit:重复数据集的数据,count 指定了重复的次数。对于数据量较少的数据集,可以达到扩充数据的目的。

注意 建议在 batch 之后执行 repeat 函数,可以优化程序执行的效率。

【实例 7-1】 读取 MindRecord 数据并输出其中的 6 条记录,代码如下:

```
//code/chapter07/example7_1.cj
from CangjieAI import common. *
from CangjieAI import ops. *
from CangjieAI import dataset. *

main()
{
```

```
//读取 MindRecord 数据集
var dataset = MindDataDataset("./test.mindrecord", ["x", "y"])
//输出数据集大小
println("数据集大小: ${dataset.getDatasetSize()}")
//定义用于承载数据的张量
var x: Tensor = parameter(zerosTensor([],
                                      dtype:FLOAT32), "x")
var y: Tensor = parameter(zerosTensor([],
                                      dtype: FLOAT32),"y")

//读取前 6 个数据
var count = 6
while (dataset.getNext([x, y])) {
    let x_scalar = x.toScalar<Float32>()
    let y_expect = 8.0f32 * x_scalar + 5.0f32
    let y_scalar = y.toScalar<Float32>()
    println("x: ${x_scalar}, y(含噪声): ${y_scalar}, y(正确值):${y_expect}")
    count --
    if (count == 0) {
        break
    }
}
}
```

通过 MindDataDataset 读取了数据集中 200 个记录的 x 和 y 值,并输出前 6 条数据。
编译并运行程序,输出的结果如下:

```
数据集大小: 200
x: 7.267853, y(含噪声): 62.663689, y(正确值):63.142826
x: 1.828688, y(含噪声): 20.697189, y(正确值):19.629505
x: 0.991907, y(含噪声): 13.603637, y(正确值):12.935258
x: 7.623357, y(含噪声): 65.604240, y(正确值):65.986862
x: -0.986541, y(含噪声): -2.830380, y(正确值): -2.892325
x: -0.754498, y(含噪声): 2.520202, y(正确值): -1.035986
```

下面将逐步完成单层感知机的具体实现。首先,创建 loadData 函数,用于加载上述数
据集,代码如下:

```
//加载数据集
func loadData()
{
    var ds = MindDataDataset("./test.mindrecord", ["x", "y"])
    ds.shuffle(50)          //打乱数据
    return ds
}
```

7.1.2 定义感知机

由于本节所实现的感知机用于线性回归,所以不需要神经网络中的非线性部分(激活函
数),只需线性计算部分。本节通过自定义神经网络和 Dense 全连接神经网络两种方法实现

仅包含 MP 神经元的神经网络。关于 MP 神经元模型的详细说明，读者可参见 1.2.1 节的相关内容。

定义任何神经网络前都需要导入 nn 及相关的子包，代码如下：

```
from CangjieAI import nn. *
from CangjieAI import nn.optim. *
from CangjieAI import nn.loss. *
from CangjieAI import nn.layers. *
```

其中，在 nn. optim、nn. loss 和 nn. layers 中分别包含了各类优化器、损失函数和神经网络层。

1. 通过自定义神经网络的方式创建感知机

通过自定义神经网络方式创建感知机的代码如下：

```
@OptDifferentiable[include: [weight, bias]]
struct Perceptron {
    let weight: Tensor          //权重参数
    let bias: Tensor            //偏差参数
    //构造函数
    init(inChannels: Int64, outChannels: Int64)
    {
        this.weight = parameter(initialize([outChannels, inChannels],
                initType: InitType.NORMAL), "weight")
        this.bias = parameter(initialize([outChannels],
                initType: InitType.NORMAL), "bias")
    }
    //线性计算
    @Differentiable
    operator func ()(input: Tensor): Tensor {
        var output = matmul(input, this.weight)
        output = biasAdd(output, this.bias)
        return output
    }
}
```

在上述代码中，需要注意以下两方面：

（1）神经网络的权重和偏置必须使用参数的形式定义，不能使用一般张量，否则可能会导致内存溢出，并且无法使用 OptDiff 等接口操作神经网络参数。

（2）该感知机采用 struct 类型定义，这是为了使其能够成为可微类型。在该类型前，通过@OptDifferentiable 进行修饰。使用@OptDifferentiable 修饰的类型支持反向传播，可以被优化器更新网络参数，这是一种仓颉 TensorBoost 的固定用法。读者可参见 9.3 节了解优化器的更多用法。对于可微类型，@OptDifferentiable 和@Differentiable 的用法类似，使用 include 属性标注需要被更新的网络参数，当网络中所有的成员变量都是需要被更新的参数时，无须使用 include 属性。@OptDifferentiable 由 macros 包定义，使用前需要导入该包：

```
from CangjieAI import macros. *
```

（3）对操作符()进行了重载，使其用于前馈计算。参数 input 表示输入的张量，而返回值是感知机输出的张量。由于该操作符函数需要参与梯度计算过程，所以需要通过 @Differentiable 修饰。

【实例7-2】 实现感知机的前馈运算，代码如下：

```
//code/chapter07/example7_2.cj
from CangjieAI import common. *
from CangjieAI import ops. *
from CangjieAI import dataset. *
from CangjieAI import nn. *
from CangjieAI import nn.optim. *
from CangjieAI import nn.loss. *
from CangjieAI import nn.layers. *
from CangjieAI import macros. *

//定义网络结构
@OptDifferentiable[include: [weight, bias]]
struct Perceptron {
    let weight: Tensor                                 //权重参数
    let bias: Tensor                                   //偏差参数
    //构造函数
    init(inChannels: Int64, outChannels: Int64)
    {
        this.weight = parameter(initialize([outChannels, inChannels],
                initType: InitType.NORMAL), "weight")  //权重
        this.bias = parameter(initialize([outChannels],
                initType: InitType.NORMAL), "bias")    //偏置
    }
    //线性计算
    @Differentiable
    operator func ()(input: Tensor): Tensor {
        var output = matmul(input, this.weight)
        output = biasAdd(output, this.bias)
        return output
    }
}

main()
{
    //创建感知机
    var perceptron = Perceptron(1, 1)
    print("权重: ", perceptron.weight)
    print("偏置: ", perceptron.bias)

    let x = Tensor([1.0f32], shape : [1, 1])
    let res = perceptron(x)                            //前馈计算
    print("前馈计算值:", res)

}
```

编译并运行程序，输出的结果如下：

```
权重:
Tensor(shape = [1, 1], dtype = Float32, value =
[[ - 9.01508890e - 03]])
偏置:
Tensor(shape = [1], dtype = Float32, value = [ - 4.71898122e - 04])
前馈计算值:
Tensor(shape = [1, 1], dtype = Float32, value =
[[ - 9.48698726e - 03]])
```

需要注意的是,由于偏置的张量的阶为 2,所以输入张量至少是二维张量,这里将其形状定义为 1×1。如果形状不相同,则无法进行矩阵乘法运算,程序会抛出异常。

2. 通过 Dense 全连接神经网络创建感知机

除了可以采用上述方式定义神经网络,仓颉 TensorBoost 的神经网络(nn)包中定义了许多现有直接可用的神经网络(层),包括全连接层(Dense)、二维卷积层(Conv2d)、数据展平层(Flatten)、归一化层(LayerNorm)等。这些神经网络既可以单独使用,也可以作为神经网络的某一层使用。

感知机可以使用 Dense 全连接层定义,其构造函数如下:

```
init(in_channels: Int64, out_channels: Int64,
    weight_init!: InitType = InitType.NORMAL,
    bias_init!: InitType = InitType.ZERO,
    has_bias!: Bool = true, activation!: String = "NOACT")
init(in_channels: Int64, out_channels: Int64,
    weight_init: BaseInitializer, bias_init!: InitType = InitType.ZERO,
    has_bias!: Bool = true, activation!: String = "NOACT")
init(in_channels: Int64, out_channels: Int64,
    weight_init: Tensor, bias_init!: InitType = InitType.ZERO,
    has_bias!: Bool = true, activation!:String = "NOACT")
```

构造函数中所涉及的参数如下。

(1) in_channels:输入通道,即参与计算的输入神经元的数量。

(2) out_channel:输出通道,即参与计算的输出神经元的数量。

(3) weight_init:权重初始化方法。

(4) bias_init:偏置初始化方法。

(5) has_bias:是否有偏置,默认值为 true。

(6) activation:激活函数,用字符串类型表示,目前支持 ReLU(RELU)、ReLU(RELU6)、tanh(TANH)、GELU(GELU)、Sigmoid(SIGMOID)和 Swish(SWISH)等。如指定为 NOACT,则表示不使用激活函数。

权重的初始化方法主要有以下 3 种:

(1) 通过初始化器初始化,包括正态分布初始化器 RandomNormalInitializer、均匀分布初始化器 XavierUniformInitializer 等。

(2) 通过枚举值初始化,包括 0 值(InitType. ZERO)、1 值(InitType. ONE)和标准正态分布(InitType. NORMAL)。

（3）通过 FLOAT32 类型的张量进行初始化。

偏置的初始化目前仅支持通过枚举值初始化，具体方法同上。

于是，创建用于线性回归的感知机的代码简化如下：

```
var perceptron = Dense(1, 1, RandomNormalInitializer(sigma: 1.0))
```

由于 Dense 类的严格封装，我们并不能直接获得该感知机的权重和偏置信息，此时需要借助 OptDiff 接口的 collectParams 函数对神经网络中的参数进行收集操作。

注意 使用@OptDifferentiable 修饰的神经网络自动实现 OptDiff 接口，可以直接使用。

函数 collectParams 的签名如下：

```
func collectParams(params: ArrayList < Tensor >, renamePrefix: String): Unit
```

其中，params 为收集参数的张量数组列表，renamePrefix 为张量参数的重命名名称。

例如，对于上述的 perceptron 感知机，获取其参数信息的代码如下：

```
let params = ArrayList < Tensor >()
perceptron.collectParams(params, "perceptron")
```

此时，即可通过 params 对象获取 perceptron 感知机的参数信息了。

【**实例 7-3**】 通过 Dense 实现感知机并进行前馈计算，代码如下：

```
//code/chapter07/example7_3.cj
from CangjieAI import common. *
from CangjieAI import ops. *
from CangjieAI import dataset. *
from CangjieAI import nn. *
from CangjieAI import nn.optim. *
from CangjieAI import nn.loss. *
from CangjieAI import nn.layers. *

main()
{
    //创建感知机
    var perceptron = Dense(1, 1, RandomNormalInitializer(sigma: 1.0))
    //收集参数的张量列表
    let params = ArrayList < Tensor >()
    perceptron.collectParams(params, "perceptron")
    print("权重: ", params[0])
    print("偏置: ", params[1])          //偏置默认为 0
    //前馈计算
    let x = Tensor([1.0f32], shape : [1, 1])
    let res = perceptron(x)          //前馈计算
    print("前馈计算值:", res)
}
```

编译并运行程序，输出的结果如下：

```
权重:
Tensor(shape = [1, 1], dtype = Float32, value =
[[ 2.29243457e − 01]])
偏置:
Tensor(shape = [1], dtype = Float32, value = [0.00000000e + 00])
前馈计算值:
Tensor(shape = [1, 1], dtype = Float32, value =
[[ 2.29243457e − 01]])
```

7.1.3 计算代价函数并反向传播求解梯度

本节介绍平均绝对误差代价函数的计算方法,以及利用自动微分反向传播求解梯度的具体方法。

1. 代价函数

本节使用平均绝对误差代价函数(Mean Absolute Error,MAE),其计算公式如下:

$$C(\boldsymbol{W}, \boldsymbol{B}) = \frac{1}{n} \sum_x |a_x^{(L)} - y| \tag{7-1}$$

由于代价函数的计算需要进行反向传播计算梯度,所以需要使用@Differentiable 修饰,但是,其反向传播的计算主要在于其前馈计算和代价函数的计算部分,所以需要将 x 参数和 y 参数排除,代码如下:

```
//前馈计算代价函数的值
@Differentiable[except: [x, y]]
func loss(perceptron: Perceptron, x: Tensor, y: Tensor)
{
    //前馈计算
    var res = perceptron(x)
    //计算平均绝对误差代价函数(MAE)的值
    let loss = reduceMean(abs(res − y))
    return loss
}
```

2. 反向传播计算梯度

为了降低代价函数的值,需要对 loss 函数进行反向传播求解多层感知机各个参数的梯度,定义 gradient 函数,对 loss 函数进行自动微分,求解感知机 perceptron 的梯度,代码如下:

```
//反向传播计算梯度
func gradient(perceptron: Perceptron, x: Tensor, y: Tensor)
{
    //获得 loss 函数的伴随函数
    var lossAdj = @AdjointOf(loss)
    //求得反向传播器 backward_prop
    var (value, backward_prop) = lossAdj(perceptron, x, y)
    value.evaluate()
    //求得梯度值
    return backward_prop(onesLike(value))
}
```

通过该函数所求的梯度值即对感知机的权重、偏置进行更新。在上述代码中,通过调用value 的 evaluate 函数兼容动态图和静态图模式。当使用动态图模式时,这行代码可以略去。

7.1.4　应用随机梯度下降优化器更新感知机参数

在仓颉 TensorBoost 中,优化器(Optimizer)用于通过梯度更新网络参数,方便精简代码。优化器通过类(class)定义,使用前需要导入 nn 包,代码如下:

```
from CangjieAI import nn. *
from CangjieAI import nn. optim. *
from CangjieAI import nn. loss. *
from CangjieAI import nn. layers. *
```

优化器的基类为 BaseOptim<T>,其子类分别对应不同更新参数的方法,如图 7-3 所示。泛型 T 用于指定具体的神经网络类型,并且必须使用@OptDifferentiable 修饰。

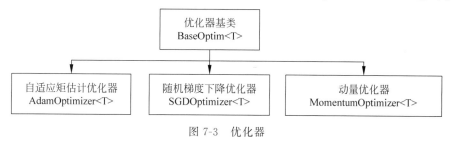

图 7-3　优化器

目前,仓颉 TensorBoost 支 持 3 种 常 用 的 优 化 器,分 别 为 随 机 梯 度 下 降 优 化 器(SGDOptimizer)、自 适 应 矩 估 计 优 化 器(AdamOptimizer)和 动 量 优 化 器(MomentumOptimizer)。自适应矩估计(Adaptive Moment Estimation)和动量优化器是可以动态调整学习率的方法,可以更快、更准地收敛神经网络。随机梯度下降的学习率虽然也可以动态调整,但是其收敛方向随机,收敛速度的控制不如前两者更加精准。

例如,创建固定学习率的随机梯度下降优化器对象,代码如下:

```
var optim = SGDOptimizer < Network >(network, learningRate: 0.5)
```

这里将需要更新参数的神经网络指定为 network,学习率固定为 0.5。

在 main 函数中,将学习率定义为 0.04,然后通过 loadData 加载训练数据,创建感知机和对应的随机梯度下降优化器,代码如下:

```
main()
{
    let lr = 0.04f32          //学习率
    //加载训练数据
    var dataset = loadData()
    //创建多层感知机
    var perceptron = Perceptron(1, 1)
```

```
        //创建优化器对象
        var optim: SGDOptimizer < Perceptron > =
                    SGDOptimizer < Perceptron >(perceptron, learningRate: lr)
}
```

此时,已经将感知机和对应的优化器,以及训练数据准备完毕,下面即可开始训练感知机并检验训练结果。

7.1.5 训练感知机

本节实现评价回归分析结果的 test 函数及训练感知机的核心代码。

1. 评价回归分析结果

与代价函数类似,这里使用平均绝对误差函数(MAE)对回归结果进行评价,代码如下:

```
//测试准确率
func test(perceptron: Perceptron) {
    //承载测试数据的参数
    let x = parameter(zerosTensor([1, 1], dtype: FLOAT32), "x")
    let y = parameter(zerosTensor([1, 1], dtype: FLOAT32), "y")

    //加载测试数据
    var dataset = loadData()
    var mae = 0.0f32
    //计算正确样本的数量
    for (index in 0..dataset.getDatasetSize()) {
        dataset.getNext([x, y])
        var y_a = perceptron(x)
        let real = abs((y_a - y).evaluate().toArrayFloat32()[0])
        mae += real

    }
    mae = mae / Float32(dataset.getDatasetSize())
    println("MAE: ${mae}")

}
```

在上述代码中,通过 loadData 函数加载数据集(与训练数据集相同)。通过遍历全部数据,计算 MAE 的值并输出结果。

注意 在计算 real 变量时,使用 evaluate 函数兼容动态图和静态图模式。如果程序采用动态图模式,则黑体部分的 evaluate 函数调用可略去。

2. 开始训练

在 main 函数中,通过外层 for 循环进行 30 轮训练,通过内层 for 循环遍历小批量,求解梯度并通过优化器更新网络参数,代码如下:

```
main()
{
```

```
    …
    //承载训练数据的参数
    let x = parameter(zerosTensor([1, 1], dtype: FLOAT32), "x")
    let y = parameter(zerosTensor([1, 1], dtype: FLOAT32), "y")
    //开始训练
    for (b in 0..dataset.getDatasetSize()) {
        dataset.getNext([x, y])
        //反向传播,求解梯度
        var gradient = gradient(perceptron, x, y)
        //将梯度传递给优化器,更新权重和偏置参数
        optim.update(gradient)
    }
    //检验精度
    test(perceptron)
    print("权重: ", perceptron.weight)
    print("偏置: ", perceptron.bias)
}
```

由于该程序使用了仓颉 TensorBoost 的自定义宏,因此需要通过--macro-lib 参数使用相关的库文件,因此整体的编译命令如下:

```
cjc -- enable - ad -- int - overflow = wrapping - lcangjie_ai - lmindspore_wrapper -- macro - lib =
${CANGJIE_AI_HOME}/runtime/lib/CangjieAI/libCangjieAI_macros.so ./perceptron.cj - o ./perceptron
```

其中,perceptron.cj 是源代码文件,perceptron 文件是编译后的可执行文件。在本书示例代码中,build.sh 脚本包含了上述编译命令。编译并运行程序,输出的类似结果如下:

```
MAE: 1.292393
权重:
Tensor(shape = [1, 1], dtype = Float32, value =
[[ 8.18458843e + 00]])
偏置:
Tensor(shape = [1], dtype = Float32, value = [4.55999708e + 00])
```

可见,权重和偏置的值与预设的 8.0 和 5.0 相差不远,已经基本可以拟合数据集的样本点了。这里的误差的主要影响因素是样本点的质量,也就是在创建这些样本时噪声的范围大小。在不改变样本数据的情况下,如果开发者希望获得更好的拟合效果,则可以尝试以下两个方向改进程序:

(1)采用小批量的形式进行训练,这样可以有效地降低噪声的影响。

(2)降低学习率,并增加训练轮数。

本节的主要目的是通过最简单的案例介绍在仓颉 TensorBoost 中构建神经网络的整个流程,所有关于这些超参数的配置方法可参考 7.2 节的相关内容。

7.2　多层感知机实现数字识别

本节通过仓颉 TensorBoost 的张量类型、自动微分特性实现第 3 章所介绍的多层感知

机,程序可以在本书配套代码 code/chapter07/mlp 目录中找到。在该目录中,编译并运行 mlp. cj 源代码即可执行完整的多层感知机程序。

7.2.1 MNIST 数据集的读取

本节介绍通过 MnistDataset 类读取 MNIST 数据集的方法,并对 MNIST 数据集进行基本的数据处理。

1. 读取 MNIST 数据集

首先,需要手动下载并解压 MNIST 训练数据和测试数据,并放置在源代码目录下的 mnist 子目录中,数据的存放结构如下:

```
./mnist/
├── test
│   ├── t10k - images - idx3 - ubyte
│   └── t10k - labels - idx1 - ubyte
└── train
    ├── train - images - idx3 - ubyte
    └── train - labels - idx1 - ubyte
```

MNIST 的具体下载和解压方法可参考 3.1.2 节的相关内容。

然后就可以通过 MnistDataset 类对其数据进行读取了。MnistDataset 类的构造函数如下:

```
init(dataPath: String, sampler!: BuildInSampler = RandomSampler(), epoch!: Int32 = 1)
```

与 MindDataDataset 类似,dataPath 用于指定 MNIST 数据的存放位置;sample 用于指定采样器,可以指定为随机采样器 RandomSampler 和顺序采样器 SequentialSampler; epoch 用于指定循环的 Epoch 超参数。

读取 MNIST 数据集的代码如下:

```
let ds_train = MnistDataset("./mnist/train")     //读取训练数据集
let ds_test = MnistDataset("./mnist/test")       //读取测试数据集
```

此时,可通过 ds_train 和 ds_test 变量对 MNIST 数据集进行操作了。

2. MNIST 数据处理和数据增强

仓颉 TensorBoost 提供了图像裁剪、缩放、变换、正态化、改变排列顺序等多种数据增强的函数。通过这些函数均可返回一个 MSDsOperationHandle 类型的对象。将这些对象组成数组后可以传递至 datasetMap 函数,用于依次执行各类数据增强算法。数据增强 rescale 函数用于等比例变换数据中各个元素的值,可以将 MNIST 数据集的图像从 0~255 的范围变换至 0~1 的范围。函数 rescale 的签名如下:

```
func rescale(rescale: Float32, shift: Float32): MSDsOperationHandle
```

变换后的数据集元素值 res 等于原先的元素值 value 乘以 rescale 再加上 shift 的值,即

$$res = value * rescale + shift$$

为将 MNIST 数据集的图像从 0～255 的范围变换至 0～1 的范围,其函数调用应为 rescale(1.0/255.0, 0.0)。

【实例 7-4】 读取 MNIST 数据集的第 1 个数字 5,代码如下:

```
//code/chapter07/example7_4.cj
from CangjieAI import dataset. *
from CangjieAI import common. *
from CangjieAI import ops. *

main() {
    //加载数据集, 采用顺序采样
    let ds = MnistDataset("./mnist/train", sampler : SequentialSampler())
    //输出数据集大小
    println("数据集大小: ${ds.getDatasetSize()}")
    //将图像从 0～255 缩放至 0～1 范围
    ds.datasetMap([rescale(1.0 / 255.0, 0.0) ], "image")
    //读取图像数据
    var image: Tensor = parameter(zerosTensor([28, 28],
                                        dtype:FLOAT32), "image")
    //读取标签数据
    var label: Tensor = parameter(zerosTensor([1],
                                        dtype: INT32),"label")
    //读取第 1 个数据
    ds.getNext([image, label])
    print("image", image)
    print("label", label)
}
```

用于图像数据和标签数据的张量 image 和 label 采用参数的方式进行存储,这样可以防止内存溢出。在定义好 image 和 label 参数后,通过 Dataset 的 getNext 函数获取下一个数据,此时可以将第 1 个数据读取到 image 和 label 参数中,随后进行输出。编译并运行程序,输出的结果如下:

```
数据集大小: 60000
image
Tensor(shape = [28, 28], dtype = Float32, value =
[[ 0.00000000e + 00 0.00000000e + 00 0.00000000e + 00 … 0.00000000e + 00 0.00000000e + 00
0.00000000e + 00]
 [ 0.00000000e + 00 0.00000000e + 00 0.00000000e + 00 … 0.00000000e + 00 0.00000000e + 00
0.00000000e + 00]
 [ 0.00000000e + 00 0.00000000e + 00 0.00000000e + 00 … 0.00000000e + 00 0.00000000e + 00
0.00000000e + 00]
 …
 [ 0.00000000e + 00 0.00000000e + 00 0.00000000e + 00 … 0.00000000e + 00 0.00000000e + 00
0.00000000e + 00]
 [ 0.00000000e + 00 0.00000000e + 00 0.00000000e + 00 … 0.00000000e + 00 0.00000000e + 00
0.00000000e + 00]
 [ 0.00000000e + 00 0.00000000e + 00 0.00000000e + 00 … 0.00000000e + 00 0.00000000e + 00
0.00000000e + 00]])
```

```
label
Tensor(shape = [1], dtype = Int32, value = [5])
```

在上述程序中,创建 MnistDataset 对象时使用了顺序采样器。如果使用随机采样器,则每次执行程序所读取及输出的数据并不相同。在这种情况下,即使使用了 shuffle 函数打乱数据,每次通过 getNext 函数读取的数据也是随机的。函数 getNext 的签名如下:

```
func getNext(params: Array < Tensor >): Bool
```

该函数的返回值为布尔值,当没有数据需要读取时,该函数的返回值为 false,因此,通常可以结合 while 循环结构遍历整个数据集,其基本方式如下:

```
let ds = MnistDataset("./mnist/train")        //加载数据
…
//遍历数据
while (ds.getNext([input, label])) {
    //处理数据
}
```

如果在创建数据集时指定了 epoch 参数,则调用 getNext 函数读取数据时的循环次数为 epoch。

【实例 7-5】 读取 MNIST 数据集,并组成小批量,其中每个小批量的长度为 10,代码如下:

```
//code/chapter07/example7_5.cj
from CangjieAI import dataset. *
from CangjieAI import common. *
from CangjieAI import ops. *

main(): Int64 {
    let ds = MnistDataset("./mnist/train")        //加载数据
    //打乱数据集顺序
    ds.shuffle(1000)
    //将数据集分成若干个小批量
    let batchSize = 10
    ds.batch(Int32(batchSize), true)
    println("数据集大小: ${ds.getDatasetSize()}")
    //将图像从 0~255 缩放至 0~1 范围
    var rescale = rescale(1.0 / 255.0, 0.0)
    ds.datasetMap([rescale], "image")
    //读取数据
    var image: Tensor = parameter(zerosTensor([batchSize, 28, 28],
                                            dtype:FLOAT32), "image")
    var label: Tensor = parameter(zerosTensor([batchSize],
                                            dtype: INT32),"label")
    //遍历前 5 个小批量
    var step : Int64 = 0
    while (ds.getNext([image, label]) && step < 5) {
        print(" --------------- \n")
```

```
        print("image", image)
        print("label", label)
        step += 1
    }
    return 0
}
```

在上述代码中,对 MNIST 数据集进行了打乱处理,并对前 5 个小批量进行了读取及输出。编译并运行程序,省略部分结果,输出的类似结果如下:

```
数据集大小: 6000
---------------
image
Tensor(shape = [10, 28, 28], dtype = Float32, value =
[[[ 0.00000000e + 00 0.00000000e + 00 0.00000000e + 00 … 0.00000000e + 00 0.00000000e + 00
0.00000000e + 00]
  [ 0.00000000e + 00 0.00000000e + 00 0.00000000e + 00 … 0.00000000e + 00 0.00000000e + 00
0.00000000e + 00]
  [ 0.00000000e + 00 0.00000000e + 00 0.00000000e + 00 … 0.00000000e + 00 0.00000000e + 00
0.00000000e + 00]
  …
  [ 0.00000000e + 00 0.00000000e + 00 0.00000000e + 00 … 0.00000000e + 00 0.00000000e + 00
0.00000000e + 00]
  [ 0.00000000e + 00 0.00000000e + 00 0.00000000e + 00 … 0.00000000e + 00 0.00000000e + 00
0.00000000e + 00]
  [ 0.00000000e + 00 0.00000000e + 00 0.00000000e + 00 … 0.00000000e + 00 0.00000000e + 00
0.00000000e + 00]]])
label
Tensor(shape = [10], dtype = Int32, value =
[7 0 6 … 8 9 6])
---------------
image
Tensor(shape = [10, 28, 28], dtype = Float32, value =
[[[ 0.00000000e + 00 0.00000000e + 00 0.00000000e + 00 … 0.00000000e + 00 0.00000000e + 00
0.00000000e + 00]
  …
```

经过分组为若干个小批量的数据集,其数据集的大小就变成了小批量的数量了,共包含了 6000 个小批量。由于该程序所读取的数据比较多,读者可以尝试使用一般张量(而不使用参数)存储张量数据,在运行时会出现内容溢出错误,输出的类似结果如下:

```
022 - 09 - 11 14:52:38.547968 3500 F unhandled SIGSEGV from unmanaged code. mutator:
0x310b310, sig: 11, siginfo: 0x7f7c941253b0, context: 0x7f7c94125280, si_addr: (nil), pc:
0x7f7d11276552, fa: 0x7f7c94125900
2022 - 09 - 11 14:52:38.548036 3500 F unhandled signal!
Aborted (core dumped)
```

下面将逐步完成多层感知机的具体实现。首先,创建 loadMnist 和 loadMnistTest 函数,分别用于加载 MNIST 训练数据集和测试数据集,代码如下:

```
//加载 MNIST 训练数据集
func loadMnist(batchSize!: Int32 = 10, epoch!: Int32 = 1)
{
    //创建 MnistDataset
    var ds = MnistDataset("./mnist/train", epoch: epoch)
    var rescale = rescale(1.0 / 255.0, 0.0)              //将像元值缩放至 0~1
    var typeCast = typeCast(INT32)                       //将标签值转换为 INT32 类型
    ds.datasetMap([rescale], "image")                   //数据增强
    ds.datasetMap([typeCast], "label")                  //数据增强
    ds.shuffle(10000)                                   //打乱数据
    ds.batch(batchSize, true)                           //形成长度为 10 的小批量
    return ds
}

//加载 MNIST 测试数据集
func loadMnistTest()
{
    //创建 MnistDataset
    var ds = MnistDataset("./mnist/test")
    var rescale = rescale(1.0 / 255.0, 0.0)              //将像元值缩放至 0~1
    var typeCast = typeCast(INT32)                       //将标签值转换为 INT32 类型
    ds.datasetMap([rescale], "image")                   //数据增强
    ds.datasetMap([typeCast], "label")                  //数据增强
    return ds
}
```

由于测试集用于验证识别数字的正确率,不需要进行随机梯度下降算法,所以不需要小批量分组,也不需要打乱顺序。

7.2.2　定义多层感知机

多层感知机是全连接神经网络,所以仅需要多个 Dense 全连接层组合即可实现多层感知机。例如,创建 784 个输入、20 个输出,权重采用 σ 为 0.1 的正态分布初始化器进行初始化,并且激活函数为 sigmoid 的全连接层,代码如下:

```
let input: Dense = Dense(784, 20, RandomNormalInitializer(sigma: 0.1),
                                            activation : "SIGMOID")
```

可见,这里的全连接层指的是神经网络层与层之间的偏置和权重部分,神经网络中的每层神经元实际上是使用张量的形式体现的,所以对于 $784 \times 20 \times 20 \times 10$ 的多层感知机,只需创建 3 个全连接层(Dense)对象。创建多层感知机的代码如下:

```
@OptDifferentiable
struct Network {
    let input: Dense                    //输入层
    let hidden: Dense                   //隐含层
    let output: Dense                   //输出层

    //初始化各层的神经元,权重符合正态分布
```

```
    init() {
        input = Dense(784, 20,
                RandomNormalInitializer(sigma: 0.3),
                activation : "SIGMOID")
        hidden = Dense(20, 20,
                RandomNormalInitializer(sigma: 0.3),
                activation : "SIGMOID")
        output = Dense(20, 10,
                RandomNormalInitializer(sigma: 0.3),
                activation : "SIGMOID")
    }

    //神经网络数据流
    @Differentiable
    operator func ()(data: Tensor): Tensor {
        data |> this.input |> this.hidden |> this.output
    }
}
```

在上述代码中,需要注意以下两方面:

(1) 该多层感知机采用 struct 类型定义,并通过@OptDifferentiable 进行修饰。

(2) 对操作符()进行了重载,使其用于前馈计算。在该函数中,通过流操作符|>简化了前馈计算的过程,该函数等价于如下代码:

```
@Differentiable
operator func ()(data: Tensor): Tensor {
    var res = this.input(data)
    res = this.hidden(res)
    res = this.output(res)
    res
}
```

另外,可不在全连接层中指定激活器,而是使用单独的激活器算子。例如,使用 sigmoid 算子作为激活器,夹在各个全连接层之间。上述神经网络等价于如下代码:

```
@OptDifferentiable
struct Network {
    let input: Dense            //输入层
    let hidden: Dense           //隐含层
    let output: Dense           //输出层

    //初始化各层的神经元,值符合正态分布
    init() {
        input = Dense(784, 20,
                RandomNormalInitializer(sigma: 0.3))
        hidden = Dense(20, 20,
                RandomNormalInitializer(sigma: 0.3))
        output = Dense(20, 10,
                RandomNormalInitializer(sigma: 0.3))
    }
```

```
//神经网络数据流
@Differentiable
operator func ()(data: Tensor): Tensor {
    data |> this.input |> sigmoid
          |> this.hidden |> sigmoid
          |> this.output |> sigmoid
    }
}
```

与 7.1 节介绍的感知机类似,全连接层的输入张量至少是二维张量,并且输入张量的最后 1 个或几个轴(后缘维度)中的元素数量必须和全连接层的输入通道相同。

对于该神经网络的输入张量,是承载图像的张量。该张量并非必须为 28×28 形状的张量,承载标签的张量也并非必须为 1 阶张量。实际上,每次通过 getNext 函数会在图像和标签中分别读取 784 个值和 1 个值,所以承载图像和标签的张量只要能够恰好装载这些值即可。例如,使用形状为 1×28×28、1×1×28×28、1×784 或 7×112 的张量都可以承载 MNIST 手写数字图像。对于这里使用的全连接神经网络,其实并不考虑图像的二维特性,所以使用 1×784 形状的张量承载单独的图像即可。

另外,在 Dense 的重载构造函数中,均包括了 has_bias 参数(默认值为 true),用于定义神经网络中是否包含偏置;也均包含了 bias_init 参数(默认为 InitType.ZERO),用于定义偏置的初始化值。InitType 枚举定义了 ZERO(初始化为 0)、ONE(初始化为 1)和 NORMAL(初始化符合标准正态分布)枚举值。目前并不能定义符合标准差为 0.3 的正态分布初始化值。不过,可以独立定义偏置张量,并随心所欲地初始化。例如,定义包含多个隐含层的多层感知机,并且独立地将偏置张量定义为 bias1、bias2 和 bias3,代码如下:

```
@OptDifferentiable
struct Network {
    let input: Dense              //输入层
    let hidden: Dense             //隐含层
    let output: Dense             //输出层
    let bias_input : Tensor       //输入层偏置
    let bias_hidden : Tensor      //隐含层偏置
    let bias_output : Tensor      //输出层偏置


    //初始化各层的神经元,值符合正态分布
    init() {

        input = Dense(784, 20,
                RandomNormalInitializer(sigma: 0.3),
                has_bias : false)
        hidden = Dense(20, 20,
                RandomNormalInitializer(sigma: 0.3),
                has_bias : false)
        output = Dense(20, 10,
                RandomNormalInitializer(sigma: 0.3),
                has_bias : false)
```

```
        bias_input = parameter(initialize([20],
            RandomNormalInitializer(sigma: 0.3),
            dtype: FLOAT32), "bias_input")
        bias_hidden = parameter(initialize([20],
            RandomNormalInitializer(sigma: 0.3),
            dtype: FLOAT32), "bias_hidden")
        bias_output = parameter(initialize([10],
            RandomNormalInitializer(sigma: 0.3),
            dtype: FLOAT32), "bias_output")
    }

    //神经网络数据流
    @Differentiable
    operator func ()(data: Tensor): Tensor {
        var a1 = data |> this.input
        a1 = a1 + bias_input
        var a2 = a1 |> sigmoid |> this.hidden
        a2 = a2 + bias_hidden
        var a3 = a2 |> sigmoid |> this.output
        a3 + bias_output
        sigmoid(a3)
    }
}
```

对于具有 10 个图像的小批量,使用 10×784 形状的张量承载数据。在多层感知机的训练过程中,如果传入 10×784 形状的张量,则将会同时对这 10 个图像进行前馈计算和反向传播。当然,传入 $10\times28\times28$ 形状的张量也可以同时对 10 个图像进行计算。这里应用了张量的广播机制,可参见 8.2.3 节的相关内容。

7.2.3　计算代价函数并反向传播求解梯度

本节介绍均方差代价函数的计算方法,以及利用自动微分反向传播求解梯度的具体方法。

1. 代价函数

本节使用第 3 章中介绍的均方差(MSE)代价函数,代码如下:

```
//前馈计算代价函数的值
@Differentiable[except: [image, label]]
func loss(network : Network, image: Tensor, label: Tensor)
{
    //前馈计算
    var output = network(image)
    //将标签信息转换为独热(One-Hot)编码
    let onehot = oneHot(label, 10, 1.0, 0.0)
    //计算均方差代价函数的值
    reduceMean((output - onehot) ** 2.0) / Float32(2.0)
}
```

该函数包含 3 个参数,分别为多层感知机对象 network、图像对象 image 和标签对象

label。由于仅需要对多层感知机 network 对象进行反向传播，所以通过 except 属性屏蔽对 image 和 label 变量的自动微分。

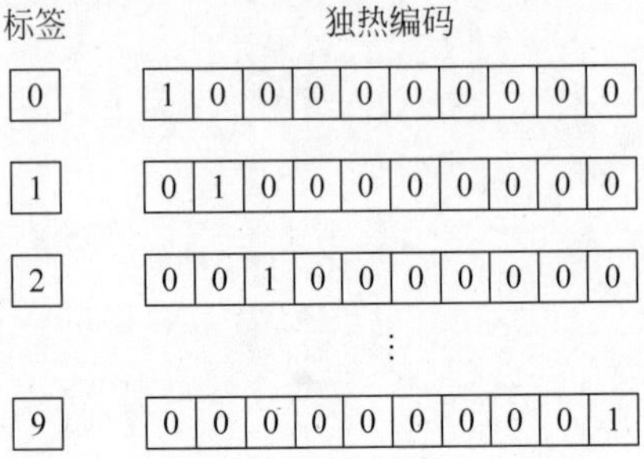

标签	独热编码
0	1 0 0 0 0 0 0 0 0 0
1	0 1 0 0 0 0 0 0 0 0
2	0 0 1 0 0 0 0 0 0 0
⋮	
9	0 0 0 0 0 0 0 0 0 1

图 7-4　MNIST 数字标签的独热编码

算子 oneHot 用于把标签值转换为独热编码 (One-Hot) 格式，即一位有效编码。独热编码中能且仅能使其 1 位为 1，其余位均为 0。例如，MNIST 标签包含了 0～9 这 10 个数值，此时可以设计一个 10 位 (bit) 的独热编码，每位都代表一个数值，如图 7-4 所示。

在第 3 章中，实际上已经使用独热编码来表示 MNIST 数字标签了。使用独热编码的优势在于表示离散特征的数据时可以保持离散特性，让结果更加趋于合理。

函数 oneHot 的签名如下：

```
func oneHot(indices: Tensor, depth: Int64, on_value: Float32, off_value: Float32, axis!:
Int64 = -1): Tensor
```

其中，indices 为需要转换为分类的数据，depth 是独热编码的位数，on_value 和 off_value 一般分别为其指定 1 和 0；axis 是指定需要转换为独热编码的轴，默认为 -1。

2. 反向传播计算梯度

多层感知机的反向传播计算梯度的函数与 7.1 节介绍的感知机中的 gradient 函数是类似的，代码如下：

```
//反向传播计算梯度
func gradient(network : Network, input: Tensor, label: Tensor)
{
    //获得 loss 函数的伴随函数
    var lossAdj = @AdjointOf(loss)
    //求得反向传播器 backward_prop
    var (value, backward_prop) = lossAdj(network, input, label)
    value.evaluate()
    //求得梯度值
    return backward_prop(onesLike(value))
}
```

这一部分代码是整个多层感知机训练的核心。利用张量的自动微分特性将原本负责的业务逻辑仅使用不超过 20 行的代码表示出来了。对比第 3 章的实现方法精简不少。

7.2.4　创建随机梯度下降优化器更新网络参数

在 main 函数中，定义超参数（学习率、训练轮数和小批量大小），然后通过 loadMnist 加载训练数据、创建多层感知机和对应的随机梯度下降优化器，代码如下：

```
main(): Int64
{
```

```
//超参数的定义
let epoch = 30i32                    //训练轮数
let batch_size = 10                  //小批量大小
let lr = 3.0f32                      //学习率

//加载训练数据
var dataset = loadMnist(batchSize : Int32(batch_size), epoch : epoch)

//创建多层感知机
var network = Network()
//创建优化器对象
var optim: SGDOptimizer<Network> = SGDOptimizer<Network>(network, learningRate: lr)

println("Network shape : [784, 20, 20, 10]")
println("epoch : ${epoch}, batch_size : ${batch_size}, eta : ${lr}")

return 0
}
```

7.2.5 训练多层感知机

本节实现训练多层感知机的核心代码,首先实现计算准确率的 test 函数,然后通过遍历的方式以小批量为单位训练多层感知机。

1. 用测试数据集计算准确率

计算模型的准确率包括加载测试样本、遍历测试样本统计正确识别的数量两部分,代码如下:

```
//测试准确率
func test(network: Network) {
    //承载测试数据的参数
    let image = parameter(zerosTensor([1, 784], dtype: FLOAT32), "data")
    let label = parameter(zerosTensor([], dtype: INT32), "label")

    //加载测试数据
    var dataset = loadMnistTest()

    var count = 0                                   //正确样本数量
    let sum = dataset.getDatasetSize()              //总样本数量

    //计算正确样本数量
    for (index in 0..dataset.getDatasetSize()) {
        dataset.getNext([image, label])
        var output = network(image)
        let real = label.toScalar<Int32>()          //真实值
        let predicted = argmax(output).evaluate()
                            .toArrayInt32()[0]       //预测值
        if (real == predicted) {
            count ++
        }
```

```
    }
    println("Result: ${count} / ${sum}")
}
```

在上述代码中，通过 loadMnistTest 函数加载测试样本，然后遍历测试样本，通过 getNext 函数读取至 image 和 label 参数中，前馈计算得到预测值 predicted，读取标签真实值 real，统计两者相同的数量，最后输出结果。

注意 argmax 函数用于获取张量中指定轴（默认为最后一个轴）上的最大值索引。这个索引代表了神经网络输出的数据判断结果。关于 argmax 函数的详细用法，读者可以参考 8.2.1 节的相关内容。

在计算 predicted 时，使用 evaluate 函数兼容动态图和静态图模式。如果程序采用动态图模式，则黑体部分的 evaluate 函数调用可略去。

2. 开始训练

在 main 函数中，通过外层 for 循环进行 30 轮训练，通过内层 for 循环遍历小批量，求解梯度并通过优化器更新网络参数，代码如下：

```
main()
{
    …

    //承载训练数据的参数
    let image = parameter(zerosTensor([batch_size, 784],
                                      dtype: FLOAT32), "data")
    let label = parameter(zerosTensor([batch_size],
                                      dtype: INT32), "label")
    //开始训练
    for (e in 0..epoch) {
        print("Epoch : ${e}\n")
        //遍历小批量
        for (b in 0..dataset.getDatasetSize()) {
            //将小批量数据读取到 image 和 label 中
            dataset.getNext([image, label])
            //反向传播，求解梯度
            var gradient = gradient(network, image, label)
            //将梯度传递给优化器，更新权重和偏置参数
            optim.update(gradient)
        }
        //检验精度
        test(network)
    }
}
```

该程序编译命令与 7.1 节单层感知机的编译命令类似，代码如下：

```
cjc -- enable - ad -- int - overflow = wrapping - lcangjie_ai - lmindspore_wrapper -- macro -
lib = ${CANGJIE_AI_HOME}/runtime/lib/CangjieAI/libCangjieAI_macros.so ./mlp.cj - o ./mlp
```

其中,mlp.cj 是源代码文件,mlp 文件是编译后的可执行文件。在本书示例代码中,build.sh 脚本包含了上述编译命令。编译并运行程序,输出的类似结果如下:

```
Network shape : [784, 20, 20, 10]
epoch : 30, batch_size : 10, eta : 3.000000
Epoch : 0
Result: 8796 / 10000
Epoch : 1
Result: 9064 / 10000
Epoch : 2
Result: 9189 / 10000
…
Epoch : 27
Result: 9453 / 10000
Epoch : 28
Result: 9468 / 10000
Epoch : 29
Result: 9449 / 10000
```

由于该多层感知机的结构和第 3 章所介绍的多层感知机结构是类似的,所以最终实现的识别准确率也基本相同,但是,由于本节中的代码使用了仓颉 TensorBoost,尤其是张量的特性,因此其计算效率更高,训练速度更快。

7.3　神经网络的持久化

本节介绍计算图的持久化、张量的持久化和神经网络参数持久化方法。

7.3.1　运行环境管理和静态图的保存

通过 Context 全局变量 g_context 进行运行环境管理。在静态图模式下,通过 g_context 可以将静态图保存为 MindSpore IR(中间表示)文件。为了使用 g_context 对象,需要导入 context 包,代码如下:

```
from CangjieAI import context. *
```

上下文对象 g_context 的相关函数如表 7-1 所示。

表 7-1　通过 g_context 进行运行环境管理

函　　数	描　　述
func setDeviceTarget(device: String): Unit	设置设备类型
func getDeviceTarget(): String	获取设备类型
func setDeviceId(deviceId: UInt32): Unit	设置设备编号(仅昇腾平台有效)
func setSaveGraphs(saved: Bool): Unit	保存计算图(仅静态图下有效)

设备类型(Device Target)包括昇腾(Ascend)、GPU 和 CPU。目前仓颉 TensorBoost 发布的软件版本仅支持 GPU。设置设备编号函数仅支持昇腾平台,用于在计算平台拥有多

个昇腾计算芯片时,选择设备编号。

【实例 7-6】 设置设备类型,进行简单的张量计算并保存计算图,代码如下:

```
//code/chapter07/example7_6.cj
from CangjieAI import ops. *
from CangjieAI import common. *
from CangjieAI import context. *

main()
{
    g_context.setSaveGraphs(true)        //保存计算图
    g_context.setDeviceTarget("GPU")      //运行设备为 GPU
    println("设备类型 : " + g_context.getDeviceTarget())

    //计算张量的加法
    let t1 = Tensor([1.0f32, 2.0, 3.0, 4.0], shape: [2, 2])
    let t2 = Tensor([1.0f32, 2.0, 3.0, 4.0], shape: [2, 2])
    print((t1 + t2).evaluate())

}
```

编译并运行程序,输出的结果如下:

```
设备类型 : GPU
Tensor(shape = [2, 2], dtype = Float32, value =
[[ 2.00000000e + 00   4.00000000e + 00]
 [ 6.00000000e + 00   8.00000000e + 00]])
```

此时,即可在程序所在的目录下生成 IR 图数据,如图 7-5 所示。

📁 src	2022/9/14 20:29	文件夹	
📁 verbose_ir_files	2022/9/14 20:29	文件夹	
📄 actor_set_kernel_graph_0.ir	2022/9/14 20:26	IR 文件	
📄 graph_build_0_0046.ir	2022/9/14 20:26	IR 文件	
📄 hwopt_common_after_graph_0_0012.ir	2022/9/14 20:26	IR 文件	
📄 hwopt_common_before_graph_0_0003.ir	2022/9/14 20:26	IR 文件	
📄 hwopt_common_final_graph_0_0045.ir	2022/9/14 20:26	IR 文件	
📄 hwopt_common_unify_mindir_after_graph_0_0002.ir	2022/9/14 20:26	IR 文件	
📄 hwopt_common_unify_mindir_before_graph_0_0000.ir	2022/9/14 20:26	IR 文件	
📄 ms_output_after_opt_0.pb	2022/9/14 20:26	PB 文件	
📄 ms_output_before_opt_0.pb	2022/9/14 20:26	PB 文件	
📄 ms_output_vm_build_0.pb	2022/9/14 20:26	PB 文件	
📄 trace_code_graph_0047	2022/9/14 20:26	文件	

图 7-5 将计算图保存为 IR 格式

关于 IR 图的具体说明可参见 MindSpore IR 文档,其网址如下:

https://www.mindspore.cn/docs/programming_guide/zh - CN/r1.5/design/mindir.html

7.3.2 张量的持久化

张量可以以 npy 格式的方式进行持久化。npy 格式是 NumPy 定义的开源二进制数据存储格式。在仓颉 TensorBoost 中，使用 NpyFile 类即可实现 npy 格式的读写，既可以将张量持久化为 npy 文件，也可以将 npy 文件中的数据读取为张量。

将张量读取或存储为 npy 文件的主要流程如下：

（1）创建 NpyFile 对象，并通过参数指明读或写。创建用于写入张量的 NpyFile 对象，代码如下：

```
let npy = NpyFile("test.npy", "wb")
```

创建用于读取张量的 NpyFile 对象，代码如下：

```
let npy = NpyFile("test.npy", "rb")
```

只需通过第 2 个参数进行设置，便可以指定 NpyFile 对象的读写方向。

（2）通过调用 Tensor 类的 save 方法存储张量，通过 Tensor 类的 load 方法加载张量。save 函数的签名如下：

```
func save(file : NpyFile, tensor : Tensor)
```

开发者可以存储多个张量，只需多次调用 save 函数。

load 函数的签名如下：

```
func load(file : NpyFile) : Tensor
```

开发者可以读取多个张量，只需多次调用 load 函数。读取张量的顺序需要和存储张量的顺序一致。

（3）调用 NpyFile 对象的 close 方法，结束文件的读写操作，其函数签名如下：

```
func close()
```

【实例 7-7】 通过 npy 格式文件读写张量，代码如下：

```
//code/chapter07/example7_7.cj
from CangjieAI import common. *
from CangjieAI import ops. *
main()
{
    //持久化文件位置
    let filename = "./test.npy"
    //存储张量
    saveTensor(filename)
    //读取张量
    loadTensor(filename)
}
```

```
func saveTensor(filename : String) {
    let npy = NpyFile(filename, "wb")
    let t1 = Tensor([1.0f32, 2.0, 3.0, 4.0], shape: [2, 2])
    let t2 = Tensor([true, false, true], shape: [1, 3])
    Tensor.save(npy, t1)
    Tensor.save(npy, t2)
    npy.close()
}
func loadTensor(filename : String) {
    let npy = NpyFile(filename, "rb")
    let t1 = Tensor.load(npy)
    let t2 = Tensor.load(npy)
    npy.close()
    print("t1 : ", t1)
    print("t2 : ", t2)
}
```

编译并运行程序,输出的结果如下:

```
t1 :
Tensor(shape = [2, 2], dtype = Float32, value =
[[ 1.00000000e + 00    2.00000000e + 00]
 [ 3.00000000e + 00    4.00000000e + 00]])
t2 :
Tensor(shape = [1, 3], dtype = Bool, value =
[[true false true]])
```

此时,即可在当前程序所在的目录下找到 test. npy 文件。开发者也可以使用 NumPy 打开并使用该文件。

7.3.3　神经网络模型的持久化

神经网络模型的持久化需要用到 train 包。导入 train 包的代码如下:

```
from CangjieAI import train. *
```

通过 saveCheckpoint 函数即可保存神经网络模型及其参数,其函数签名如下:

```
func saveCheckpoint(params : ArrayList < Tensor >, loc : String)
```

该函数包括两个参数: params 参数是模型的参数数据,可以通过优化器的 getParameters 函数获取;loc 参数是网络参数的保存位置。例如,保存 7.2 节中的多层感知机的网络参数模型,代码如下:

```
main(): Int64{
    …
    saveCheckpoint(optim.getParameters(), "./mlp.ckpt")
}
```

重新执行程序,神经网络训练完毕后,即可在程序所在目录生成 mlp. ckpt 文件。该文件包含了神经网络的结构和参数。

注意　ckpt 文件是采用二进制方式存储网络模型参数的，也可以被 TensorFlow 等其他深度学习框架读取和应用。

接下来，使用另外一个程序加载这个网络模型。

【实例 7-8】　加载网络模型，并检验识别 MNIST 数字的效果，代码如下：

```
//code/chapter07/example7_8.cj

…

main()
{
    //创建多层感知机
    var network = Network()

    //创建优化器对象
    var optim: SGDOptimizer < Network > = SGDOptimizer < Network >(network)
    //将 ckpt 文件中的数据加载到模型参数
    loadCheckpoint(optim.getParameters(), "./mlp.ckpt")

    //承载测试数据的参数
    let image = parameter(zerosTensor([1, 784], dtype: FLOAT32), "data")
    let label = parameter(zerosTensor([], dtype: INT32), "label")

    //加载测试数据
    var dataset = loadMnistTest()

    var count = 0
    let sum = dataset.getDatasetSize()

    //计算正确样本数量
    for (index in 0..dataset.getDatasetSize()) {
        dataset.getNext([image, label])
        var output = network(image)
        let real = label.toScalar < Int32 >()
        let predicted = argmax(output).evaluate().toArrayInt32()[0]
        if (real == predicted) {
            count ++
        }
    }
    println("Result: ${count} / ${sum}")

}
```

在上述代码中，创建多层感知机及其优化器对象后，即可通过 loadCheckpoint 函数加载神经网络的权重和偏置参数，其函数签名如下：

```
func loadCheckpoint(params : ArrayList < Tensor >, loc : String)
```

随后,即可加载测试数据集对该多层感知机进行测试了。在上述代码中 Network 类型和 loadMnistTest 函数与 7.2 节中的实现相同,这里不再赘述。编译并运行程序,输出的结果类似如下:

```
Result: 9434 / 10000
```

可见该网络模型的参数已经被完整地加载起来,已经达到了直接应用的效果。在实际应用中,这些模型参数还可以被微调和迁移学习,从而实现更加广泛的应用。

7.4 本章小结

本章分别实现了单层感知机和多层感知机。一个完整的机器学习工作流包括数据集读取(可能包含数据处理)、模型定义、模型训练和模型评估。多层感知机虽小,但涵盖了工作流的整个过程。在后文所介绍的所有神经网络类型都是在多层感知机的基础上进行修正、修改和完善的,以满足特定的需求。

通过实际操作,仓颉 TensorBoost 比自己手动实现多层感知机(第 3 章)要方便不少。对于更加复杂的神经网络更是如此,不仅构建方便,而且能够在动态图和静态图模式下尽情切换。对于更加复杂的神经网络,通过仓颉 TensorBoost 能够高效、快速地进行构建和调试,为学习和应用神经网络带来很大的方便。

7.5 习题

1. 通过仓颉 TensorBoost 实现[784，30，10]结构的多层感知机,调节超参数并观察其识别准确率,并与本书[784，20，20，10]结构的多层感知机进行比较。
2. 尝试使用其他类型的激活函数、代价函数和优化器构建神经网络。

## 第 8 章

张量的高级用法

张量是仓颉 TensorBoost 最为重要的数据类型。作为数据的容器,张量在神经网络构建、训练、应用等过程中无时无刻不存在着。事实上,张量可以包罗万物。由于张量涵盖了标量、矢量、矩阵等各种各样的数据模型,因此在数学、物理等学科中均存在着广泛的应用场景。面对现实的、具体的、特殊的数据集,往往需要通过张量采用特殊的数据处理手段,从而创建更加实用的神经网络。

本章的核心知识点如下:

- 张量的数学运算、统计运算、逻辑运算。
- 张量的比较。
- 张量的维度变换。
- 张量的内存管理。
- 张量的广播机制。

8.1 数学运算算子

张量具有较为完整的数学运算能力,包括常用的科学运算函数、统计运算和稀疏算法,这是构建神经网络的基础。

8.1.1 基础数学运算算子

本节介绍常用的数学运算函数,包括三角函数、指数、对数、取整函数、绝对值、相反数等。

1. 三角函数

张量支持常见的三角函数、反三角函数、双曲函数和反双曲函数,如表 8-1 所示。

表 8-1　张量支持的三角函数

函　　数	描　　述
func sin(input:Tensor):Tensor	正弦
func cos(input:Tensor):Tensor	余弦

续表

函　　数	描　　述
func asin(input：Tensor)：Tensor	反正弦
func acos(input：Tensor)：Tensor	反余弦
func atan(x：Tensor)：Tensor	二象限反正切
func atan2(x：Tensor，y：Tensor)：Tensor	四象限反正切
func tanh(input：Tensor)：Tensor	双曲正切函数
func asinh(input：Tensor)：Tensor	反双曲正弦
func acosh(input：Tensor)：Tensor	反双曲余弦

其中，双曲正切函数可以作为神经元的激活函数。

注意　所有的角度值采用弧度制单位。

【实例 8-1】　求解张量[$\pi/2$，0，1]的正弦、余弦和正切值，代码如下：

```
//code/chapter08/example8_1.cj
from CangjieAI import common. *
from CangjieAI import ops. *
from std import math. *

main()
{
    let input = Tensor([Float32.PI / 2.0, 0.0, 1.0], shape:[3])
    let sinx = sin(input)        //求解正弦值
    print("sin : ", sinx)
    let cosx = cos(input)        //求解余弦值
    print("cos : ", cosx)
    let tanx = sinx / cosx       //求解正切值
    print("tan : ", tanx)
}
```

在 math 标准库中，扩展了 Float32 类型的属性 PI，Float32. PI 用于表示该类型下的圆周率的值。由于仓颉 TensorBoost 没有内置正切函数算子，所以使用正弦值除以余弦值进行计算。编译并运行程序，输出的结果如下：

```
sin :
Tensor(shape = [3], dtype = Float32, value =
[1.00000000e + 00 0.00000000e + 00   8.41471016e - 01])
cos :
Tensor(shape = [3], dtype = Float32, value =
[ - 4.37113883e - 08 1.00000000e + 00   5.40302277e - 01])
tan :
Tensor(shape = [3], dtype = Float32, value =
[ - 2.28773340e + 07 0.00000000e + 00   1.55740786e + 00])
```

因计算误差，所以正切值得到了较大的数值。

下面介绍 atan 和 atan2 算子的区别。反正切函数 arctan 的值域为($-\pi/2$，$\pi/2$)。用

atan 算子即可实现通常意义上的 arctan 函数。atan 算子也称为二象限反正切函数。对于输入元素 a/b：

■ 当 $a/b>0$ 时，atan 的输出元素范围是 $0 \sim \pi/2$。

■ 当 $a/b<0$ 时，atan 的输出元素范围是 $-\pi/2 \sim 0$。

由于反正切函数的输入元素是一个比值 a/b。如果将坐标点 (b,a) 放在直角坐标系中，则可以通过 atan2 算子计算原点至 (b,a) 的方位角，结果为以逆时针为正方向 x 轴旋转通过 (b,a) 的角度，即与 x 轴的夹角，如图 8-1 所示。

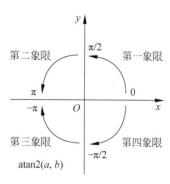

由于 atan2 算子的取值范围和点 (b,a) 所处的具体象限有关，所以 atan2 也称为四象限反正切函数。对于点 (b,a)：

图 8-1　算子 atan2 在点 (b,a) 所处的不同象限下的值域

■ 当点 (b,a) 在第一象限时，atan2(a,b) 的范围是 $0 \sim \pi/2$。

■ 当点 (b,a) 在第二象限时，atan2(a,b) 的范围是 $\pi/2 \sim \pi$。

■ 当点 (b,a) 在第三象限时，atan2(a,b) 的范围是 $-\pi \sim -\pi/2$。

■ 当点 (b,a) 在第四象限时，atan2(a,b) 的范围是 $-\pi/2 \sim 0$。

【实例 8-2】　计算反正切值，比对 atan 和 atan2 之间的区别，代码如下：

```
//code/chapter08/example8_2.cj
from CangjieAI import common. *
from CangjieAI import ops. *

main()
{
    let b = Tensor([1.0f32, 1.0, −1.0, −1.0], shape:[4])
    let a = Tensor([1.0f32, −1.0, 1.0, −1.0], shape:[4])
    let atanx = atan(a / b)
    print("atanx : ", atanx)
    let atan2x = atan2(a, b)
    print("atan2x : ", atan2x)
}
```

张量 b 和 a 组成了平面坐标系中的 4 个点，分别处在第一至第四象限，便于对比 atan 和 atan2 的输出结果。编译并运行程序，输出的结果如下：

```
atanx :
Tensor(shape = [4], dtype = Float32, value =
[7.85398185e−01 −7.85398185e−01 −7.85398185e−01 7.85398185e−01])
atan2x :
Tensor(shape = [4], dtype = Float32, value =
[7.85398185e−01 −7.85398185e−01 2.35619450e+00 −2.35619450e+00])
```

可见，仅当 (b,a) 处于第一和第四象限时，atan 和 atan2 输出的结果是相同的。

2. 指数和对数

在仓颉 TensorBoost 中,张量支持的与指数和对数相关的算子如表 8-2 所示。

表 8-2 指数和对数相关函数

函　　数	描　　述	公　　式
func square(input：Tensor)：Tensor	平方	input^2
func squaredDifference(input1：Tensor，input2：Tensor)：Tensor	差的平方	$(\text{input1}-\text{input2})^2$
func squareSumAll(x：Tensor，y：Tensor)：(Tensor，Tensor)	平方和	Σx^2 和 Σy^2
func exp(input：Tensor)：Tensor	以 e 为底的指数	e^{input}
func pow(x：Tensor，y：Tensor)：Tensor	以 x 为底的指数	x^y
func sqrt(input：Tensor)：Tensor	开方	$\sqrt{\text{input}}$
func rsqrt(input：Tensor)：Tensor	开方的倒数	$\dfrac{1}{\sqrt{\text{input}}}$
func log(input：Tensor)：Tensor	以 e 为底的对数	$\log_e \text{input}$
func log1p(input：Tensor)：Tensor	加 1 后再计算以 e 为底的对数	$\log_e(\text{input}+1)$

对于 squareSumAll 函数,其返回的元组中包含两个 0 维张量。这两个张量分别为张量 x 和张量 y 的平方和。其他的各个函数返回结果是普通张量。

【实例 8-3】 对张量 x 和张量 y 进行指数和对数相关的运算,代码如下:

```
//code/chapter08/example8_3.cj
from CangjieAI import common. *
from CangjieAI import ops. *

main()
{
    let a = Tensor([0.0f32, 4.0, -2.0, 1.0], shape:[4])
    let b = Tensor([3.0f32, 0.0, 5.0, -2.0], shape:[4])
    let sqr_a = square(a)
    print("a 的平方: ", sqr_a)
    let sd = squaredDifference(a, b)
    print("a 和 b 的差的平方: ", sd)
    let (sqrSum_a, sqrSum_b) = squareSumAll(a, b)
    print("a 的平方和: ", sqrSum_a)
    print("b 的平方和: ", sqrSum_b)
    let exp_a = exp(a)
    print("以 e 为底 a 的指数: ", exp_a)
    let pow_a_b = pow(a, b)
    print("以 a 为底 b 的指数: ", pow_a_b)
    let sqrt_a = sqrt(a)
    print("a 的开方: ", sqrt_a)
    let rsqrt_a = rsqrt(a)
    print("a 的开方的倒数: ", rsqrt_a)
    let log_a = log(a)
    print("以 e 为底 a 的对数: ", log_a)
```

```
    let log1p_b = log1p(b)
    print("以 e 为底 b + 1 的对数: ", log1p_b)
}
```

编译并运行程序,输出的结果如下:

```
a 的平方:
Tensor(shape = [4], dtype = Float32, value =
[0.00000000e + 00 1.60000000e + 01 4.00000000e + 00 1.00000000e + 00])
a 和 b 的差的平方:
Tensor(shape = [4], dtype = Float32, value =
[9.00000000e + 00 1.60000000e + 01 4.90000000e + 01 9.00000000e + 00])
a 的平方和:
Tensor(shape = [], dtype = Float32, value = 2.10000000e + 01)
b 的平方和:
Tensor(shape = [], dtype = Float32, value = 3.80000000e + 01)
以 e 为底 a 的指数:
Tensor(shape = [4], dtype = Float32, value =
[1.00000000e + 00 5.45981483e + 01 1.35335281e − 01 2.71828175e + 00])
以 a 为底 b 的指数:
Tensor(shape = [4], dtype = Float32, value =
[0.00000000e + 00 1.00000000e + 00 − 3.20000000e + 01 1.00000000e + 00])
a 的开方:
Tensor(shape = [4], dtype = Float32, value =
[0.00000000e + 00 2.00000000e + 00 nan 1.00000000e + 00])
a 的开方的倒数:
Tensor(shape = [4], dtype = Float32, value =
[inf 5.00000000e − 01 nan 1.00000000e + 00])
以 e 为底 a 的对数:
Tensor(shape = [4], dtype = Float32, value =
[ − inf 1.38629436e + 00 nan 0.00000000e + 00])
以 e 为底 b + 1 的对数:
Tensor(shape = [4], dtype = Float32, value =
[1.38629436e + 00 0.00000000e + 00 1.79175949e + 00 nan])
```

由于这些运算是非线性的,而且较为简单,在神经网络构建中会经常使用这些运算。

3. 取整

目前,仓颉 TensorBoost 支持向下取整、四舍五入取整和最邻近取整等方法,如表 8-3 所示。

表 8-3　取整函数

函　　数	描　　述
func floor(input：Tensor)：Tensor	向下取整
func round(input：Tensor)：Tensor	四舍五入取整
func rint(input：Tensor)：Tensor	最邻近取整

向下取整是指取得比当前数值小的最接近的整数。四舍五入取整是以“四舍五入”的方式进行取整。当值大于 0 时,round(tensor)等同于 floor(tensor + 0.5)。最邻近取整就是找到与当前值最近的整数值(当与两侧的整数值同等接近时,则优先使用偶数),因此,四舍五入取整和最邻近取整的区别仅在于当小数部分为 0.5 时的取值有所不同。

对包含元素为 3.49、3.50、3.51、-5.49、-5.50 和 -5.51 的张量进行取整运算,代码如下:

```
let tensor = Tensor([3.49f32, 3.50, 3.51, -5.49, -5.50, -5.51],
                      shape:[6])
print("向上取整: ", floor(tensor))
print("四舍五入取整: ", round(tensor))
print("最邻近取整: ", rint(tensor))
```

输出的结果如下:

```
向上取整:
Tensor(shape = [6], dtype = Float32, value =
[3.00000000e + 00 3.00000000e + 00 3.00000000e + 00 - 6.00000000e + 00 - 6.00000000e + 00
- 6.00000000e + 00])
四舍五入取整:
Tensor(shape = [6], dtype = Float32, value =
[3.00000000e + 00 4.00000000e + 00 4.00000000e + 00 - 5.00000000e + 00 - 6.00000000e + 00
- 6.00000000e + 00])
最邻近取整:
Tensor(shape = [6], dtype = Float32, value =
[3.00000000e + 00 4.00000000e + 00 4.00000000e + 00 - 5.00000000e + 00 - 6.00000000e + 00
- 6.00000000e + 00])
```

需要注意的是,取整运算所得的结果和输入张量的类型是相同的,不会改变元素的数据类型。

4. 符号控制

在张量中,关于符号控制的有关函数如表 8-4 所示。

表 8-4 符号控制函数

函　　　数	描　　　述
func abs(input: Tensor): Tensor	绝对值
func neg(input: Tensor): Tensor	相反数
func sign(x: Tensor): Tensor	取符号

其中,相反数函数(neg)重载了负号(—)操作符,因此可以使用操作符进行操作。对于 sign 函数,其返回的张量类型和原张量 x 的类型相同,当原来的元素为正时,返回的张量元素为 1;当原来的元素为负时,返回的张量元素为 -1。例如,求得包含元素 -3、-1、0、7 张量的绝对值、相反数,并将符号信息组成新的张量,代码如下:

```
let tensor = Tensor([-3.0f32, -1.0, 0.0, 7.0], shape:[4])
print("原张量: ", tensor)
print("绝对值: ", abs(tensor))
print("相反数: ", neg(tensor))
print("取符号张量: ", sign(tensor))
```

输出的结果如下:

```
原张量:
Tensor(shape = [4], dtype = Float32, value =
[ − 3.00000000e + 00  − 1.00000000e + 00 0.00000000e + 00 7.00000000e + 00])
绝对值:
Tensor(shape = [4], dtype = Float32, value =
[3.00000000e + 00 1.00000000e + 00 0.00000000e + 00 7.00000000e + 00])
相反数:
Tensor(shape = [4], dtype = Float32, value =
[3.00000000e + 00 1.00000000e + 00  − 0.00000000e + 00  − 7.00000000e + 00])
取符号张量:
Tensor(shape = [4], dtype = Float32, value =
[ − 1.00000000e + 00  − 1.00000000e + 00 0.00000000e + 00 1.00000000e + 00])
```

5. 累积运算

张量支持在某个维度上实现累积和累和,可分别使用 cumProd 和 cumSum 函数实现。

1) 累积求积

函数 cumProd 用于计算张量在某个维度上的累积,其函数签名如下:

```
func cumProd ( x: Tensor, axis: Int64, Excelusive!: Bool = false, reverse!: Bool =
false): Tensor
```

其中,x 为输入张量;axis 为指定维度;Excelusive 用于排除末尾元素;reverse 用于反向计算。例如,创建二维张量 tensor,并求其在各行和各列上的累积,代码如下:

```
let tensor = Tensor([1i32, 2, 3, 4, 5, 6, 7, 8, 9], shape: [3, 3])
print("纵向累积: ", cumProd(tensor, 0))
print("横向累积: ", cumProd(tensor, 1))
print("纵向累积: ", cumProd(tensor, 0, Excelusive : true))
print("横向累积: ", cumProd(tensor, 1, reverse : true))
```

上述代码输出的结果如下:

```
纵向累积:
Tensor(shape = [3, 3], dtype = Int32, value =
[[ 1  2  3]
 [ 4  10  18]
 [ 28  80  162]])
横向累积:
Tensor(shape = [3, 3], dtype = Int32, value =
[[ 1  2  6]
 [ 4  20  120]
 [ 7  56  504]])
纵向累积:
Tensor(shape = [3, 3], dtype = Int32, value =
[[ 1  1  1]
 [ 1  2  3]
 [ 4  10  18]])
横向累积:
Tensor(shape = [3, 3], dtype = Int32, value =
[[ 6  6  3]
 [ 120  30  6]
 [ 504  72  9]])
```

函数调用 cumProd(tensor,0) 和 cumProd(tensor,0,Excelusive：true)用于在纵向(各列)上求累积,如图 8-2 所示。

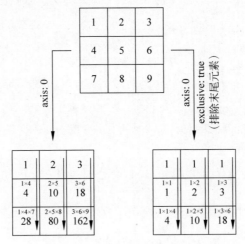

图 8-2 累积求积及排除末尾元素用法

当使用 Excelusive 参数时,由于末尾元素不参与计算,所以结果张量中各列的第 1 个元素均为 1。

函数调用 cumProd(tensor,1) 和 cumProd(tensor,1, reverse ：true)用于在横向(各行)上求累积,如图 8-3 所示。

图 8-3 累积求积及反向用法

2) 累积求和

函数 cumSum 用于计算张量在某个维度上的累和,其函数签名如下:

```
func cumSum (input: Tensor, axis: Int64, Excelusive!: Bool = false, reverse!: Bool = false): Tensor
```

其中,x 为输入张量;axis 为指定维度;Excelusive 用于排除末尾元素;reverse 用于反向计算。这些参数和 cumProd 的参数是一一对应的,这里不再详细介绍。

【实例 8-4】 创建二维张量 tensor,并求其在各行和各列上的累积和,代码如下:

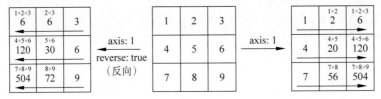

```
//code/chapter08/example8_4.cj
from CangjieAI import common. *
from CangjieAI import ops. *
main()
{
```

```
    let tensor = Tensor([1i32, 2, 3, 4, 5, 6, 7, 8, 9], shape: [3, 3])
    print("横向累和: ", cumSum(tensor, 1))
    print("横向累和(反向): ", cumSum(tensor, 1, reverse : true))
    print("纵向累和: ", cumSum(tensor, 0))
    print("纵向累和(排除末尾元素): ", cumSum(tensor, 0, Excelusive : true))
}
```

编译并运行程序,输出的结果如下:

```
横向累和:
Tensor(shape = [3, 3], dtype = Int32, value =
[[  1   3   6]
 [  4   9  15]
 [  7  15  24]])
横向累和(反向):
Tensor(shape = [3, 3], dtype = Int32, value =
[[  6   5   3]
 [ 15  11   6]
 [ 24  17   9]])
纵向累和:
Tensor(shape = [3, 3], dtype = Int32, value =
[[  1   2   3]
 [  5   7   9]
 [ 12  15  18]])
纵向累和(排除末尾元素):
Tensor(shape = [3, 3], dtype = Int32, value =
[[  0   0   0]
 [  1   2   3]
 [  5   7   9]])
```

当使用了 Excelusive 参数并指定为 true 时,累积求积会在指定维度的各个计算方向上的第 1 个元素用 1 补齐,累积求和会在指定维度的各个计算方向上的第 1 个元素用 0 补齐。

8.1.2 统计运算

本节介绍张量的段操作和规约运算的基本用法。

1. 段操作

仓颉 TensorBoost 支持的段操作算子如表 8-5 所示。

表 8-5 段操作函数

函 数	描 述
func unsortedSegmentSum(input：Tensor，segmentIds：Tensor，numSegments：Int64)：Tensor	段内求和
func unsortedSegmentMax(input：Tensor，segmentIds：Tensor，numSegments：Int64)：Tensor	段内求最大值
func unsortedSegmentMin(input：Tensor，segmentIds：Tensor，numSegments：Int64)：Tensor	段内求最小值

段(segment)是对张量的最后一个维度上的各个元素进行分类,段操作就是对各个段的元素进行相应的统计操作,目前支持对各个段求和、求最大值及求最小值,对应了表8-5中的3个函数。这3个函数的各个参数的含义如下。

(1) input:输入张量。

(2) segmentIds:与末尾维度上的元素索引一一对应,设置各个元素所属的段ID(从0开始计算)。

(3) numSegments:段的数量。

下面以 unsortedSegmentSum 函数为例介绍段操作的基本用法。例如,某个张量包括7个元素,为[1,6,9,5,−1,−7,4],现在需要将第0、第3和第6个元素作为一类求和;将第1个和第2个元素作为一类求和;将第4个和第5个元素作为一类求和,那么需要将其段ID张量设置为[0,1,1,0,2,2,0],相同的段ID分别对应了上述张量所需求和的元素,如图8-4所示。

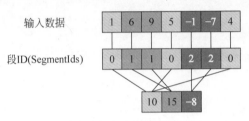

图 8-4　段求和

通过段求和运算,输出结果中的各个值对应了各个段ID所对应元素值的和。

【实例 8-5】　对张量[1,6,9,5,−1,−7,4]进行上述段求和运算,代码如下:

```
//code/chapter08/example8_5.cj
from CangjieAI import common. *
from CangjieAI import ops. *
main()
{
    let input = Tensor([1i32, 6, 9, 5, -1, -7, 4], shape:[7])
    let segmentIds = Tensor([0i32, 1, 1, 0, 2, 2, 0], shape:[7])
    let output = unsortedSegmentSum(input, segmentIds, 3)
    print(output)
}
```

由于段ID数组中包括了0、1、2这3个段ID,所以段的数量为3。这里的段的数量实际上可以设置为大于3的数,不过由于此时输出结果中没有对应段ID的元素统计值,所以均为0。编译并运行程序,输出的结果如下:

```
Tensor(shape = [3], dtype = Int32, value =
[10 15  -8])
```

函数 unsortedSegmentMax 和 unsortedSegmentMin 的用法类似,不再详细介绍。段操作对于神经网络的输出层处理较为重要,可以用于合并输出的分类。

2. 规约运算

规约运算（Reduction）是对张量在某个维度上进行逻辑或者统计计算，从而得到特定的总结值，如表 8-6 所示。规约运算也是对张量进行降维操作的重要方法。

表 8-6 规约运算函数

函数名称	描述
reduceAll	逻辑与
reduceAny	逻辑或
reduceMax	求最大值
reduceMin	求最小值
reduceMean	求平均值
reduceProd	求积
reduceSum	求和

每个规约运算的算子均包含了 3 个重载函数。以 reduceAll 函数为例，包含了如下 3 个重载函数：

```
func reduceAll(input: Tensor, keepDims!: Bool = false): Tensor
func reduceAll(input: Tensor, axis: Int64, keepDims!: Bool = false): Tensor
func reduceAll(input: Tensor, axis: Array<Int64>, keepDims!: Bool = false):Tensor
```

其中，input 为输入张量；axis 为指定用于规约运算的维度，当不指定 axis 参数时则对所有的维度进行规约运算；keepDims 为是否保留输入张量的维度，如果该参数为 true，则其结果张量的维度和输入张量的维度相同。

1）逻辑规约运算

函数 reduceAll 和 reduceAny 分别用于求布尔类型的张量在某个维度上的逻辑与运算和逻辑或运算。

【实例 8-6】 创建布尔类型张量 input，并对其进行逻辑规约运算，代码如下：

```
//code/chapter08/example8_6.cj
from CangjieAI import common. *
from CangjieAI import ops. *
main()
{
    let input = Tensor([true, true, true,
                        false, false, true,
                        false, false, false], shape:[3, 3])
    //逻辑与运算
    print("每列逻辑与: ", reduceAll(input, 0))
    print("每行逻辑与: ", reduceAll(input, 1))
    //逻辑或运算
    print("逻辑或: ", reduceAny(input))
    print("每列逻辑或: ", reduceAny(input, 0))
    print("每列逻辑或: ", reduceAny(input, 0, keepDims : true))
    print("每行逻辑或: ", reduceAny(input, 1))
}
```

编译并运行程序,输出的结果如下:

```
每列逻辑与:
Tensor(shape = [3], dtype = Bool, value =
[false false false])
每行逻辑与:
Tensor(shape = [3], dtype = Bool, value =
[true false false])
逻辑或:
Tensor(shape = [], dtype = Bool, value = true)
每列逻辑或:
Tensor(shape = [3], dtype = Bool, value =
[true true true])
每列逻辑或:
Tensor(shape = [1, 3], dtype = Bool, value =
[[true true true]])
每行逻辑或:
Tensor(shape = [3], dtype = Bool, value =
[true true false])
```

2）统计规约运算

统计规约运算是在某个维度上对各个元素进行统计操作的运算,包括求最大值、求最小值、求和、求积和求平均值。

注意　统计规约运算仅支持 FLOAT16、FLOAT32 和 FLOAT64 类型的张量。

【实例 8-7】　创建 INT32 类型张量 input,并对其进行统计规约运算,代码如下:

```
//code/chapter08/example8_7.cj
from CangjieAI import common. *
from CangjieAI import ops. *
main()
{
    let input = Tensor([1.0f32, 4.0, 7.0,
                        5.0, 2.0, 8.0,
                        9.0, 6.0, 3.0], shape:[3, 3])
    let max = reduceMax(input)
    print("最大值: ", max)
    let min = reduceMin(input)
    print("最小值: ", min)
    let mean = reduceMean(input)
    print("平均值: ", mean)
    let prod = reduceProd(input)
    print("积: ", prod)
    let sum = reduceSum(input)
    print("和: ", sum)
}
```

编译并运行程序,输出的结果如下:

```
最大值:
Tensor(shape = [], dtype = Float32, value = 9.00000000e + 00)
```

```
最小值：
Tensor(shape = [], dtype = Float32, value = 1.00000000e + 00)
平均值：
Tensor(shape = [], dtype = Float32, value = 5.00000000e + 00)
积：
Tensor(shape = [], dtype = Float32, value = 3.62880000e + 05)
和：
Tensor(shape = [], dtype = Float32, value = 4.50000000e + 01)
```

8.1.3 稀疏算法

稀疏算法可以对张量的部分数据进行更新。元素分散算子 scatterNd 只能在全 0 张量上更新数据，可以用于创建稀疏张量；scatterNdAdd、scatterNdSub、scatterNdUpdate 等函数可以在任意张量的指定元素上更新数据；scatterAdd、scatterSub 和 scatterUpdate 等函数可以在任意张量的指定维度上更新数据，如表 8-7 所示。

表 8-7 仓颉 TensorBoost 支持的稀疏算法

更新指定元素		更新指定轴	描 述
原址更新	非原址更新	（原址更新）	
—	scatterNd	—	在全 0 张量上更新数据
scatterNdUpdate	tensorScatterUpdate	scatterUpdate	更新元素值
scatterNdAdd	tensorScatterAdd	scatterAdd	在原元素值的基础上增加值（稀疏加法）
scatterNdSub	tensorScatterSub	scatterSub	在原元素值的基础上减去值（稀疏减法）
—	tensorScatterMax	—	与原元素值比对取最大值
—	tensorScatterMin	—	与原元素值比对取最小值

对于原址更新算子，必须采用参数（Parameter）类型的张量。下面分别进行介绍这些函数的用法。

1. 元素分散算子

函数 scatterNd 为元素分散算子，用于将某些值按照索引分散到一个全 0 张量中，其函数签名如下：

```
func scatterNd(indices: Tensor, update: Tensor, shape: Array < Int64 >): Tensor
```

其中，shape 参数指定了全 0 变量的形状；update 参数用于指定需要被分散放置的值；indices 参数用于指定将 update 参数各个值的分散位置。indices 张量的最后一个维度用于指定位置，因此其长度应当小于 update 张量的阶。

例如，将 1、2、3 分散到一个形状为 6 的张量中，代码如下：

```
//数值
let values = Tensor([1i32, 2, 3], shape: [3])
//索引位置
let indices = Tensor([0i32, 2, 5], shape: [3, 1])
//根据索引分散数值
let output = scatterNd(indices, values, [6])
print(output)
```

这段代码将数值 1 放置在第 0 索引位；将数值 2 放置在第 2 索引位；将数值 3 放置在第 5 索引位，其余位置的数值为 0，如图 8-5 所示。

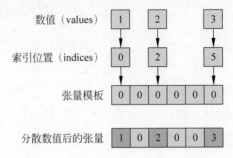

图 8-5　实用 scatterNd 算子分散数值

执行这段代码后，输出的结果如下：

```
Tensor(shape = [6], dtype = Int32, value =
[1 0 2 0 0 3])
```

实际上，函数 scatterNd 通常用于创建一个确定的稀疏张量。

【实例 8-8】　创建稀疏张量 sparseTensor，代码如下：

```
//code/chapter08/example8_8.cj
from CangjieAI import common. *
from CangjieAI import ops. *
main()
{
    //数值
    let values = Tensor([5i32, 8, -1], shape: [3])
    //索引位置(0, 0)、(1, 1)和(2, 0)
    let indices = Tensor([0i32, 0, 1, 1, 2, 0], shape: [3, 2])
    //根据索引分散数值
    let sparseTensor = scatterNd(indices, values, [3, 3])
    print(sparseTensor)
}
```

在上述代码中，创建形状为 3×3 的全 0 张量，并分别将数值 5、8、-1 放置在(0, 0)、(1, 1)和(2, 0)位置上，形成一个形状为 3×3 的稀疏张量。编译并运行程序，输出的结果如下：

```
Tensor(shape = [3, 3], dtype = Int32, value =
[[ 5  0  0]
 [ 0  8  0]
 [-1  0  0]])
```

2. 元素分散更新算子

在元素分散更新算子中，原址更新算子包括 scatterNdAdd（稀疏加法）、scatterNdSub（稀疏减法）、scatterNdUpdate（稀疏更新）等，其函数签名分别如下：

```
func scatterNdAdd ( input: Tensor, indices: Tensor, updates: Tensor, useLocking!: Bool =
false): Tensor
```

```
func scatterNdSub (input: Tensor, indices: Tensor, updates: Tensor, useLocking!: Bool =
false): Tensor
func scatterNdUpdate(input: Tensor, indices: Tensor, updates: Tensor, useLocking!: Bool =
false): Tensor
```

与 scatterNd 函数不同,元素分散更新算子需要传入需要更新的张量 input,并在这个张量的基础上进行更新。useLocking 参数用于指定在更新数值时是否通过锁对数据进行保护。

【实例 8-9】 对张量[1,2,3,4,5,6]应用稀疏加法、稀疏减法和稀疏更新运算,代码如下:

```
//code/chapter08/example8_9.cj
from CangjieAI import common. *
from CangjieAI import ops. *

main()
{
    let input = parameter(Tensor([1i32, 2, 3, 4, 5, 6], shape:[6]), "param")
    let indices = Tensor([0i32, 2, 4, 5], shape: [4, 1])
    let updates = Tensor([6i32, 7, 8, 9], shape: [4])
    //稀疏加法
    var output = scatterNdAdd(input, indices, updates)
    print(output)
    //稀疏减法
    output = scatterNdSub(input, indices, updates)
    print(output)
    //稀疏更新
    output = scatterNdUpdate(input, indices, updates)
    print(output)
}
```

编译并运行程序,输出的结果如下:

```
Tensor(shape = [6], dtype = Int32, value =
[7 2 10 4 13 15])
Tensor(shape = [6], dtype = Int32, value =
[1 2 3 4 5 6])
Tensor(shape = [6], dtype = Int32, value =
[6 2 7 4 8 9])
```

由于这几个算子是原址更新算子,所以经过对相同运算的稀疏加法和稀疏减法操作后,所得到的结果和创建张量时相同,并在稀疏更新操作时改变了对应元素的值。另外,在上述代码中,可以将 print(output) 表达式改为 print(input) 表达式,其输出的结果不变。

上述函数所对应的非原址更新算子分别为 tensorScatterAdd、tensorScatterSub、tensorScatterUpdate 等,其函数签名分别如下:

```
func tensorScatterAdd(input: Tensor, indices: Tensor, updates: Tensor): Tensor
func tensorScatterSub(input: Tensor, indices: Tensor, updates: Tensor): Tensor
func tensorScatterUpdate(input: Tensor, indices: Tensor, update: Tensor): Tensor
```

这些函数的主要区别在于这里 input 张量可以是非参数张量,并且函数没有了 useLocking 参数。

3. 轴分散更新算子

轴分散更新算子包括 scatterAdd(稀疏加法)、scatterSub(稀疏减法)、scatterUpdate(稀疏更新)等,这些算子都是原址更新算子,其函数签名分别如下:

```
func scatterAdd ( input: Tensor, indices: Tensor, updates: Tensor, useLocking!: Bool = false): Tensor
func scatterSub ( input: Tensor, indices: Tensor, updates: Tensor, useLocking!: Bool = false): Tensor
func scatterUpdate ( input: Tensor, indices: Tensor, updates: Tensor, useLocking!: Bool = true): Tensor
```

【实例 8-10】 对张量 input 应用稀疏加法、稀疏减法和稀疏更新运算,代码如下:

```
//code/chapter08/example8_10.cj
from CangjieAI import common. *
from CangjieAI import ops. *

main()
{
    let input = parameter(Tensor([1i32, 2, 3,
                                   4, 5, 6,
                                   7, 8, 9], shape:[3, 3]), "param")
    let indices = Tensor([0i32, 1], shape: [2])
    let updates = Tensor([11i32, 12, 13, 14, 15, 16], shape: [2, 3])
    //稀疏加法
    var output = scatterAdd(input, indices, updates)
    print(output)
    //稀疏减法
    output = scatterSub(input, indices, updates)
    print(output)
    //稀疏更新
    output = scatterUpdate(input, indices, updates)
    print(output)
}
```

在稀疏加法操作中,对张量 input 的第 0 行和第 1 行分别与 updates 张量中的[11,12,13]和[14,15,16]部分相加,如图 8-6 所示。

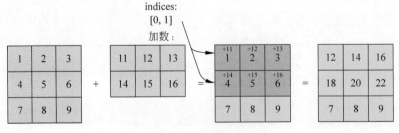

图 8-6 稀疏加法

通过稀疏减法后,将会得到和原 input 张量相同的张量。稀疏减法和稀疏更新的过程与稀疏加法类似,这里不再详细介绍。编译并运行程序,输出的结果如下:

```
Tensor(shape = [3, 3], dtype = Int32, value =
[[ 12  14  16]
 [ 18  20  22]
 [ 7  8  9]])
Tensor(shape = [3, 3], dtype = Int32, value =
[[ 1  2  3]
 [ 4  5  6]
 [ 7  8  9]])
Tensor(shape = [3, 3], dtype = Int32, value =
[[ 11  12  13]
 [ 14  15  16]
 [ 7  8  9]])
```

在上述代码中,仅能对张量的最后一个维度进行更新。如果开发者希望按照某个特定的轴更新数据,则可以使用索引相加(indexAdd)算子,其函数签名如下:

```
func indexAdd(inputX: Tensor, indices: Tensor, inputY: Tensor, axis: Int64, useLock!: Bool =
true, checkIndexBound!: Bool = true): Tensor
```

其中,inputX 为待更新的张量;indices 为指定索引;inputY 为更新相加的张量;axis 为指定轴;useLock 为是否启用锁;checkIndexBound 为是否启用边界检查。

【实例 8-11】 对 input 张量的两个列进行更新,与 add 张量对对应部分相加,代码如下:

```
//code/chapter08/example8_11.cj
from CangjieAI import common. *
from CangjieAI import ops. *
main()
{
    var input = Tensor([100i32, 200, 300, 400, 500, 600, 700, 800, 900],
                        shape: [3, 3])
    input = parameter(input, "input")
    let indices = Tensor([0i32, 2], shape: [2])
    let add = Tensor([1i32, 3, 7, 6, 4, −1], shape: [3, 2])
    let output = indexAdd(input, indices, add, 1)
    print(output)
}
```

编译并运行程序,输出的结果如下:

```
Tensor(shape = [3, 3], dtype = Int32, value =
[[ 101  200  303]
 [ 407  500  606]
 [ 704  800  899]])
```

上述更新相加的过程如图 8-7 所示。

可见,稀疏加法 scatterAdd 算子是 indexAdd 算子当 axis 为 0 时的特例。

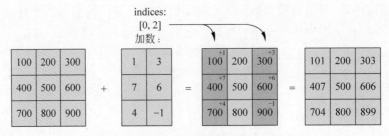

图 8-7　指定索引相加

8.1.4　逻辑运算

张量支持逐元素的布尔运算,也支持逐元素的逻辑控制。本节介绍布尔运算和逻辑控制的基本方法。

1. 布尔运算

张量支持逻辑与、逻辑或和逻辑非,其相应的函数如表 8-8 所示。

表 8-8　布尔运算

函　　　数	描　　　述
func logicalAnd(input1：Tensor,input2：Tensor)：Tensor	逻辑与
func logicalOr(input1：Tensor,input2：Tensor)：Tensor	逻辑或
func logicalNot(input：Tensor)：Tensor	逻辑非

上述函数的张量类型被限制为 BOOL 类型。对于 logicalAnd 和 logicalOr 函数,参与布尔运算的张量形状必须相同。

【实例 8-12】　对 BOOL 类型的张量进行布尔运算,代码如下:

```
//code/chapter08/example8_12.cj
from CangjieAI import ops. *
from CangjieAI import common. *
main()
{
    let t1 = Tensor([true, true, false, false], shape: [2, 2])
    let t2 = Tensor([true, false, true, false], shape: [2, 2])
    print("逻辑与运算: ", logicalAnd(t1, t2))
    print("逻辑或运算: ", logicalOr(t1, t2))
    print("逻辑非运算: ", logicalNot(t1))
}
```

编译并运行程序,输出的结果如下:

```
逻辑与运算:
Tensor(shape = [2, 2], dtype = Bool, value =
[[true false]
 [false false]])
逻辑或运算:
Tensor(shape = [2, 2], dtype = Bool, value =
```

```
[[true true]
 [true false]])
逻辑非运算:
Tensor(shape = [2, 2], dtype = Bool, value =
[[false false]
 [true true]])
```

2. 逻辑控制

仓颉 TensorBoost 不支持将仓颉语言原生的 if 表达式、while 表达式等转换为控制流。开发者可以使用 Switch 算子、select 算子替代 if 表达式,通过 While 算子替代 while 表达式。

1) 分支控制流:Switch 算子和 select 算子

Switch 算子和 select 算子的函数签名如下:

```
func Switch(cond: Tensor, input1: Tensor, input2: Tensor): Tensor
func select(cond: Tensor, input1: Tensor, input2: Tensor): Tensor
```

其中,cond 为布尔类型的张量,用于分支控制;input1 和 input2 分别对应当 cond 为 true 或者 false 时的分支控制结果。

上述这两个函数都可以用于创建分支控制流,其主要区别在于 Switch 中的 cond 参数只需 0 维张量,而 select 中的 cond 张量的形状需要和 input1 和 input2 保持相同,对各个运算分别进行运算,因此,Switch 为张量级分支控制,select 为元素级分支控制。

【实例 8-13】 通过 Switch 算子和 select 算子进行分支控制,代码如下:

```
//code/chapter08/example8_13.cj
from CangjieAI import ops. *
from CangjieAI import common. *
main()
{
    let cond = Tensor([true, true, false], shape: [3])
    let t1 = Tensor([5i32, 7, 3], shape: [3])
    let t2 = Tensor([6i32, 1, 9], shape: [3])
    print("元素级分支控制: ", select(cond, t1, t2))
    print("张量级分支控制: ", Switch(Tensor(false), t1, t2))
}
```

对于元素级分支控制 select 算子,cond 张量的最后一个元素是 false,所以采用了 t2 张量的对应值,其余的元素采用了 t1 张量的对应值,因此其结果应为[5,7,9]。

对于张量级分支控制 Switch 算子,由于控制张量为 false,所以直接采用 t2 张量,其结果应为[6,1,9]。编译并运行程序,输出的结果如下:

```
元素级分支控制:
Tensor(shape = [3], dtype = Int32, value =
[5 7 9])
张量级分支控制:
Tensor(shape = [3], dtype = Int32, value =
[6 1 9])
```

2) 循环控制流：While 算子

函数 While 的签名如下：

```
func While(cond: Tensor, body: Array<Tensor>, tail: Tensor, vars:Array<Tensor>): Tensor
```

其中,cond 是循环终止条件；body 是循环体；tail 是循环尾运算,即为该算子最终返回的张量值；vars 是循环所需要的张量数组,只能使用参数张量。

在使用 While 算子前,需要导入上下文包,代码如下：

```
from context import context.g_context
```

另外,还需要将运行模式调整为静态图模式,详情可参考 6.3.1 节的相关内容。如果在静态图模式的情况下使用 While 算子,则会抛出 NotImplementationError: should not reach here 错误。

【实例 8-14】 计算 1,2,⋯,100 的累加和,代码如下：

```
//code/chapter08/example8_14.cj
from CangjieAI import common. *
from CangjieAI import ops. *
from CangjieAI import context.g_context

main() {
    //循环控制变量(张量):1、2、⋯、100
    var index = parameter(Tensor(1.0f32), "index")
    //承载求和的张量
    var sum = parameter(Tensor(0.0f32), "sum")
    //循环体
    var body = {index: Tensor, sum: Tensor =>
        let sum_new = sum + index
        let index_new = index + 1.0f32
        return [index_new, sum_new]
    }
    //创建 While 循环
    var res = While(index <= 100.0f32, body(index, sum), sum, [index, sum])
    //开始 While 循环
    print(res.evaluate())
}
```

每次进入 body 循环体中,将当前的循环控制变量 index 的值累加到 sum 变量中,并且使 index 自增 1。通过 While 循环算子计算 1,2,⋯,100 的累加和。编译并运行程序,输出的结果如下：

```
Tensor(shape = [], dtype = Float32, value = 5.05000000e + 03)
```

需要注意的是,While 算子不支持循环嵌套,也不能嵌套 Switch 算子,同时也不支持自动微分。

8.1.5 张量的内存设置

由于张量计算占用内存较大,所以可能会在使用时出现 StackOverflowError(栈空间不足)或者 OutOfMemoryError(堆空间不足)错误,此时可以通过仓颉程序的堆栈空间配置解决这个问题。

如果出现 StackOverflowError(栈空间不足)问题,则可通过设置 CJSTACKSIZE 环境变量调整栈空间大小,其取值范围在 64KB～1GB。开发者可以直接执行以下命令,或者将其加入.bashrc 配置文件中,以便长期生效:

```
export CJSTACKSIZE = 1GB
```

如果出现 OutOfMemoryError(堆空间不足)问题,则可通过设置 CJHEAPSIZE 环境变量调整堆空间大小,其取值范围在 256MB～256GB(但是需要低于当前设备的物理内存大小)。开发者可以直接执行以下命令,或者将其加入.bashrc 配置文件中,以便长期生效:

```
export CJHEAPSIZE = 32GB
```

除了扩大张量的内存使用范围以外,开发者应当在程序设计中重视内存的使用方法,例如不断更新的张量应尽量使用参数类型等,这样可以有效地避免内存溢出问题的出现。

8.2　张量比较

张量的比较包括元素级的比较和维度内的比较。在本节的最后,介绍广播机制的基本用法。

8.2.1　维度内的比较

本节介绍维度内比较的相关函数,包括计算指定维度的最值和获取最后一个维度的若干最大值。

1. 计算指定维度的最值

通过 argMaxWithValue、argMinWithValue 和 argmax 函数可以计算指定轴上的最值及其索引,这 3 个函数目前仅支持 Float32 类型的张量。

函数 argMaxWithValue 的签名如下:

```
func argMaxWithValue(input: Tensor, axis!: Int64 = 0, keepDims!: Bool = false):(Tensor, Tensor)
```

其中,input 是输入张量;axis 是需要进行比较的轴,默认为 0;keepDims 表示结果是否保持原来的形状。返回结果是张量组成的元组(注意不是张量元组),其中第 1 个张量为最大值索引组成的张量,第 2 个张量为最大值组成的张量。

【实例 8-15】　通过 argMinWithValue 计算指定轴上的最大值及其索引,代码如下:

```
//code/chapter08/example8_15.cj
from CangjieAI import common. *
from CangjieAI import ops. *
main()
```

```
{
    let input = Tensor([1.0f32, 7.0, 3.0, 4.0, 2.0, 5.0], shape:[2, 3])
    let (index1, max1) = argMaxWithValue(input, axis:0, keepDims:false)
    print("索引: ", index1); print("最大值: ", max1)
    let (index2, max2) = argMaxWithValue(input, axis:0, keepDims:true)
    print("索引: ", index2); print("最大值: ", max2)
    let (index3, max3) = argMaxWithValue(input, axis:1, keepDims:false)
    print("索引: ", index3); print("最大值: ", max3)
    let (index4, max4) = argMaxWithValue(input, axis:1, keepDims:true)
    print("索引: ", index4); print("最大值: ", max4)
}
```

编译并运行程序,输出的结果如下:

```
索引:
Tensor(shape = [3], dtype = Int32, value =
[1 0 1])
最大值:
Tensor(shape = [3], dtype = Float32, value =
[4.00000000e + 00 7.00000000e + 00 5.00000000e + 00])
索引:
Tensor(shape = [1, 3], dtype = Int32, value =
[[ 1 0 1]])
最大值:
Tensor(shape = [1, 3], dtype = Float32, value =
[[ 4.00000000e + 00 7.00000000e + 00 5.00000000e + 00]])
索引:
Tensor(shape = [2], dtype = Int32, value =
[1 2])
最大值:
Tensor(shape = [2], dtype = Float32, value =
[7.00000000e + 00 5.00000000e + 00])
索引:
Tensor(shape = [2, 1], dtype = Int32, value =
[[ 1]
 [ 2]])
最大值:
Tensor(shape = [2, 1], dtype = Float32, value =
[[ 7.00000000e + 00]
 [ 5.00000000e + 00]])
```

上述计算过程如图 8-8 所示。

函数 argMinWithValue 用于计算指定轴的最小值,其签名如下:

```
func argMinWithValue(input: Tensor, axis!: Int64 = 0, keepDims!: Bool = false):(Tensor,
Tensor)
```

这个函数的用法和 argMaxWithValue 的用法非常类似,这里不再赘述。

如果只需要获取指定轴上的最大值的索引,则只需使用 argmax 函数,其函数签名如下:

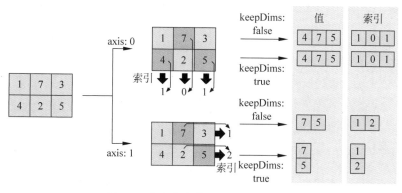

图 8-8　获取指定轴的最大值及其索引

```
func argmax(input: Tensor, axis!: Int64 = -1): Tensor
```

【实例 8-16】　获取张量 $\begin{bmatrix} 1 & 3 & 4 \\ 8 & 2 & 5 \end{bmatrix}$ 在行、列上的最大值的索引,代码如下:

```
//code/chapter08/example8_16.cj
from CangjieAI import common. *
from CangjieAI import ops. *
main()
{
    let input = Tensor([1.0f32, 3.0, 4.0, 8.0, 2.0, 5.0], shape:[2, 3])
    let row_index = argmax(input, axis:0)
    print("行上的最大值索引: ", row_index)
    let col_index = argmax(input, axis:1)
    print("列上的最大值索引: ", col_index)
}
```

编译并运行程序,输出的结果如下:

```
行上的最大值索引:
Tensor(shape = [3], dtype = Int32, value =
[1 0 1])
列上的最大值索引:
Tensor(shape = [2], dtype = Int32, value =
[2 0])
```

该函数在输出层中的应用较多,在 7.2.5 节中就已经使用 argmax 函数对神经网络的前馈输出张量进行处理了。

2. 获取最后一个维度的最大的几个值

函数 topK 用于在最后一个轴上查找 k 个最大值和索引,其签名如下:

```
func topK(input: Tensor, k: Int64, sorted: Bool): (Tensor, Tensor)
```

其中,input 是需要计算的张量,k 是需要查找最大值的个数,sorted 表示结果是否按照几个值从大到小降序排序。函数的返回是两个张量组成的元组,其中第 1 个是索引张量,第 2 个是最大值张量。

【实例 8-17】 找出一维张量中最大的 3 个值,代码如下:

```
//code/chapter08/example8_17.cj
from CangjieAI import common. *
from CangjieAI import ops. *
main()
{
    let input = Tensor([1.0f32, 3.0, 4.0, 8.0, 2.0, 5.0], shape:[6])
    let (index, value) = topK(input, 3, false)
    print("索引: ", index)
    print("值: ", value)
}
```

编译并运行程序,输出的结果如下:

```
索引:
Tensor(shape = [3], dtype = Int32, value =
[3 5 2])
值:
Tensor(shape = [3], dtype = Float32, value =
[8.00000000e + 00 5.00000000e + 00 4.00000000e + 00])
```

函数 topK 通常用于获取神经网络判断的几个最有可能的分类,以便于给用户更多的参考。例如,对于数字识别的神经网络,可以通过 topK 获取该网络判断的最有可能的几个数字。

函数 inTopK 是 topK 的进一步封装,可以用于判断某些索引是否在几个最大值索引之中。例如,可以用于判断样本真实分类是否存在于神经网络最有可能的分类之中。函数 inTopK 的签名如下:

```
func inTopK(x1: Tensor, x2: Tensor, k: Int64): Tensor
```

其中,x1 是用于计算 topK 的张量,x2 是索引张量;x2 必须为一维张量,并且元素的个数必须和 x1 的第 0 维长度相等,用于同时进行多个比较;k 为指定最大元素的个数。该函数的返回即 x2 的各个索引在 x1 张量对应的部分中是否存在于前 k 个最大值之中。

【实例 8-18】 判断第 1 个元素和第 2 个元素是否在张量 $\begin{bmatrix} 6 & 3 & 4 \\ 8 & 2 & 5 \end{bmatrix}$ 第 1 行和第 2 行的前两个最大值之中,代码如下:

```
//code/chapter08/example8_18.cj
from CangjieAI import common. *
from CangjieAI import ops. *
main()
{
    let input = Tensor([6.0f32, 3.0, 4.0, 8.0, 2.0, 5.0], shape:[2, 3])
    let index = Tensor([0i32, 1], shape : [2])
    let res = inTopK(input, index, 2)
    print(res)
}
```

编译并运行程序,输出的结果如下:

```
Tensor(shape = [2], dtype = Bool, value =
[true false])
```

上述计算过程如图 8-9 所示。

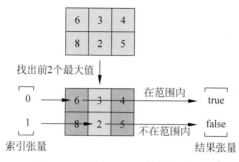

图 8-9 函数 inTopK 的执行流程

维度内的比较经常被用在神经网络的最后一层,辅助判断其输出结果的分类。

8.2.2 元素级的比较

元素级的比较是指两个张量之间逐元素地进行比较,下面介绍几种比较常见的用法。

1. 大小比较

用于张量元素的大小比较的函数如表 8-9 所示。

表 8-9 张量元素的大小比较

函　　数	描　　述
func equal(input1：Tensor, input2：Tensor)：Tensor	判断相等
func notEqual(input1：Tensor, input2：Tensor)：Tensor	判断不等
func greater(input1：Tensor, input2：Tensor)：Tensor	大于
func greaterEqual(input1：Tensor, input2：Tensor)：Tensor	大于或等于
func less(input1：Tensor, input2：Tensor)：Tensor	小于
func lessEqual(input1：Tensor, input2：Tensor)：Tensor	小于或等于

上述函数的返回结果是 BOOL 类型的张量,其各个元素值是 input1 和 input2 对应元素的比较结果。

注意　input1 和 input2 必须为相同类型的张量。

例如,比较[1.0, 2.0]和[3.0, 2.0]张量的各个元素是否相等,代码如下:

```
let t1 = Tensor([1.0f32, 2.0], shape : [1, 2])
let t2 = Tensor([3.0f32, 2.0], shape : [1, 2])
print("元素是否相等: ", equal(t1, t2))
```

第 1 个元素不相等,第 2 个元素相等,其结果应为[false, true],输出的结果如下:

元素是否相等：
```
Tensor(shape = [1, 2], dtype = Bool, value =
[[false true]])
```

另外，表 8-9 中的函数还存在和 Float16、Float32、Float64、Int32 类型数值的重载函数。例如，equal 函数的重载函数如下：

```
func equal(input1: Tensor, input2: Tensor): Tensor
func equal(input1: Tensor, input2: Float16): Tensor
func equal(input1: Float16, input2: Tensor): Tensor
func equal(input1: Tensor, input2: Float32): Tensor
func equal(input1: Float32, input2: Tensor): Tensor
func equal(input1: Tensor, input2: Float64): Tensor
func equal(input1: Float64, input2: Tensor): Tensor
func equal(input1: Int32, input2: Tensor): Tensor
func equal(input1: Tensor, input2: Int32): Tensor
```

如果 input1 和 input2 为 Float16、Float32、Float64 或 Int32 基本数据类型，则比较时会和张量的各个元素分别进行比较，并输出和张量形状相同的 BOOL 类型的结果张量。例如，比较张量[1.0, 2.0, 3.0, 4.0, 5.0, 6.0]和 4.0 的大小，比 4.0 大的元素为 true，其余的元素为 false，代码如下：

```
let tensor = Tensor([1.0f32, 2.0, 3.0, 4.0, 5.0, 6.0], shape : [6])
print(greater(tensor, 4.0f32))
```

输出的结果如下：

```
Tensor(shape = [6], dtype = Bool, value =
[false false false false true true])
```

2. 元素对应相等的个数

除了上述函数可用于比较张量元素的大小以外，还可以通过 equalCount 函数计算相等元素的个数，其函数签名如下：

```
func equalCount(input1: Tensor, input2: Tensor): Tensor
```

和表中的函数类似，input1 和 input2 必须为同种类型。该函数的返回为类型和 input1、input2 相同的 0 维张量，其值为 input1 和 input2 对应元素相等的个数。例如，计算张量 $\begin{bmatrix} 1 & 2 \\ 2 & 3 \end{bmatrix}$ 和张量 $\begin{bmatrix} 1 & 1 \\ 2 & 4 \end{bmatrix}$ 中相等元素的个数，代码如下：

```
let t1 = Tensor([1i32, 2, 2, 3], shape : [2, 2])
let t2 = Tensor([1i32, 1, 2, 4], shape : [2, 2])
print(equalCount(t1, t2))
```

这两个张量中有两个元素对应相等，输出的结果如下：

```
Tensor(shape = [1], dtype = Int32, value = [2])
```

3. 对应元素的最值

通过 maximum 函数和 minimum 函数可以取得两个张量的对应元素的最值,并形成新的张量,如表 8-10 所示。

表 8-10　对应元素的最值

函　　　数	描　　　述
func maximum(input1:Tensor, input2:Tensor):Tensor	最大值
func minimum(input1:Tensor, input2:Tensor):Tensor	最小值

函数 maximum 可以取 input1 和 input2 中对应元素的最大值。例如,通过 maximum 函数比较张量[1,3,4]和[11,4,1]并取对应元素的最大值,代码如下:

```
let t1 = Tensor([1i32, 3, 4], shape : [3])
let t2 = Tensor([11i32, 4, 1], shape : [3])
print(maximum(t1, t2))
```

输出的结果如下:

```
Tensor(shape = [3], dtype = Int32, value =
[11 4 4])
```

下面选取几个主要的函数演示其用法。

【实例 8-19】　比较 t1 和 t2 张量并输出结果,代码如下:

```
//code/chapter08/example8_19.cj
from CangjieAI import common. *
from CangjieAI import ops. *
main() {
    //定义 t1 和 t2 张量
    let t1 = Tensor([1i32, 2, 3, 4, 5], shape : [5])
    let t2 = Tensor([5i32, 4, 3, 2, 1], shape : [5])
    print("元素是否相等: ", equal(t1, t2))
    print("元素是否不相等: ", notEqual(t1, t2))
    print("元素相等的个数: ", equalCount(t1, t2))
    print("t1 比 t2 大的元素: ", greater(t1, t2))
    print("t1 比 t2 小或相等的元素: ", lessEqual(t1, t2))
    print("取 t1 和 t2 中的最小元素: ", minimum(t1, t2))
    print("取 t1 和 t2 中的最大元素: ", maximum(t1, t2))
}
```

编译并运行程序,输出的结果如下:

```
元素是否相等:
Tensor(shape = [5], dtype = Bool, value =
[false false true false false])
元素是否不相等:
Tensor(shape = [5], dtype = Bool, value =
[true true false true true])
元素相等的个数:
```

```
Tensor(shape = [1], dtype = Int32, value = [1])
t1 比 t2 大的元素:
Tensor(shape = [5], dtype = Bool, value =
[false false false true true])
t1 比 t2 小或相等的元素:
Tensor(shape = [5], dtype = Bool, value =
[true true true false false])
取 t1 和 t2 中的最小元素:
Tensor(shape = [5], dtype = Int32, value =
[1 2 3 2 1])
取 t1 和 t2 中的最大元素:
Tensor(shape = [5], dtype = Int32, value =
[5 4 3 4 5])
```

8.2.3　广播机制

张量具有广播机制(broadcasting),即具有在满足特定规则的情况下可以对不同形状的张量进行计算的机制。在本章前文所介绍的算子(除了 equalCount 算子)中都采用相同形状的算子进行了介绍。实际上,这些算子都可以通过广播机制扩展应用到不同形状的张量的计算中。

不过,并不是任意两个不同形状的张量都可以参与计算。而将两个不同形状的张量的形状,从最后一个维度开始对齐并依次比较判断是否满足如下两个条件:

(1) 当前维度相等。

(2) 当前维度中有一个维度为1。

注意　比较到高维度时,其中一个张量的维度为 0,参考条件(2)处理。

当以上两个规则满足其中一个时,即可应用广播机制。此时,也称这几个张量是广播兼容的。下文分别介绍这两种情况下广播机制的应用。

1. 当前维度相等

参与计算的张量的维度的长度相符,是指其中一个张量的维度轴长度与另外一个张量的维度轴长度相同,其中形状维度较小的张量会自动进行扩展,与形状维度较大的张量保持一致,使两者元素可以对应计算。下面通过一个实例介绍这种情形下广播机制的用法。

【实例 8-20】　形状为 3×3 的张量和形状为 3 的张量相加,代码如下:

```
//code/chapter08/example8_20.cj
from CangjieAI import common. *
from CangjieAI import ops. *
main()
{
    let t1 = Tensor([1i32, 2, 3, 4, 5, 6, 7, 8, 9], shape:[3, 3])
    let t2 = Tensor([10i32, 20, 30], shape:[3])
    let output = t1 + t2
    print(output)
}
```

由于张量 t2 的后缘维度的轴长度为 3,和张量 t1 的后缘维度的轴长度相同,所以可以对张量 t2 进行扩展,分别对应到张量 t1 的每行后再进行计算,如图 8-10 所示。

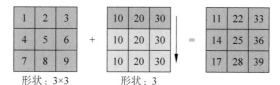

图 8-10　后缘维度的轴长度均为 3 的情况下的广播机制应用

编译并运行程序,输出的结果如下:

```
Tensor(shape = [3, 3], dtype = Int32, value =
[[ 11  22  33]
 [ 14  25  36]
 [ 17  28  39]])
```

在这个实例中,张量 t1 和 t2 的最后一个维度相同。实际上,如果最后几个维度都是一致的,则可以进行广播。例如,形状为 $2 \times 2 \times 2$ 的张量和形状为 2×2 的张量相减,代码如下:

```
let t1 = Tensor([1i32, 2, 3, 4, 5, 6, 7, 8], shape:[2, 2, 2])
let t2 = Tensor([1i32, 2, 3, 4], shape:[2, 2])
let output = t1 - t2
print(output)
```

此时的后缘维度是指最后两个维度,那么也可以应用广播机制对 t2 张量进行扩展后计算,如图 8-11 所示。

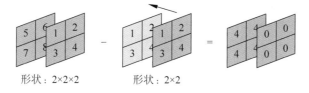

图 8-11　后缘维度的轴长度均为 2×2 的情况下的广播机制应用

这段代码的输出结果如下:

```
Tensor(shape = [2, 2, 2], dtype = Int32, value =
[[[ 0  0]
  [ 0  0]]
 [[ 4  4]
  [ 4  4]]])
```

2. 当前维度中有一个维度为 1

当当前维度中有一个维度为 1 时,可以在这个维度上进行广播,以便达到另外一个张量的最后一个维度的轴长度。

【实例 8-21】　形状为 3×3 的张量和形状为 3×1 的张量相加,代码如下:

```
//code/chapter08/example8_21.cj
from CangjieAI import common. *
from CangjieAI import ops. *
main()
{
    let t1 = Tensor([1i32, 2, 3, 4, 5, 6, 7, 8, 9], shape:[3, 3])
    let t2 = Tensor([10i32, 20, 30], shape:[3,1])
    let output = t1 + t2
    print(output)
}
```

对于张量 t2,其最后一个维度的轴长度为 1,因此可以扩展到任意长度。当张量 t2 的最后一个维度的轴长度扩展到 3 时,也就是从形状 3×1 扩展到 3×3 时,可以和张量 t1 的各个元素进行对应计算,如图 8-12 所示。

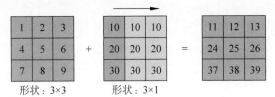

图 8-12　最后一个维度的轴长度为 1 的情况下的广播机制应用

编译并运行程序,输出的结果如下:

```
Tensor(shape = [3, 3], dtype = Int32, value =
[[ 11   12   13]
 [ 24   25   26]
 [ 37   38   39]])
```

上面介绍了广播机制的基本用法,但是,为什么要在张量中应用广播机制呢？一方面,可以方便程序人员进行开发,避免手动维度对齐工作；另一方面,可以降低内存占用。广播机制的本质是利用低维度的张量完成高维度运算,从而达到减少系统资源占用的目的。

有了广播机制后,可以对张量运算中的部分张量进行降维。8.3 节将介绍张量常见的维度变换方法。

8.3　张量的维度操作

本节介绍维度变换的基本操作,以及张量的切片、取值、合并、分割等操作方法。

8.3.1　基本维度变换

本节介绍在不增加或删除元素的情况下,对张量的维度进行操作的基本方法。

1. 改变维度

本节介绍 reshape 函数和 flatten 函数,以便改变张量的维度。

1）通过 reshape 函数改变维度

通过 reshape 函数可以实现在不改变元素的排布顺序的情况下，改变张量的形状，其函数签名如下：

```
func reshape(input: Tensor, shape: Array < Int64 >): Tensor
```

其中，input 是输入张量；shape 是目标张量形状。例如，将张量[1,2,3,4,5,6,7,8]的形状改变为 2×4、$2\times2\times2$ 和 4×2，代码如下：

```
var input = Tensor([1i32, 2, 3, 4, 5, 6, 7, 8], shape: [8, 1])
print(reshape(input, [2, 4]))
print(reshape(input, [2, 2, 2]))
print(reshape(input, [4, 2]))
```

输出的结果如下：

```
Tensor(shape = [2, 4], dtype = Int32, value =
[[ 1   2   3   4]
 [ 5   6   7   8]])
Tensor(shape = [2, 2, 2], dtype = Int32, value =
[[[ 1   2]
  [ 3   4]]
 [[ 5   6]
  [ 7   8]]])
Tensor(shape = [4, 2], dtype = Int32, value =
[[ 1   2]
 [ 3   4]
 [ 5   6]
 [ 7   8]])
```

2）通过 flatten 函数合并维度

通过 flatten 函数可以合并张量除了第 0 维度以外的其他维度，其函数签名如下：

```
func flatten(input: Tensor): Tensor
```

其中，input 是输入张量。例如，合并形状为 $2\times2\times2$ 张量除了第 0 维度以外的其他维度，代码如下：

```
var input = Tensor([1i32, 2, 3, 4, 5, 6, 7, 8], shape: [2, 2, 2])
print(flatten(input))
```

输出的结果如下：

```
Tensor(shape = [2, 4], dtype = Int32, value =
[[ 1   2   3   4]
 [ 5   6   7   8]])
```

2. 增加和删除维度

函数 expandDims 用于在指定的位置上扩展新的维度，函数 squeeze 用于删除所有轴长度为 1 的维度。

1）通过函数 expandDims 增加维度

函数 expandDims 的签名如下：

```
func expandDims(input: Tensor, axis: Int64): Tensor
```

其中，参数 input 为输入张量；axis 为指定的需要增加维度的轴位置。例如，在一个张量的最前方和最后方增加维度，代码如下：

```
var input = Tensor([1i32, 2, 3, 4], shape: [2, 2])
//在最前方增加维度
print(expandDims(input, 0))
//在最后方增加维度
print(expandDims(input, -1))
```

输出的结果如下：

```
Tensor(shape = [1, 2, 2], dtype = Int32, value =
[[[ 1  2]
  [ 3  4]]])
Tensor(shape = [2, 2, 1], dtype = Int32, value =
[[[ 1]
  [ 2]]
 [[ 3]
  [ 4]]])
```

2）通过函数 squeeze 删除维度

函数 squeeze 的签名如下：

```
func squeeze(input: Tensor, axis!: Array< Int64 > = []): Tensor
```

其中，参数 input 为输入张量；axis 为指定要删除的形状的维度索引，默认删除所有轴长度为 1 的维度。例如，删除形状为 $1\times2\times1\times2\times1$ 的张量中所有轴长度为 1 的维度，代码如下：

```
var input = Tensor([1i32, 2, 3, 4], shape: [1, 2, 1, 2, 1])
print(squeeze(input))
```

输出的结果如下：

```
Tensor(shape = [2, 2], dtype = Int32, value =
[[ 1  2]
 [ 3  4]])
```

8.3.2 张量的切片和取值

本节介绍如何对一个张量进行操作，获取其中部分信息并组合为一个新的张量。张量的切片是指对张量的某个维度进行切削，取得其中的某些部分后组合为新的张量。张量的取值是获取张量中的部分元素值，并组合为新的张量。取值更灵活，切片通常限制等步长切片，或者连续的要求。同时切片可能和原张量共享内存，但取值则一定会为新张量开辟新内存。

1. 张量的切片

用于张量切片的主要函数包括 slice 和 gather。

（1）slice：对张量在多个维度上进行切片，形成新的张量。

（2）gather：通过索引数组，对张量指定维度进行重组，形成新的张量。

1）通过 slice 函数在多个维度上切片

函数 slice 的签名如下：

```
func slice(input: Tensor, begin: Array<Int64>, size: Array<Int64>): Tensor
```

其中，input 为输入张量，begin 和 size 数组分别为切片的起始位置和尺寸大小。begin 和 size 数组的长度需要与张量 input 的阶相等。

例如，获取形状为 3×3 矩阵的右下角的子矩阵，此子矩阵的形状为 2×2，代码如下：

```
var input = Tensor([1i32, 2, 3, 4, 5, 6, 7, 8, 9], shape: [3, 3])
print(slice(input, [1,1], [2,2]))
```

输出的结果如下：

```
Tensor(shape = [2, 2], dtype = Int32, value =
[[ 5  6]
 [ 8  9]])
```

函数 slice 可以在多个维度上同时对张量进行切片，可用于获得矩阵的子矩阵，以及获得张量的"子张量"。

2）通过 gather 函数在指定维度上切片并重组

函数 gather 的签名如下：

```
func gather(input: Tensor, inputIndices: Tensor, axis: Int64): Tensor
```

其中，input 为输入张量；axis 为指定的维度；inputIndices 数组是索引张量，可以在 axis 维度中指定所需数据的索引，并可进行重排。

注意　gather 算子不支持 Int64 类型，使用时会自动将张量的元素转换为 Int32 类型，并输出警告提示。

【实例 8-22】　对形状为 $2\times2\times3$ 的张量的指定维度进行切片，代码如下：

```
//code/chapter08/example8_22.cj
from CangjieAI import ops. *
from CangjieAI import common. *
main()
{
    let tensor = Tensor([1i32,2,3,4,5,6,7,8,9,10,11,12]
                            , shape: [2, 2, 3])      //原张量
    //取所有的第 2 列
    var gatherShp = Tensor(Array<Int32>([1]), shape: [1])
```

```
    let output1 = gather(tensor, gatherShp, 2)
    print(output1)
    //取所有的第1行
    gatherShp = Tensor(Array < Int32 >([0]), shape: [1])
    let output2 = gather(tensor, gatherShp, 1)
    print(output2)
    //取所有的第2列和第3列,并交换顺序
    gatherShp = Tensor(Array < Int32 >([2, 1]), shape: [2])
    let output3 = gather(tensor, gatherShp, 2)
    print(output3)
}
```

上述切片过程如图 8-13 所示。

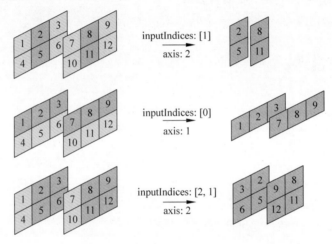

图 8-13   用 gather 函数对张量切片

编译并运行程序,输出的结果如下:

```
Tensor(shape = [2, 2, 1], dtype = Int32, value =
[[[ 2]
  [ 5]]
 [[ 8]
  [ 11]]])
Tensor(shape = [2, 1, 3], dtype = Int32, value =
[[[ 1  2  3]]
 [[ 7  8  9]]])
Tensor(shape = [2, 2, 2], dtype = Int32, value =
[[[ 3  2]
  [ 6  5]]
 [[ 9  8]
  [ 12  11]]])
```

2. 张量的取值

张量取值的主要函数包括 gatherD 和 gatherNd。

(1) gatherD:在指定维度上,通过索引将元素设置为该维度上指定的元素值,重组并形成新的张量。

（2）gatherNd：用于张量的取值，并形成新的张量。

以下分别介绍这几个函数的用法。

1）通过 gatherD 函数对张量取值

函数 gatherD 的签名如下：

```
func gatherD(x: Tensor, dim: Int64, index: Tensor): Tensor
```

对于输入张量 x 而言，在指定维度 dim 上，通过 index 进行取值并重排。

【实例 8-23】 对形状为 2×3 的张量的指定维度进行取值并重排，代码如下：

```
//code/chapter08/example8_23.cj
from CangjieAI import ops. *
from CangjieAI import common. *
main()
{
    let tensor = Tensor([1i64,2,3,4,5,6], shape: [2, 3])      //原张量
    let idx = Tensor([0i64, 1, 0, 2, 1, 0], shape: [2, 3])
    let output =  gatherD(tensor, 1, idx)
    print(output)
}
```

对于 2×3 的张量，在第 1 行分别取得第 0、第 1、第 0 索引位置的元素进行组合，在第 2 行分别取得第 2、第 1、第 0 索引位置的元素进行组合，形成最终的结果张量，如图 8-14 所示。

编译并运行程序，输出的结果如下：

```
Tensor(shape = [2, 3], dtype = Int64, value =
[[ 1  2  1]
 [ 6  5  4]])
```

2）通过 gatherNd 函数对张量取值

函数 gatherNd 的函数签名如下：

```
func gatherNd(input: Tensor, indices: Tensor): Tensor
```

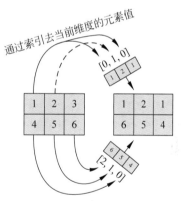

图 8-14 用 gatherD 函数在指定维度上获取元素值

该函数是通过 indices 索引对 input 张量进行取值的，并形成新的张量。由于 indices 为索引位置，因此其最后一个维度的轴长度要小于或等于张量 input 的阶。

注意 gatherNd 算子支持 Int32、Int64 类型，但在 Ascend 架构上仅支持 Int32 类型。

【实例 8-24】 对形状为 2×3 的张量进行取值，并形成新的张量，代码如下：

```
//code/chapter08/example8_24.cj
from CangjieAI import ops. *
```

```
from CangjieAI import common. *
main()
{
    let tensor = Tensor([1i32,2,3,4,5,6], shape: [2, 3])
    //取得(0,0)和(1,2)位置的元素
    let indices = Tensor([0i32, 0, 1, 2], shape: [2, 2])
    let output = gatherNd(tensor, indices)
    print(output)
}
```

上述代码的取值过程如图 8-15 所示。

编译并运行程序,输出的结果如下:

```
Tensor(shape = [2], dtype = Int32, value = [1 6])
```

经过对比可知,函数 gatherNd 和函数 scatterNdUpdate 互为拟操作。

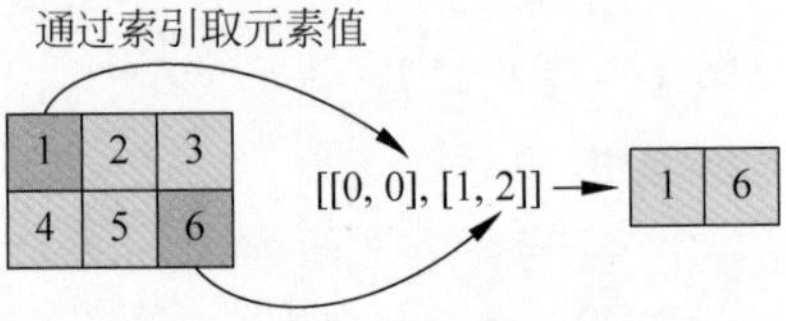

通过索引取元素值

图 8-15 用 gatherNd 函数获取张量指定位置上的元素

8.3.3 张量的合并与分割

本节介绍张量的合并和分割的常用算子。

1. 张量的合并

通过 concat 和 stack 函数可以对张量进行合并,前者不增加张量的维度,而后者则通过一个新的维度组合张量。

1) 通过 concat 函数合并张量

函数 concat 用于在指定维度上对张量进行合并,包括以下 3 个重载函数:

```
//可微函数
func concat(input1: Tensor, input2: Tensor, axis!: Int64 = 0): Tensor
//不可微函数
func concat(input: Array < Tensor >, axis!: Int64 = 0): Tensor
func concat(tupleInput: Tensor, axis!: Int64 = 0): Tensor
```

其中,axis 是合并张量的指定维度。

注意　concat 函数不支持 Int64 类型的元素,否则会抛出异常。

使用 concat 函数需要注意以下两点:

（1）concat 的几个重载函数的主要区别是需要合并的张量的形式不同,可以单独的张量形式进行合并,也可以张量数组或张量元组的形式进行合并,但是,注意并不是所有的重载函数都可以利用自动微分特性。

（2）需要合并的张量属性必须匹配:

■　张量类型必须一致。

■　除了 axis 参数所指定的维度以外,其他维度的轴长度必须逐一对应相等。

【实例 8-25】　合并两个相同的形状为 2×2 的张量,代码如下:

```
//code/chapter08/example8_25.cj
from CangjieAI import ops. *
from CangjieAI import common. *
main()
{
    let tensor = Tensor([1i32,2,3,4,5,6,7,8], shape: [2, 2, 2])
    //在第 0 维度上合并
    let output1: Tensor = concat([tensor, tensor], axis: 0)
    print(output1)
    //在第 1 维度上合并
    let output2: Tensor = concat([tensor, tensor], axis: 1)
    print(output2)
    //在第 2 维度上合并
    let output3: Tensor = concat([tensor, tensor], axis: 2)
    print(output3)
}
```

对应不同的维度,所合并后的张量效果如图 8-16 所示。

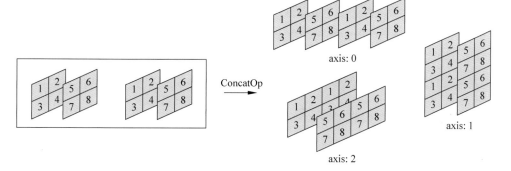

图 8-16 用 concat 合并张量

编译并运行程序,输出的结果如下:

```
Tensor(shape = [4, 2, 2], dtype = Int32, value =
[[[ 1  2]
  [ 3  4]]
 [[ 5  6]
  [ 7  8]]
 [[ 1  2]
  [ 3  4]]
 [[ 5  6]
  [ 7  8]]])
Tensor(shape = [2, 4, 2], dtype = Int32, value =
[[[ 1  2]
  [ 3  4]
  [ 1  2]
  [ 3  4]]
 [[ 5  6]
```

```
 [ 7  8]
 [ 5  6]
 [ 7  8]]])
Tensor(shape = [2, 2, 4], dtype = Int32, value =
[[[ 1  2  1  2]
  [ 3  4  3  4]]
 [[ 5  6  5  6]
  [ 7  8  7  8]]])
```

2）通过 stack 函数合并张量

与 concat 不同，函数 stack 可在指定维度上创建一个新的维度，将多个张量合并，其函数签名如下：

```
func stack(input: Array < Tensor >, axis!: Int64 = 0): Tensor
func stack(input: Tensor, axis!: Int64 = 0): Tensor
```

需要以张量数组的形式或者以张量元组的形式传入张量，并且这些张量的属性（形状和类型）必须完全相同；axis 表示合并时创建新维度的位置。

注意 stack 函数不支持 Int64 类型的元素，否则会抛出异常。

【**实例 8-26**】 合并 3 个相同的形状为 2×2 的张量，代码如下：

```
//code/chapter08/example8_26.cj
from CangjieAI import ops. *
from CangjieAI import common. *
main()
{
    let tensor = Tensor([1i32,2,3,4], shape: [2, 2])
    let output1: Tensor = stack([tensor, tensor, tensor], axis: 0)
    print(output1)
    let output2: Tensor = stack([tensor, tensor, tensor], axis: 1)
    print(output2)
    let output3: Tensor = stack([tensor, tensor, tensor], axis: 2)
    print(output3)
}
```

上述代码分别在第 0、第 1、第 2 维度上对 3 个相同张量进行合并，其合并效果如图 8-17 所示。

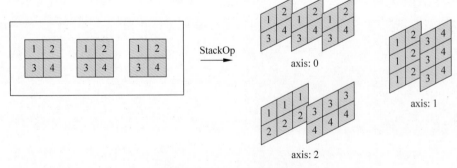

图 8-17　用 stack 合并张量

编译并运行程序,输出的结果如下:

```
Tensor(shape = [3, 2, 2], dtype = Int32, value =
[[[ 1  2]
  [ 3  4]]
 [[ 1  2]
  [ 3  4]]
 [[ 1  2]
  [ 3  4]]])
Tensor(shape = [2, 3, 2], dtype = Int32, value =
[[[ 1  2]
  [ 1  2]
  [ 1  2]]
 [[ 3  4]
  [ 3  4]
  [ 3  4]]])
Tensor(shape = [2, 2, 3], dtype = Int32, value =
[[[ 1  1  1]
  [ 2  2  2]]
 [[ 3  3  3]
  [ 4  4  4]]])
```

2. 张量的分割

通过 split 函数和 unstack 函数可以实现张量的分割。实际上,函数 split 和函数 concat 互为逆操作,函数 unstack 和函数 stack 互为逆操作。

1) 通过 split 函数分割张量

函数 split 可以在指定维度将张量拆分成若干个形状相同的张量,并以张量元组的形式返回结果,其签名如下:

```
func split(input: Tensor, axis: Int64, outputNum: Int64): Tensor
```

其中,input 为输入张量;axis 为拆分张量的指定轴;outputNum 为拆分后张量的数量。axis 指定的轴长度需要能够被 outputNum 整除。例如,对于 2×36 形状的张量,如果将 axis 指定为 1,则 outputNum 可以指定为 2、3、6、12 等值,36 都可以整除这些数。

例如,将形状为 3×3 的张量拆分为 3 个 1×3 的张量,代码如下:

```
let tensor = Tensor([1i32,2,3,4,5,6,7,8,9], shape: [3, 3])
//在第 0 维度上拆分为 3 个张量
let output = split(tensor, 0, 3)
print(output)
```

输出的结果如下:

```
Tensor(shape = [1, 3], dtype = Int32, value =
[[ 1  2  3]])
Tensor(shape = [1, 3], dtype = Int32, value =
[[ 4  5  6]])
Tensor(shape = [1, 3], dtype = Int32, value =
[[ 7  8  9]])
```

2）通过 unstack 函数分割张量

函数 unstack 用于在指定轴上对张量进行拆分，其函数签名如下：

```
func unstack(input: Tensor, axis!: Int64 = 0): Tensor
```

其中，input 为输入张量，axis 为指定轴，默认为第 0 个维度。例如，将形状为 3×3 的张量拆分为 3 个 1×3 的张量，代码如下：

```
let tensor = Tensor([1i32,2,3,4,5,6,7,8,9], shape: [3, 3])
//在第 0 维度上拆分为 3 个张量
let output = unstack(tensor, axis : 0)
print(output)
```

输出的结果如下：

```
Tensor(shape = [3], dtype = Int32, value =
[1 2 3])
Tensor(shape = [3], dtype = Int32, value =
[4 5 6])
Tensor(shape = [3], dtype = Int32, value =
[7 8 9])
```

观察 split 和 unstack 函数拆分张量的区别，可以发现 split 函数输出的张量的阶和输入张量的阶是相同的，而 unstack 函数的输出结果的阶比输入张量的阶少 1，因此，对于拆分张量，函数 split 不改变维度，而函数 untack 会降低维度。

8.3.4　反转元素

通过 reverseSequence 函数和 reverseV2 函数可以反转张量中的元素。本节分别介绍这两个函数的用法。

1）通过函数 reverseSequence 反转元素

函数 reverseSequence 对张量中指定维度中的部分（或全部）元素进行反转，其函数签名如下：

```
func reverseSequence(input: Tensor, seqLengths: Tensor, seqDim: Int64, batchDim!: Int64 = 0): Tensor
```

其中，input 为输入张量；seqDim 为指定维度；seqLengths 指定了轴内各个序列反转元素的个数；batchDim 用于指定执行切片的维度。

【实例 8-27】　对于形状 2×4 的张量，在第 1 行反转全部元素，在第 2 行反转前两个元素，代码如下：

```
//code/chapter08/example8_27.cj
from CangjieAI import common. *
from CangjieAI import ops. *
main()
{
    let input = Tensor([1i32, 2, 3, 4, 5, 6, 7, 8], shape: [2, 4])
```

```
    let seqLengths = Tensor([4i32, 2], shape: [2])
    let output = reverseSequence(input, seqLengths, 1)
    print(output)
}
```

张量 seqLengths 指定了各个行中反转元素的个数。编译并运行程序,输出的结果如下:

```
Tensor(shape = [2, 4], dtype = Int32, value =
[[ 4  3  2  1]
 [ 6  5  7  8]])
```

2) 通过函数 reverseV2 反转元素

函数 reverseV2 用于反转张量指定维度上的所有元素,其函数签名如下:

```
func reverseV2(input: Tensor, axis: Array < Int64 >): Tensor
```

其中,input 为输入张量;axis 为指定需要反转元素的维度数组,其中维度的顺序可以任意调换。

【实例 8-28】 对张量 input 进行元素反转,代码如下:

```
//code/chapter08/example8_28.cj
from CangjieAI import common. *
from CangjieAI import ops. *
main()
{
    let input = Tensor([1i32, 2, 3, 4, 5, 6, 7, 8, 9], shape:[3, 3])
    print("反转行: ", reverseV2(input, [0]))
    print("反转列: ", reverseV2(input, [1]))
    print("反转行和列: ", reverseV2(input, [0, 1]))
}
```

编译并运行程序,输出的结果如下:

```
反转行:
Tensor(shape = [3, 3], dtype = Int32, value =
[[ 7  8  9]
 [ 4  5  6]
 [ 1  2  3]])
反转列:
Tensor(shape = [3, 3], dtype = Int32, value =
[[ 3  2  1]
 [ 6  5  4]
 [ 9  8  7]])
反转行和列:
Tensor(shape = [3, 3], dtype = Int32, value =
[[ 9  8  7]
 [ 6  5  4]
 [ 3  2  1]])
```

8.4　本章小结

　　本章介绍了张量的高级用法。由于仓颉 TensorBoost 建立在 MindSpore 框架基础上，因此许多有关的算子说明读者也可以直接参考 MindSpore 的帮助文档。

　　第 6 章和本章已经基本涵盖了常用的算子，可以为后期复杂的神经网络学习带来帮助，能够更加得心应手。在随后的章节中将会学习更加复杂、更加实用的神经网络。

8.5　习题

　　1. 通过 Switch 算子计算如下函数：
$$f(x) = \begin{cases} x - 10, & x < 2 \\ 2x + 10, & x \geqslant 2 \end{cases}$$

　　2. 通过 While 算子计算 $50!$，即 $1,2,\cdots,50$ 的累积。

　　3. 通过张量的算子实现交叉熵代价函数。

　　4. 通过张量的算子实现 ReLU 函数。

## 第 9 章

深度神经网络

已经了解到,深度学习通过深度神经网络完成机器学习任务。经过学者们的研究和实践发现,随着神经网络层次的加深,训练速度变慢,但是泛化性能更好。这是由于更多的非线性层及更多更加复杂的连接能够使神经网络具有更强的抽象能力。

神经网络就像一个"黑箱子"。设计一个神经网络并进行训练验证很容易,但是很难理解神经网络是如何展开学习和操作的。面对成千上万个参数设置及神经元之间的广泛连接,学者们甚至一度不知道如何下手研究和优化神经网络。随着深度神经网络的层次越深,研究的难度就更大了。既然我们很难从细节上入手优化深度神经网络,那么就可以直接针对在应用过程中产生的具体问题展开分析研究,例如针对过拟合问题提出了正则化方法,针对学习速度较慢问题应用了交叉熵损失函数及学习率动态调整等方案,使神经网络模型的构建更加科学。

本章指出深度神经网络中的一些问题和挑战,并介绍一些常见的优化方法,核心知识点如下:

- 交叉熵损失函数和 Softmax 激活函数。
- 自适应学习率。
- 过拟合问题与正则化。
- DropOut 的用法。
- 批标准化。

9.1　选择合适的损失函数

随着深度神经网络的发展,诞生了很多激活函数和损失函数。本节将介绍常用的损失函数,9.2 节将介绍更多常用的激活函数。

损失函数用于度量神经网络输出结果和正确结果之间的差异,前文也介绍了应用MAE 作为单层感知机的损失函数,以及应用 MSE 作为多层感知机的损失函数的方法。原则上,只要符合以下规则均可以作为损失函数使用:

(1) 可导,便于反向传播计算梯度。

（2）结果（损失）是非负的。

（3）预测值和目标值差距越大，损失越大；反之亦然。

读者可以尝试自行设计损失函数。本节介绍最为广泛应用的 L1、L2 范数损失函数，以及交叉熵损失函数。通常来讲，回归问题多采用 L1、L2 范数损失函数，分类问题多采用交叉熵损失函数。

9.1.1　L1、L2 范数损失函数

向量范数（norm）是指向量在空间中的距离（长度），可以理解为对向量的模的定义进行了扩展，用于向量之间长度的比较。对于向量 x，范数用 $\| x \|$ 表示。范数包括 L0、L1 和 L2 等，甚至可以被推广到 $L\text{-}P$ 范数（P 可以为任意非负数，甚至可以为无穷大）。下面介绍最为常用的 L1 和 L2 范数。

L1 范数用 $\| x \|_1$ 表示，为向量中所有元素绝对值的和，其定义如下：

$$\| x \|_1 = \sum_i | x_i | \tag{9-1}$$

L2 范数用 $\| x \|_2$ 表示，为向量中所有元素的平方和，其定义如下：

$$\| x \|_2 = \sqrt{\sum_i x_i^2} \tag{9-2}$$

L1、L2 范数损失函数就是通过将神经网络的正确结果和输出结果的差作为向量，计算 L1、L2 范数（也可再除以元素的个数），作为损失函数的值。

1. L1 范数损失函数

L1 范数损失函数（L1Loss）的计算公式如下：

$$\text{loss} = \frac{1}{n} \sum_i | y - a_i^{(L)} | \tag{9-3}$$

L1 范数损失函数实际上就是之前介绍的平均绝对误差损失函数（MAE），L1Loss 也就是 MAELoss。由于 L1Loss 在零点不平滑，所以用得较少。另外，L1 范数损失函数会制造稀疏的特征，大部分无用的特征的权重会被置为 0，因此，L1Loss 比较适合简单的模型（例如第 7 章中的单层感知机）。

2. L2 范数损失函数

L2 范数损失函数（L2Loss）的计算公式如下：

$$\text{loss} = \frac{1}{n} \sum_i (y - a_i^{(L)})^2 \tag{9-4}$$

L2 范数损失函数实际上就是之前介绍的均方差损失函数（MSE），L2Loss 也就是 MSELoss。L2Loss 会使特征的权重更加平均。另外，L2Loss 对离群点（异常值）比较敏感，容易产生梯度爆炸的问题，因此，L2Loss 适合于数值特征不是很大，问题维度不高的情况。

可见，L1Loss 的稳健性更强，但是稳定性较差；L2Loss 的稳定性更强，但是容易受到异常值的干扰。

3．平滑 L1 范数损失函数

平滑 L1 范数损失函数(SmoothL1Loss)在原点附近使用 L2Loss，在偏离原点较远处使用 L1Loss，是结合了 L1Loss 和 L2Loss 两者的优点的损失函数。SmoothL1Loss 的计算分为两部分，先根据正确结果和输出结果的差异性计算范数向量：

$$\text{vec} = \begin{cases} \dfrac{1}{2 \cdot \text{beta}}(y - a_i^{(L)})^2, & \text{当} \, |y - a_i^{(L)}| < \text{beta} \\[2mm] |y - a_i^{(L)}| - \dfrac{1}{2}\text{beta}, & \text{当} \, |y - a_i^{(L)}| \geqslant \text{beta} \end{cases} \tag{9-5}$$

然后计算范数向量中所有元素的平均值：

$$\text{loss} = \frac{1}{n} \sum_i \text{vec}_i \tag{9-6}$$

使用 SmoothL1Loss 时，当正确结果和输出结果差异较小时，使用二次函数，函数梯度不会太大，损失函数也较为平滑，并且在原点是平滑可导的；而当差异较大时，使用线性函数，梯度值很小，在一定程度上缓解了梯度爆炸。

L1Loss、L2Loss 和 SmoothL1Loss 的图像如图 9-1 所示。

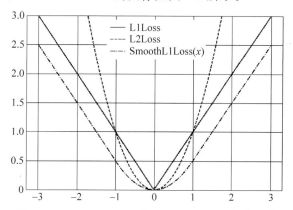

图 9-1　L1Loss、L2Loss 和 SmoothL1Loss 损失函数

在仓颉 TensorBoost 中，提供了 L2Loss 和 SmoothL1Loss 等损失函数层。这些损失函数层在 nn 包中且均采用 struct 类型定义（并不是张量算子），所以 L2Loss 和 SmoothL1Loss 的用法类似于之前介绍的 Dense 全连接层的用法，需要先定义后使用。

L2Loss 的构造函数为默认空参数的构造函数 init()，所以直接创建 L2Loss 对象即可，其调用操作符重载函数如下：

```
operator func ()(x: Tensor): Tensor
```

其中，x 表示输入的向量，仅支持 FLOAT32 类型张量。

SmoothL1Loss 的构造函数如下：

```
init(beta!: Float32 = 1.0)
```

其中，beta 为计算公式中的 beta 参数，默认为 1.0，所以 SmoothL1Loss 对象也可以直接创建，其调用操作符重载函数如下：

```
operator func ()(logits: Tensor, label: Tensor): Tensor
```

其中，logits 和 label 分别表示预测值和目标值，即参与计算的 $a_i^{(L)}$ 向量和 y 向量，仅支持 FLOAT32 类型张量。SmoothL1Loss 的返回结果是式(9-5)的向量。

【实例 9-1】 使用 L2Loss 和 SmoothL1Loss 计算损失函数，代码如下：

```
//code/chapter09/example9_1.cj
from CangjieAI import ops. *
from CangjieAI import common. *
from CangjieAI import nn. *
from CangjieAI import nn. loss. *

main() {
    let x = Tensor([1.0f32, 1.0, 1.0, 1.0], shape: [1, 4])
    let y = Tensor([0.5f32, 2.0, 3.0, 4.0], shape: [1, 4])
    //1. 计算 L2Loss
    let l2loss = L2Loss()            //创建 L2Loss 层
    var loss = l2loss(x - y)         //L2Loss 的计算
    print("L2Loss: ", loss)
    let l1loss_smth = SmoothL1Loss()//创建 SmoothL1Loss 层
    let vec = l1loss_smth(x, y)      //SmoothL1Loss 的计算
    print("Smooth L1Loss 范数向量: ", vec)
    loss = reduceMean(vec)
    print("Smooth L1Loss: ", loss)
}
```

在上述代码中分别计算了[1，1，1，1]和[0.5，2，3，4]之间的损失函数。由于 SmoothL1Loss 只计算了各个元素的范数向量，所以其最终的输出结果还需要进行平均值的规约运算。编译并运行程序，输出的结果如下：

```
L2Loss:
Tensor(shape = [], dtype = Float32, value = 7.12500000e + 00)
Smooth L1Loss 范数向量:
Tensor(shape = [1, 4], dtype = Float32, value =
[[ 1.25000000e - 01   5.00000000e - 01   1.50000000e + 00   2.50000000e + 00]])
Smooth L1Loss:
Tensor(shape = [], dtype = Float32, value = 1.15625000e + 00)
```

L1Loss、L2Loss 和 SmoothL1Loss 主要用于回归分析，对于分类问题最好使用交叉熵损失函数。

9.1.2　熵和交叉熵

本节从熵的概念开始介绍交叉熵的含义。

1. 熵

熵(Entropy)既是热力学概念，也是信息论概念。这里讨论的熵是信息论中的信息熵

（Information Entropy），用于表达信息的不确定性。对于某个统计学分布 P 而言，其熵的定义如下：

$$H(P) = -\sum_i P(i)\log_2 P(i) \tag{9-7}$$

单位为 Bit，其中，$\log_2 P(i)$ 表示某个概率 $P(i)$ 的信息量，因此，信息熵也可以看作分布中信息量的期望。当熵越大时，信息中的不确定性也越大，信息量也就越大。信息的价值在于消除不确定性，当确定性越大时，那么其信息量也越小。例如，对于使用独热编码指定分类信息而言，如果某个标签的分布为 $[0,1,0,0]$，就表示该分类属于第 2 种类型。这个分布的熵为

$$H(\text{属于第 2 种类型}) = -0\log_2 0 - 1\log_2 1 - 0\log_2 0 - 0\log_2 0 = 0 \tag{9-8}$$

由于该标签已经确定了其分类，所以确定性是最大的，熵为最小值 0。

那么，当我们未知某个标签的具体分类时，假设出现各个分类是等可能的，其分布为 $[1/2,1/2,1/2,1/2]$，此时这个分布的熵为

$$H(\text{各分类等可能}) = -\frac{1}{2}\log_2\frac{1}{2} - \frac{1}{2}\log_2\frac{1}{2} - \frac{1}{2}\log_2\frac{1}{2} - \frac{1}{2}\log_2\frac{1}{2} = 2 \tag{9-9}$$

此时，分布的不确定性是最大的，熵为最大值 2。也就是说，当表达标签信息时最少需要两位数据。

2. 相对熵与交叉熵

相对熵也叫作 KL 散度（Kullback-Leibler Divergence），用于衡量两个分布之间的距离（差异）。KL 散度越大，表示两个分布的差异也越大。通过 q 来表示 p 的距离（相对熵）的定义如下：

$$D_{KL}(p \| q) = \sum p(i)\log\left(\frac{p(i)}{q(i)}\right) = \sum p(i)\log(p(i)) - \sum p(i)\log(q(i))$$
$$= -H(p) + \left[-\sum p(i)\log(q(i))\right] \tag{9-10}$$

其中，$H(p)$ 为 p 分布的熵。定义通过 q 来表示 p 的交叉熵，如下：

$$H(p \| q) = -\sum p(i)\log(q(i)) \tag{9-11}$$

注意 相对熵和交叉熵是不对称的，即 $H(p\|q) \neq H(q\|p)$ 且 $D_{KL}(p\|q) \neq D_{KL}(q\|p)$。

可见，KL 散度和交叉熵的关系如下：

$$H(p \| q) = H(p) + D_{KL}(p \| q) \tag{9-12}$$

由于正确分类信息 p 的确定性最高，显然 $H(p) = 0$。此时即可通过交叉熵 $H(p\|q)$ 来代表用神经网络的输出（q）来表示正确的分类结果（p）之间的距离。

通过 klDivLoss 算子可以计算两个张量的 KL 散度，函数签名如下：

```
func klDivLoss(logits: Tensor, labels: Tensor, reduction!: String = "mean"):Tensor
```

其中，logits 表示分布 p（预测值）；labels 表示分布 q（目标值）；reduction 表示规约类型，可选择 none、mean 和 sum。当 reduction 使用 sum 时，计算方法和式（9-12）的描述相同。

【实例 9-2】 计算两个张量的 KL 散度,代码如下:

```
//code/chapter09/example9_2.cj

from CangjieAI import common. *
from CangjieAI import ops. *
main()
{
    let logits = Tensor([1.0f32, 1.0], shape: [2])
    let labels = Tensor([0.5f32, 2.0], shape: [2])
    //不规约
    var output = klDivLoss(logits, labels, reduction: "none")
    print("不规约: ", output)
    //规约求平均
    output = klDivLoss(logits, labels, reduction: "mean")
    print("规约求平均: ", output)
    //规约求和
    output = klDivLoss(logits, labels, reduction: "sum")
    print("规约求和: ", output)
}
```

在上述代码中,分别计算了 3 种不同规约类型下的 KL 散度。编译并运行程序,输出的结果如下:

```
不规约:
Tensor(shape = [2], dtype = Float32, value =
[ − 8.46573591e − 01  − 6.13705635e − 01])
规约求平均:
Tensor(shape = [1], dtype = Float32, value = [ − 7.30139613e − 01])
规约求和:
Tensor(shape = [1], dtype = Float32, value = [ − 1.46027923e + 00])
```

不仅 KL 散度(klDivLoss 算子)可直接作为损失函数使用,而且交叉熵也可以作为损失函数使用。

9.1.3 交叉熵损失函数

交叉熵损失函数多用于分类问题。神经网络的输出通过 Sigmoid 激活函数处理后的数据在 0~1 范围内,可以视为将样本分为各个分类的概率。此时,将正确分类(独热编码)视为分布 p,将神经网络的输出结果视为分布 q,这样就可以直接应用交叉熵损失函数(Cross Entropy Loss Function)分析正确分类和神经网络的输出结果的关系了。

1. 分类任务

分类(Classification)是机器学习中的重要任务,具体还可以划分为以下几种不同的分类任务。

1) 二分类任务

所谓二分类(Binary Classification)是指将样本分成两种类型,如男和女、猫和狗等,也可以用于回答"是否"问题,如是花和不是花、去和不去、具备条件和不具备条件等。通常,二分类问题仅使用1个神经元作为神经网络的输出层(1bit)。

2) 多分类任务

多分类问题(Multi-Class Classification)是将样本分成多种类型。例如,将动物分成猫、狗、牛、马等。再如,之前介绍的MNIST数字分类也是多分类问题,将图片分成0~9共10个数字。在多分类问题中,通常使用独热编码描述分类结果(还可以使用目标编码、散列编码等,但本书后文如无特别说明均使用独热编码),因此,多分类问题中需要多少种类型,就需要多少个神经元作为输出层。

注意　二分类问题也可以转换为多分类问题,即使用两个神经元作为神经网络的输出层,分别表示二分类中的两种类型。

在多分类问题中,根据样本可以确定所属分类的数量情况,可以分为单标签分类和多标签分类:

(1) 单标签分类(Single-Label Classification)是指一个样本仅能属于多个类别中的一个,类别之间是相互互斥的。例如,动物所属的种可以是猫、狗、牛等,但是不能同时属于其中的两种;人的性别可以是男性和女性,但是不能同时属于两者。

(2) 多标签分类(Multi-Label Classification)是指一个样本可以属于多个类别。例如,人的爱好可以既喜欢打乒乓球,也喜欢跳舞。再如,在视频网站上传的视频可能具有"教程""神经网络"等多个标签。这些类别之间可能相关,但是并不互斥。

针对不同的分类任务,交叉熵损失函数具有不同的形式。

注意　有时,根据分类任务的需要,还可能将单标签分类划分为多个单标签分类(或二分类)问题,这在分类具有若干子类型层次时非常有效。

2. 交叉熵损失函数的定义

针对不同的分类任务,交叉熵损失函数具有以下两种类型:

1) 二元交叉熵损失函数

二元交叉熵损失函数的计算如下:

$$\text{loss} = -\left[y\log a^{(L)} + (1-y)\log(1-a^{(L)})\right] \tag{9-13}$$

其中,y为正确结果,$a^{(L)}$为输出层结果。对于二分类问题,y只可能为1或者0,损失函数也可以表述为

$$\text{loss} = \begin{cases} -\log a^{(L)}, & y=1 \\ -\log(1-a^{(L)}), & y=0 \end{cases} \tag{9-14}$$

2) 多元交叉熵损失函数

对于多分类的交叉熵损失函数,包含了多个神经元作为输出层。此时,将多个神经元的输出和正确分类结果视为两个分布,其交叉熵损失函数如下:

$$\text{loss} = -\sum y_i \log a_i^{(L)} \tag{9-15}$$

对于多个样本,还需要求多个样本交叉熵的平均值:

$$loss = -\frac{1}{n}\sum_x \sum \left[y_i \log a_{i,x}^{(L)}\right] \tag{9-16}$$

其中,n 表示训练样本数量,x 表示训练样本序号。

建议开发者按照分类任务的不同,选择合适的交叉熵损失函数。

(1) 二分类任务：由于二分类任务神经网络包含 1 个神经元输出,可以直接使用二元交叉熵损失函数,因此二元交叉熵损失函数也称为二分类交叉熵损失函数。

(2) 单标签分类任务：此类任务包含多个神经元输出,所以通常使用多元交叉熵损失函数。

(3) 多标签分类任务：对于多标签分类,其中每个标签彼此是独立的,并不互斥,所以可以将每个标签分类都看作二分类任务,此时需要使用二元交叉熵损失函数解决,公式如下：

$$loss = -\sum \left[y_i \log a_i^{(L)} + (1 - y_i)\log(1 - a_i^{(L)})\right] \tag{9-17}$$

交叉熵损失函数是将预测值和目标值比作两个概率分布,所以其输入需要满足概率分布的基本要求,即概率值介于 0~1,并且所有的概率和为 1。对于单个(或独立的)神经元输出结果,其解决的问题是二分类问题,Sigmoid 函数输出的概率是其中一个分类的概率 p,那么另外一个分类的概率可以认为是 $1-p$,但是,多个神经元的输出值通过 Sigmoid 函数处理后其和不一定等于 1,因此,Sigmoid 函数能够解决单个神经元输出结果的概率归一,但是不能解决多个神经元输出结果的概率归一,所以 Sigmoid 函数可以(并且推荐)用在二分类任务、多标签多分类任务中,但是不建议用在单标签多分类任务中。

实际上,单标签多分类任务应当使用 Softmax 激活函数。本节着重介绍二分类任务、多标签分类任务,9.1.4 节介绍 Softmax 激活函数,以及单标签多分类任务。

3. 二元交叉熵损失函数的应用

仓颉 TensorBoost 提供了二元交叉熵层(BinaryCrossEntropy 层)。BinaryCrossEntropy 层与 L2Loss 层等类似,在 nn 包中由 struct 类型定义,其构造函数如下：

```
init(reduction!: String = "mean")
```

其中,参数 reduction 表示对小批量中多个样本的损失函数进行规约操作,包括不规约(none)、规约求平均(mean)和规约求和(sum),默认为 mean。BinaryCrossEntropy 的调用操作符重载函数签名如下：

```
operator func ()(logits: Tensor, labels: Tensor, weight: Tensor):Tensor
```

其中,logits 和 label 分别表示预测值和目标值,即参与计算的 $a_i^{(L)}$ 向量和 y 向量；weight 表示样本中各种类型的权重,仅支持 FLOAT32 类型张量。

【实例 9-3】 用 BinaryCrossEntropy 层计算损失函数,代码如下：

```
//code/chapter09/example9_3.cj
from CangjieAI import nn.loss. *
from CangjieAI import ops. *
```

```
from CangjieAI import common. *

main() {
    //创建 BCEWithLogitsLoss 对象
    let loss = BinaryCrossEntropy()
    //计算损失函数
    let logits = sigmoid(Tensor([1.0f32, 1.0], shape: [2]))
    let labels = Tensor([0.5f32, 2.0], shape: [2])
    let weight = Tensor([1.0f32, 1.0], shape: [2])
    let output = loss(logits, labels, weight)
    print(output)
}
```

在上述代码中,模拟神经网络的输出结果使用了 Sigmoid 函数进行处理。编译并运行函数,输出的结果如下:

```
Tensor(shape = [1], dtype = Float32, value = [6.32618070e - 02])
```

由于 Sigmoid 函数在偏离中心的位置会产生饱和现象,其导数值会趋近于 0,所以导致学习速度较为缓慢,而交叉熵损失函数可以有效地中和这一问题,下面通过理论的方式说明这一点。交叉熵损失函数对输出层激活值求偏导数:

$$\frac{\partial C_0}{\partial a^{(L)}} = -\left(\frac{y}{a^{(L)}} - \frac{1-y}{1-a^{(L)}}\right) = \frac{a^{(L)} - y}{a^{(L)}(1-a^{(L)})} \tag{9-18}$$

当使用 Sigmoid 函数作为激活函数时,求解交叉熵损失函数对最后一层权重的偏导数:

$$\frac{\partial C_0}{\partial w^{(L)}} = \frac{\partial C_0}{\partial a^{(L)}}\frac{\partial a^{(L)}}{\partial z^{(L)}}\frac{\partial z^{(L)}}{\partial w^{(L)}} = \frac{a^{(L)} - y}{a^{(L)}(1-a^{(L)})}\sigma'(z^{(L)})a^{(L-1)} \tag{9-19}$$

由于 $\sigma'(z^{(L)}) = a^{(L)}(1-a^{(L)})$,所以有

$$\frac{\partial C_0}{\partial w^{(L)}} = (a^{(L)} - y)a^{(L-1)} \tag{9-20}$$

和式(3-29)相比较,减少了 $\sigma'(z^{(L)})$ 项,于是中和了 Sigmoid 函数偏低的问题。类似地,交叉熵损失函数对最后一层偏置的偏导数:

$$\frac{\partial C_0}{\partial b^{(L)}} = \frac{\partial C_0}{\partial a^{(L)}}\frac{\partial a^{(L)}}{\partial z^{(L)}}\frac{\partial z^{(L)}}{\partial b^{(L)}} = (a^{(L)} - y) \tag{9-21}$$

可见,最后一层的权重和偏置的学习速率取决于 $a^{(L)} - y$,也就是神经网络输出和正确值之间的"距离",因此,交叉熵损失函数能够很好地配合输出层的激活函数 Sigmoid,使神经网络能更快地学习,从而提高训练速度。

在仓颉 TensorBoost 中,使用 BCEWithLogitsLoss 层组合 Sigmoid 激活函数和二分类交叉熵损失函数,避免 Sigmoid 函数求指数和交叉熵运算求对数时产生的误差。BCEWithLogitsLoss 层的构造函数如下:

```
init(weight: Tensor, posWeight: Tensor, reduction!: String = "mean")
```

其中,参数 weight 表示小批量中样本的权重;参数 posWeight 表示样本中各种类型的权重;参数 reduction 表示规约类型,默认为 mean。BCEWithLogitsLoss 的调用操作符重载函数签名如下:

```
operator func ()(logits: Tensor, labels: Tensor):Tensor
```

其中,logits 和 label 分别表示预测值和目标值,即参与计算的 $a_i^{(L)}$ 向量和 y 向量,仅支持 FLOAT32 类型张量。

【**实例 9-4**】 用 BCEWithLogitsLoss 层计算损失,代码如下:

```
//code/chapter09/example9_4.cj
from CangjieAI import nn.loss. *
from CangjieAI import ops. *
from CangjieAI import common. *
main() {
    //创建 BCEWithLogitsLoss 对象
    let weight = Tensor([1.0f32, 1.0], shape: [2])
    let posWeight = Tensor([1.0f32, 1.0], shape: [2])
    let loss = BCEWithLogitsLoss(weight, posWeight)
    //计算损失函数
    let logits = Tensor([1.0f32, 1.0], shape: [2])
    let labels = Tensor([0.5f32, 2.0], shape: [2])
    let output = loss(logits, labels)
    print(output)
}
```

编译并运行程序,输出的结果如下:

```
Tensor(shape = [1], dtype = Float32, value = [6.32617474e - 02])
```

可见,其输出结果和实例 9-3 类似,在小数点后第 5 位开始因误差有所不同。可见,BCEWithLogitsLoss 层相当于 Sigmoid 函数和 BinaryCrossEntropy 层的连用,但其效率和精度更高。

4. 最大似然估计解释

交叉熵损失函数是从信息熵的视角分析神经网络的输出结果和正确分类之间的距离。本节以二分类为例,使用最大似然估计方法对交叉熵损失函数的内涵进行解释。

前文介绍过,神经网络的输出是某种分类的"概率"。对于二分类而言,令 c_1 和 c_0 分别表示在当前样本和模型参数的情况下分类结果为 1 和 0 的概率,于是有

$$c_1 = p(y = 1 \mid x, \theta) \tag{9-22}$$

$$c_0 = p(y = 0 \mid x, \theta) \tag{9-23}$$

其中,x 表示特定样本;θ 表示模型参数。显然 $c_1 + c_0 = 1$。

于是,分类结果的似然函数为

$$L(x, \theta) = c_1^y c_0^{1-y} = c_1^y (1 - c_1)^{1-y} \tag{9-24}$$

对似然函数 $L(x, \theta)$ 左右两侧取对数,不改变其单调性,公式如下:

$$\log L(x,\theta) = y\log c_1 + (1-y)\log(1-c_1) \tag{9-25}$$

注意 对数的底数可以是任意的,不会改变损失函数的效果。

根据最大似然估计的原理,需要使这个似然函数尽可能地大,但是神经网络优化的目标却需要使损失函数尽可能小,所以对 $\log L(x,\theta)$ 取相反数作为神经网络的损失函数,即负对数似然损失函数:

$$\text{loss} = -\log L(x,\theta) = -[y\log c_1 + (1-y)\log(1-c_1)] \tag{9-26}$$

可以发现,式(9-26)和式(9-13)的结构是相同的。

9.1.4 Softmax 激活函数

9.1.3 节介绍了二元交叉熵损失函数的用法,本节介绍 Softmax 激活函数和多元交叉熵损失函数的用法。

1. Softmax 激活函数

9.1.3 节中介绍过,对于单标签多分类的神经网络,通过 Sigmoid 函数输出的"模拟概率"之和并不等于 1,所以并不适合于单标签多分类任务。Softmax 激活函数可以综合考虑输出值,使其模拟更加真实的概率分布,公式如下:

$$\text{softmax}(x_i) = \frac{e^{x_i}}{\sum_{j=1}^{n} e^{x_j}} \tag{9-27}$$

通过 Softmax 函数就可以将神经网络的输出值转换为 $0 \sim 1$,并且总和为 1 的概率分布。实际上,Sigmoid 函数是 Softmax 函数的特例:Sigmoid 函数是仅有两个事件且其中一个事件的概率恒为 0 时的 Softmax 函数的变体。

$$\sigma(x) = \frac{e^x}{e^x + e^0} = \frac{e^x}{e^x + 1} = \frac{1}{e^{-x} + 1} \tag{9-28}$$

Softmax 函数和 Sigmoid 函数的导数也是一致的,均可以表述为

$$f'(x) = f(x)[1 - f(x)] \tag{9-29}$$

下面为 Softmax 函数的导数推导过程:

$$\text{softmax}'(x_i) = \left[\frac{e^{x_i}}{\sum_{j=1}^{n} e^{x_j}}\right]' = \frac{e^{x_i}\sum_{j=1}^{n} e^{x_j} - (e^{x_i})^2}{(\sum_{j=1}^{n} e^{x_j})^2} = \frac{e^{x_i}}{\sum_{j=1}^{n} e^{x_j}} \cdot \frac{\sum_{j=1}^{n} e^{x_j} - e^{x_i}}{\sum_{j=1}^{n} e^{x_j}} \tag{9-30}$$

将式(9-27)代入式(9-30),得到

$$\text{softmax}'(x_i) = \left[\frac{e^{x_i}}{\sum_{j=1}^{n} e^{x_j}}\right]' = \text{softmax}(x_i)[1 - \text{softmax}(x_i)] \tag{9-31}$$

仓颉 TensorBoost 提供了 Softmax 算子,其函数签名如下:

```
func Softmax(input: Tensor, axis!: Int64 = -1): Tensor
func Softmax(input: Tensor, axis: Array<Int64>): Tensor
```

其中,参数 input 是输入张量,必须为 FLOAT32 类型;axis 用于指定需要计算 Softmax 值的轴。

例如,计算形状为 3×3 张量的 Softmax 函数值,代码如下:

```
let input = Tensor([0.1f32, 0.2, 0.3,
                    0.4, 0.5, 0.6,
                    0.7, 0.8, 0.9], shape: [3, 3])
let Softmax = Softmax(input)
print(Softmax)
```

输出的结果如下:

```
Tensor(shape = [3, 3], dtype = Float32, value =
[[ 3.00609589e-01   3.32224965e-01   3.67165387e-01]
 [ 3.00609589e-01   3.32224965e-01   3.67165387e-01]
 [ 3.00609589e-01   3.32224965e-01   3.67165357e-01]])
```

可见,在张量的每行上,"概率值"的和为 1。读者可以发现,虽然这 3 行各元素的数值比例是不同的,但是得到的"概率值"却是相同的。Softmax 函数能够很有效地把握输出值之间的差异性。

注意 实际上 Softmax 函数的设计建立在假设各个元素服从指数分布族的基础上,并且符合概率分布的最大熵理论。

与 Sigmoid 函数类似,交叉熵损失函数能够很好地配合 Softmax 激活函数,使神经网络能更快地学习,提高训练速度,与 9.1.3 节中介绍交叉熵损失函数配合 Sigmoid 函数的原理是类似,这里不再赘述。

2. 在单标签任务中使用 Softmax 函数和交叉熵损失函数

对于使用独热编码的单标签分类,只有正确分类下的 y 值为 1,其余的值均为 0,这会使错误分类下的项恒为 0,可以约去。假设正确分类用 t 表示,那么损失函数可以简化如下:

$$loss = -\sum y_i \log a_i^{(L)} = -y_1 \log a_1^{(L)} - y_2 \log a_2^{(L)} - \cdots -$$
$$y_t \log a_t^{(L)} - \cdots - y_n \log a_n^{(L)} = -\log a_t^{(L)} \tag{9-32}$$

将 Softmax 函数代入交叉熵损失函数:

$$loss = -\log \frac{e^{z_t}}{\sum\limits_{j=1}^{n} e^{z_j}} = -z_t + \log \sum\limits_{j=1}^{n} e^{z_j} \tag{9-33}$$

SoftmaxCrossEntropyWithLogits 层实现了上述计算。

1) SoftmaxCrossEntropyWithLogits 层

SoftmaxCrossEntropyWithLogits 层由 struct 类型定义,其构造函数如下:

```
init(sparse!: Bool = false, ignoreIndex!: Option < Int32 > = None < Int32 >)
```

其中,参数 sparse 用于指定标签是否使用稀疏格式(独热编码),默认值为 false;
ignoreIndex 表示计算损失时忽略值为 ignoreIndex 的标签。当 ignoreIndex 为 true 时,
sparse 也应为 true。SoftmaxCrossEntropyWithLogits 的调用操作符重载函数签名如下:

```
operator func ()(logits: Tensor, labels: Tensor):Tensor
```

其中,logits 和 label 分别表示预测值和目标值,即参与计算的 $a_i^{(L)}$ 向量和 y 标签值(当
sparse 为 true 时应为稀疏格式)。返回值为包含损失值的 0 维张量。

【实例 9-5】 用 SoftmaxCrossEntropyWithLogits 层计算损失,代码如下:

```
//code/chapter09/example9_5.cj
from CangjieAI import ops. *
from CangjieAI import common. *
from CangjieAI import nn.loss. *

main(){
    //输出值,3 个样本,每个样本有两个分类
    let logits = Tensor([0.1f32, 0.2, 0.4, 0.4, 0.5, 0.6], shape: [3, 2])
    //目标值:3 个样本的正确值索引
    let label = Tensor([0i32, 0, 1], shape: [3])
    //创建 SoftmaxCrossEntropyWithLogits 对象
    let loss = SoftmaxCrossEntropyWithLogits(sparse: true)
    //Softmax 激活后,通过交叉熵损失函数计算损失
    print(loss(logits, label))
}
```

在上述代码中包含 3 个样本,其中每个样本中包含两个分类结果。编译并运行程序,输
出的结果如下:

```
Tensor(shape = [ ], dtype = Float32, value = 6.93980217e - 01)
```

如果不使用稀疏格式,则需要通过 oneHot 算子将标签信息转换为独热编码。修改
label 和 loss 变量的定义:

```
let label = oneHot(Tensor([0i32, 0, 1], shape: [3]), 2, 1.0, 0.0)
//创建 SoftmaxCrossEntropyWithLogits 对象
let loss = SoftmaxCrossEntropyWithLogits()
```

输出结果不会发生变化。

2) NLLLoss 层和 logSoftmax 的用法

式(9-33)可以分解为如下两个公式:

$$loss = -logSoftmax(z_t) \tag{9-34}$$

$$logSoftmax(z_t) = log \frac{e^{z_t}}{\sum_{j=1}^{n} e^{z_j}} \tag{9-35}$$

其中，式（9-34）对应于 NLLLoss（Negative Log Likehood Loss）层，式（9-35）对应于 logSoftmax 算子，因此，SoftmaxCrossEntropyWithLogits 层相当于 NLLLoss 层和 logSoftmax 算子的组合，但是 NLLLoss 层可以为各个分类增加权重设置。

（1）NLLLoss 层。

NLLLoss 层实现了负对数似然损失函数（根据前文分析，实际上就是交叉熵损失函数），其构造函数如下：

```
init(reduction!: String = "mean")
```

其中，参数 reduction 表示规约类型，默认为 mean。NLLLoss 层的调用操作符重载函数签名如下：

```
operator func ()(input: Tensor, target: Tensor, weight: Tensor):(Tensor,Tensor)
```

其中，input 是预测值；target 为目标值，为标签号，不是独热编码；weight 为各种类型的权重。输出为张量组成的元素，包括 loss 张量和 total_weight 张量。

- loss 张量：损失计算结果。
- total_weight 张量：各种类型权重的和，属性和 loss 张量相同。

（2）logSoftmax 算子。

logSoftmax 函数签名如下：

```
func logSoftmax(input: Tensor, axis!: Int64 = -1): Tensor
```

与 Softmax 函数的用法类似，input 为输入张量，axis 为指定计算 Softmax 的轴。

【实例 9-6】 将 NLLLoss 层和 logSoftmax 算子组合，完成 Softmax 激活函数和交叉熵损失函数的计算，代码如下：

```
//code/chapter09/example9_6.cj
from CangjieAI import ops. *
from CangjieAI import common. *
from CangjieAI import nn. loss. *

main(){
    //输出值,3 个样本,每个样本有两个分类
    var logits = Tensor([0.1f32, 0.2, 0.4, 0.4, 0.5, 0.6], shape: [3, 2])
    //计算 logSoftmax 结果
    logits = logSoftmax(logits)
    //目标值:3 个样本的正确值索引
    let label = Tensor([0i32, 0, 1], shape: [3])
    //创建 NLLLoss 对象
    let nllloss = NLLLoss()
    //计算损失
    let weight = Tensor([1.0f32, 1.0f32], shape: [2]) //分类权重
    let (loss, totalWeight) = nllloss(logits, label, weight)
    print(loss)
}
```

编译并运行程序,输出的结果如下:

```
Tensor(shape = [1], dtype = Float32, value = [6.93980157e - 01])
```

该实例的输出结果和实例相似(存在可以忽略的误差)。在上述代码中,通过
logSoftmax 函数计算 Softmax 值后取对数。NLLLoss 实际上就是在取得正确值相应的
logSoftmax 值后取负数并求(加权)平均值的过程。

本节介绍了常用的损失函数,其中,SmoothL1Loss、L2Loss 范数损失函数常用于回归
分析,而交叉熵损失函数常用于分类问题。交叉熵损失函数又分为二元交叉熵损失函数和
多元交叉熵损失函数。

(1)二元交叉熵损失函数通常和 Sigmoid 函数配合使用,可以直接使用 BCEWithLogitsLoss
层,该层相当于 Sigmoid 函数和 BinaryCrossEntropy 层的组合。

(2)多元交叉熵损失函数通常和 Softmax 函数配合使用,可以直接使用
SoftmaxCrossEntropyWithLogits 层,该层相当于 logSoftmax 函数和 NLLLoss 层的组合。

9.2　选择合适的激活函数

在神经网络中,激活函数(Activation Function)主要用于非线性化神经网络,是神经元
的精髓所在。试想,如果神经元中没有了激活函数,则神经网络中的每层都是线性的,整个
神经网络会坍塌成一个多元线性函数,隐含层就没有任何存在的意义了,因此,理论上只要
是非线性的函数都可以作为激活函数使用,但是激活函数的选取也是有技巧的,例如:

- 易于计算,否则会影响性能。
- 易于求导,方便反向传播算法的应用。

本节介绍梯度消失和梯度爆炸的概念,并使用 ReLU 激活函数来避免梯度消失问题,
最后介绍更多的激活函数的用法。

9.2.1　梯度消失和梯度爆炸

反向传播算法是训练神经网络的核心算法之一,通过沿着神经网络的反方向逐层求解
神经网络的参数梯度,解决了过去神经网络梯度难以计算的问题。但是,反向传播算法也有
其问题,那就是梯度消失(Gradient Vanishing)和梯度爆炸(Gradient Exploding)。

由于反向传播的特性,神经网络中前方隐含层参数的梯度要依赖于后方隐含层激活值
的梯度计算。当后方隐含层激活值的梯度很小或者很大时,随着梯度的传播,导致前方隐含
层参数梯度的计算结果过大或者过小,这就是梯度消失和梯度爆炸的主要原因。

注意　后方隐含层是指靠近输出层的隐含层,前方隐含层是指靠近输入层的隐含层。

为了能够说明梯度消失和梯度爆炸问题,下面通过每层只有一个神经元的神经网络为
例,介绍梯度是如何"消失"的。在 3.2.3 节中,介绍了在每层只有一个神经元的神经网络中
最后一层和倒数第 2 层的反向传播的计算过程,下面继续推算到任意一层(第 $L-n$ 层,也

就是倒数第 $n+1$ 层)的权重的计算公式(偏置的计算公式是类似的):

$$\frac{\partial C_0}{\partial w^{(L-n)}} = \frac{\partial C_0}{\partial a^{(L)}} \frac{\partial a^{(L)}}{\partial a^{(L-1)}} \frac{\partial a^{(L-1)}}{\partial a^{(L-2)}} \cdots \frac{\partial a^{(L-n+1)}}{\partial a^{(L-n)}} \frac{\partial a^{(L-n)}}{\partial w^{(L-n)}} \tag{9-36}$$

由 $a^{(L-n)} = \sigma(w^{(L-n)} a^{(L-n-1)} + b^{(L-n)})$ 得到

$$\frac{\partial a^{(L-n)}}{\partial w^{(L-n)}} = \sigma'(z^{(L-n)}) a^{(L-n-1)} \tag{9-37}$$

对于任意的 $\dfrac{\partial a^{(l)}}{\partial a^{(l-1)}}$,有

$$\frac{\partial a^{(l)}}{\partial a^{(l-1)}} = \frac{\partial a^{(l)}}{\partial z^{(l)}} \frac{\partial z^{(l)}}{\partial a^{(l-1)}} = \sigma'(z^l) w^l \tag{9-38}$$

将式(9-37)、式(9-38)代入式(9-36),得到

$$\frac{\partial C_0}{\partial w^{(L-n)}} = (a^{(L)} - y) \left[\sigma'(z^{(L)}) w^{(L)}\right] \left[\sigma'(z^{(L-1)}) w^{(L-1)}\right] \cdots$$

$$\left[\sigma'(z^{(L-n+1)}) w^{(L-n+1)}\right] \sigma'(z^{(L-n)}) a^{(L-n-1)}$$

$$= (a^{(L)} - y) \sigma'(z^{(L-n)}) a^{(L-n-1)} \prod_{l=L-n+1}^{L} \sigma'(z^{(l)}) w^{(l)} \tag{9-39}$$

可见,随着梯度计算每次反向传递一层都会相应地增加一个多项式 $\sigma'(z^{(l)}) w^{(l)}$,而这一项是由 $\dfrac{\partial a^{(L)}}{\partial a^{(L-1)}}$ 计算得到的,也就是处于后方的隐含层激活值的梯度。

(1) 如果 $\sigma'(z^{(l)}) w^{(l)} < 1$,则会导致前方隐含层梯度更新信息将以指数形式衰减,即梯度消失,也称为梯度扩散(Gradient Diffusion)。当梯度消失发生时,距离输出层近的那些参数可以快速地调整变化,而靠近输入层的神经元的学习(调节)速度会变得很慢,这就导致了前方隐含层的过于稳定,其中随机性信息无法及时消除,进而也会影响后方隐含层的学习效率。

(2) 如果 $\sigma'(z^{(l)}) w^{(l)} > 1$,则会导致前方隐含层梯度更新信息将以指数形式增大,即梯度爆炸。当梯度爆炸发生时,前方隐含层的参数调节会变得很快,导致神经网络极不稳定,难以收敛。

总之,梯度消失和梯度爆炸的主要原因出现在应用链式法则进行反向传播过程中,由于较小的值(或较大的值)经过累乘后,使前方隐含层参数发生了变化(微弱或者振荡较大)的问题。当深度神经网络大于 5 层时,梯度消失和梯度爆炸的问题就非常常见了。

9.2.2 Sigmoid 及其衍生激活函数

本节首先对比 Sigmoid 激活函数和双曲正切函数激活函数,以及用于线性模拟 Sigmoid 的 HardSigmoid 激活函数,然后介绍这些激活函数的缺陷:梯度消失问题。

1. Sigmoid 衍生的激活函数

Sigmoid 衍生的激活函数包括双曲正切函数、HardSigmoid 函数等。

1) 对比 Sigmoid 函数和双曲正切函数

与 Sigmoid 函数非常类似的还有双曲正切函数(tanh),公式也较为简单,而且都可以很

方便地求导,计算公式如下:

$$\tanh(x) = \frac{e^x - e^{-x}}{e^x + e^{-x}} = \frac{2}{1 + e^{-2x}} - 1 \qquad (9\text{-}40)$$

实际上,这两个函数是线性等价的:

$$\tanh(x) = 2\sigma(2x) - 1 \qquad (9\text{-}41)$$

Sigmoid 和双曲正切函数的函数对比如图 9-2 所示。

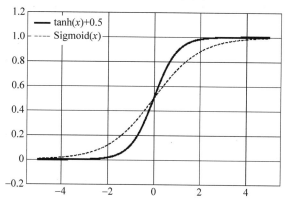

图 9-2　Sigmoid 和双曲正切函数的函数对比

因此两者的运用场景和优缺点也基本一致。细微不同在以下两方面。

(1) Sigmoid 函数的优点: Sigmoid 函数的值域为 $(0,1)$,而双曲正切函数的值域为 $(-1,1)$,这就使 Sigmoid 函数的梯度下降要慢于双曲正切函数。这是因为如果使用 Sigmoid 函数,则式(3-53)中 $a_k^{(l-1)}$ 的符号始终为正,因此第 l 层的权重偏导数 $\dfrac{\partial C}{\partial \omega_{jk}^l}$ 对于任意的 k 值是同号的,这就导致了这些权重在梯度下降时数值变化是同一个方向的。在权重的初始值随机设置不良时,梯度下降会明显出现 Zigzag 现象(下降方向会依次左右摆动),从而导致了其梯度下降方向没有双曲正切函数更加精准。

(2) 双曲正切函数的优点:当函数输入值(z 值)偏离中心时,Sigmoid 函数的敏感性要比双曲正切函数更大。

2) HardSigmoid 激活函数

HardSigmoid 激活函数是用线性函数模拟 Sigmoid 的激活函数,即强直 Sigmoid 函数,其定义如下:

$$\text{hardsigmoid}(x) = \max\left(0, \min\left(1, \frac{x+3}{6}\right)\right) \qquad (9\text{-}42)$$

该函数是由 3 个不同区间内的直线组合而成,即

$$\text{hardsigmoid}(x) = \begin{cases} 0, & x < -3 \\ \dfrac{x+3}{6}, & -3 \leqslant x \leqslant 3 \\ 1, & x > 3 \end{cases} \qquad (9\text{-}43)$$

HardSigmoid 激活函数的主要目的是用于简化 Sigmoid 的计算过程,提高计算速度,其函数签名如下:

```
func hardsigmoid(input: Tensor) : Tensor
```

对比 Sigmoid 函数、双曲正切函数和 HardSigmoid 函数作为激活函数的区别,代码如下:

```
var tensor = Tensor([-1.0f32, 0.0, 0.5, 1.0, 2.0, 5.0], shape: [6])
print(sigmoid(tensor))          //Sigmoid 函数
print(tanh(tensor))             //双曲正切函数
print(hardsigmoid(tensor))      //HardSigmoid 函数
```

输出的结果如下:

```
Tensor(shape = [6], dtype = Float32, value =
[2.68941432e-01 5.00000000e-01 6.22459352e-01 7.31058538e-01 8.80797029e-01
9.93307173e-01])
Tensor(shape = [6], dtype = Float32, value =
[-7.61594176e-01 0.00000000e+00 4.62117195e-01 7.61594176e-01 9.64027584e-01
9.99909222e-01])
Tensor(shape = [6], dtype = Float32, value =
[3.33333343e-01 5.00000000e-01 5.83333313e-01 6.66666687e-01 8.33333313e-01
1.00000000e+00])
```

可见,HardSigmoid 函数基本可以拟合 Sigmoid 函数。HardSigmoid 激活函数和 Sigmoid 激活函数的图像对比如图 9-3 所示。

上述 Sigmoid 及其衍生的激活函数都会面对梯度消失问题。

2. Sigmoid 函数会导致梯度消失

在深层神经网络中应用 Sigmoid 函数(包括其衍生的激活函数,本书以 Sigmoid 函数为例进行分析)几乎会导致梯度消失,这是函数本身的特性所产生的问题。Sigmoid 函数的导数图像如图 9-4 所示。

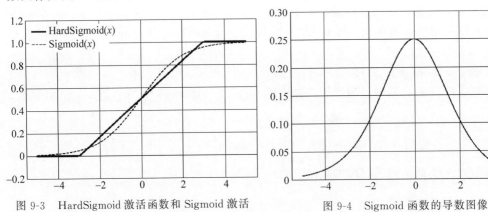

图 9-3　HardSigmoid 激活函数和 Sigmoid 激活
　　　　函数的图像对比

图 9-4　Sigmoid 函数的导数图像

可以发现,Sigmoid 函数的导数的最大值仅为 0.25,并且在 0 点两侧导数值会陡然下降。当其自变量的绝对值在 5.0 以上时,Sigmoid 导数值直接跌入 0.01 以下。在式(9-39)中,可以发现每次神经网络反向传播一层都会累乘一个 $\sigma'(z^{(l)})$ 项,而 $\sigma'(z^{(l)})$ 必然会在 0.25 及以下,因此,Sigmoid 函数在面对输入值偏离中心过远时其敏感性都很差。在这些偏离中心的输入值附近,激活函数的导数会非常接近于 0,即激活函数处于饱和状态。在层数较深的神经网络中,经过多次反向传播,梯度计算的衰减程度会很大,从而导致只有后面几层的神经元能够得到有效学习,对于处于前面的隐含层的权重和偏置基本不变,从而产生了梯度消失问题。

9.2.3　线性整流函数(ReLU)

为了避免 Sigmoid 函数引起的梯度消失,线性整流函数(Rectified Linear Unit,ReLU)成为更加流行的激活函数,其计算公式如下:

$$\mathrm{ReLU}(x) = \max(0, x) \tag{9-44}$$

该函数是由两个不同区间内的直线组合而成的,即

$$\mathrm{ReLU}(x) = \begin{cases} 0, & x \leqslant 0 \\ x, & x > 0 \end{cases} \tag{9-45}$$

ReLU 函数的图像如图 9-5 所示。

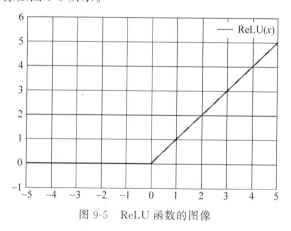

图 9-5　ReLU 函数的图像

在绝大多数神经网络中,采用 ReLU 激活函数的神经网络往往比 Sigmoid 神经网络的训练效果更好,主要原因如下:

(1) 在 ReLU 函数的输入大于 0(处于激活状态)时,其导数为 1。稳定的导数可以有效避免梯度消失问题,而且计算更加方便。

(2) 在 ReLU 函数的输入小于 0(处于非激活状态)时,其输出为 0。这一部分信息相当于被"主动性遗忘"。如此一来,神经元参数之间的依存关系会降低,神经网络的稀疏性会升高,可以在一定程度上缓解过拟合问题的产生。

ReLU 函数更加符合生物神经网络的特征,其计算方法也更加简单快速。在仓颉 TensorBoost 中,ReLU 函数的签名如下:

```
func ReLU( input: Tensor): Tensor
```

下面介绍几种常见的基于 ReLU 函数衍生的激活函数。

1) 神经元死亡和 PReLU 函数

ReLU 函数虽然可以有效地避免梯度消失,但是产生了新的问题:神经元"死亡"。前文说过,当 ReLU 函数的输入小于 0 时,其导数值为 0,这也就意味着无法通过反向传播更新当前的神经元的参数,但是,如果每次 ReLU 函数的输入都小于 0,则神经元的参数将无法更新,此时该神经元就"死亡"了。

神经元死亡通常发生在学习率过高的情况下。当学习率过高时,神经元的参数会发生较大幅度的改变。这种大幅度的改变会有很大概率使神经元的输出一直处于 0,经过反向传播后导数也是 0,从而难以再次被更新。当大量的神经元出现死亡现象后,梯度更新会被死亡的神经元截断,前面的神经元参数难以被更新,从而导致了另外一种形式的梯度消失。除了学习率过高以外,比较特殊的样本数据也会错误地在某个方向上较大幅度地更新参数,从而引起神经元死亡。除了适当降低学习率以外,还可以使用 PReLU、Leaky ReLU、ELU、Swish 和 GELU 等激活函数避免神经元死亡。

参数整流线性单元(Parametric Rectified Linear Unit,PReLU)激活函数和 ReLU 函数类似。当输入大于 0 时,PReLU 函数和 ReLU 函数的图像相同;当输入小于 0 时,PReLU 函数是一条斜率很小的直线,代替 ReLU 函数的水平直线。PReLU 函数的公式如下:

$$\mathrm{prelu}(x) = \max(0, x) + \min(0, \omega x) \tag{9-46}$$

可见,PReLU 函数是由两个不同区间内的直线组合而成的,即

$$\mathrm{PReLU}(x) = \begin{cases} \omega x, & x \leqslant 0 \\ x, & x > 0 \end{cases} \tag{9-47}$$

PReLU 函数的图像如图 9-6 所示。

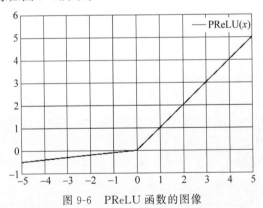

图 9-6　PReLU 函数的图像

这里的 ω 参数是一个可以学习的参数,即可通过反向传播更新 ω 参数。

注意　当 ω 参数为较小的固定值(如 0.01)时,PReLU 函数就退化成带泄漏的线性整流函数(Leaky ReLU)。当 ω 参数为 0 时,PReLU 函数就退化成 ReLU 函数,因此,Leaky ReLU 和 ReLU 函数都属于 PReLU 函数的特例。

由于当输入小于 0 时,PReLU 函数的导数不再为 0,而是 ω 从而避免了神经元死亡的问题。在仓颉 TensorBoost 中,PReLU 函数的签名如下:

```
func PReLU(input: Tensor, weight: Tensor): Tensor
```

2）Softplus 函数

上述介绍的 ReLU、PReLU 函数都由两条直线组成,所以在原点处并不连续。有些学者构造了 ReLU 函数的平滑版本 Softplus 函数,通过指数和对数的方式模拟 ReLU 函数,其公式如下:

$$\text{softplus}(x) = \log(1 + \text{e}^x) \tag{9-48}$$

Softplus 函数的图像如图 9-7 所示。

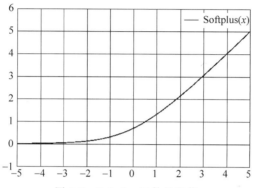

图 9-7　Softplus 函数的图像

当 x 大于 0 时,随着 x 的增大,e^x 呈现指数型上升趋势,多项式 $1+\text{e}^x$ 更加趋向于 e^x,经过计算,其 Softplus 函数计算结果趋向于 x,类似于一条斜率为 1 的直线。当 x 小于 0 时,随着 x 减小,e^x 呈现指数型下降趋势,逐渐趋向于 0,$1+\text{e}^x$ 趋向于 1,此时 Softplus 函数的计算结果趋向于 0,类似于一条水平直线,因此,Softplus 函数能够很好地模拟 ReLU 函数。Softplus 函数的签名如下:

```
func softplus(input: Tensor): Tensor
```

3）ELU 函数

ELU(Exponential Linear Units)函数即指数线性单元函数,其公式如下:

$$\text{elu}(x) = \begin{cases} \alpha\,(\text{e}^x - 1), & x \leqslant 0 \\ x, & x > 0 \end{cases} \tag{9-49}$$

ELU 函数融合了 Sigmoid 和 ReLU 函数的优点,原点左侧的曲线具有软饱和性,右侧无饱和性,如图 9-8 所示。

对比 Softplus 函数,ELU 函数同样连续可导,并且比 Softplus 的计算和求导简单方便。更加重要的是,ELU 函数的输出均值接近于零,可以有效地提高收敛速度。ELU 函数的签名如下:

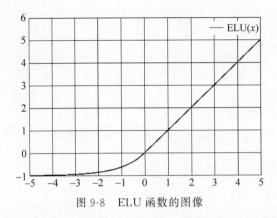

图 9-8　ELU 函数的图像

```
func elu(input: Tensor, alpha!: Float32 = 1.0): Tensor
```

4）Swish 函数和 HardSwish 函数

Swish 函数的计算公式如下：

$$\text{swish}(x) = \frac{x}{\mathrm{e}^{-\beta x} + 1} = x \cdot \text{sigmoid}(\beta x) \tag{9-50}$$

可见，Swish 函数由线性函数和 Sigmoid 函数相乘得到。当 β 较大时，Swish 函数与 ReLU 函数更像，当 β 较小时，Swish 函数更加趋向于一条直线，如图 9-9 所示。

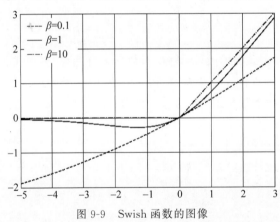

图 9-9　Swish 函数的图像

Swish 函数由谷歌提出，通常作为自门控（Self-Gated）激活函数。在随后的研究中发现，Swish 只有在深层网络中才能发挥作用，并且 Swish 函数的计算量较大，于是后来通过分段函数模拟 Swish 函数，即 HardSwish 函数，其公式如下：

$$\text{hardswish}(x) = \begin{cases} 0, & x \leqslant -3 \\ \dfrac{x(x+3)}{6}, & -3 < x \leqslant 3 \\ x, & x > 3 \end{cases} \tag{9-51}$$

可以发现，HardSwish 函数就是 x 和 HardSigmoid 函数相乘的结果，即

$$\text{hardswish}(x) = x \cdot \text{hardswish}(x) \tag{9-52}$$

HardSwish 函数的图像如图 9-10 所示。

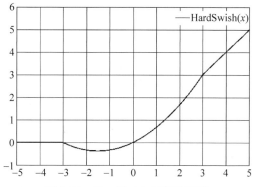

图 9-10　HardSwish 函数的图像

通常,用 ReLU6 函数表示限制最大输出值为 6 的 ReLU 函数,即

$$\text{ReLU6}(x) = \begin{cases} 0, & x \leqslant 0 \\ x, & 0 < x \leqslant 6 \\ 6, & x > 6 \end{cases} \tag{9-53}$$

ReLU6 的本质是经过缩放的 HardSigmoid 函数,因此,HardSigmoid 函数和 HardSwish 函数也可以表示为

$$\text{HardSigmoid}(x) = \frac{\text{ReLU6}(x+3)}{6} \tag{9-54}$$

$$\text{HardSwish}(x) = x \cdot \frac{\text{ReLU6}(x+3)}{6} \tag{9-55}$$

在仓颉 TensorBoost 中,HardSwish 函数的签名如下:

```
func hardswish(input: Tensor): Tensor
```

5) GELU 函数

高斯误差线性单元(Gaussian Error Linear Unit,GELU)是一个依赖于输入本身的概率统计量形成的激活函数,其公式如下:

$$\text{gelu}(s) = x \cdot \Phi(x) \tag{9-56}$$

其中,$\Phi(x)$ 表示 x 的高斯正态分布的累计函数,即

$$\Phi(x) = P(X \leqslant x) = \int_{-\infty}^{x} \frac{e^{-\frac{(X-\mu)^2}{2\sigma^2}}}{\sqrt{2\pi}\sigma} \tag{9-57}$$

其中,μ 和 σ 分别表示正态分布的均值和标准差。在实际应用中,通常不会使用这么复杂的公式进行计算,而是使用其近似计算公式:

$$\text{gelu}(x) = 0.5x \cdot \left[1 + \tanh\left(\sqrt{\frac{\pi}{2}}(x + 0.044715x^3)\right)\right] \tag{9-58}$$

GELU 的优势在于可以通过输入的统计特征提供线性正则性能,提高模型的泛化能力(关于正则化和泛化能力可参见 9.4 节的相关内容)。GELU 函数可以看作 DropOut 的思想和 ReLU 函数的结合,在提供非线性激活函数的同时提供正则能力。GELU 函数的图像如图 9-11 所示。

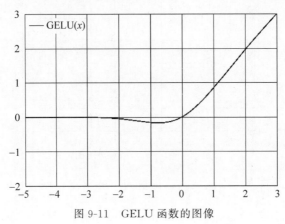

图 9-11 GELU 函数的图像

可以发现,当输入大于 0 时,GELU 和 ReLU 类似,大致为线性输出;当输入小于 0 时,GELU 的输出趋向于 0。当输入接近于 0 时,为非线性输出,并且具有一定的连续性。GELU 于 2020 年被提出,在计算机视觉、自然语言处理等方面具有很好的激活函数性能和正则化性能。在仓颉 TensorBoost 中,GELU 函数的签名如下:

```
func gelu( input: Tensor): Tensor
```

除了上述函数以外,ReLU 衍生的函数还包括带泄漏随机线性整流(Randomized Leaky ReLU,RReLU)、噪声线性整流(Noisy ReLU)等。

9.2.4 常用的激活函数

通过上文分析可以发现,激活函数可以大致分为两大类:一类是以 Sigmoid 为代表的饱和激活函数,而另一类是以 ReLU 为代表的非饱和激活函数。常见的饱和激活函数如表 9-1 所示。

表 9-1 常见的饱和激活函数

激 活 函 数	公　　式	导　　数
阶跃函数(step)	$y=\begin{cases}0, & x\leqslant 0 \\ 1, & x>0\end{cases}$	$y'=0, x\neq 0$
符号函数(sgn)	$y=\begin{cases}-1, & x\leqslant 0 \\ 1, & x>0\end{cases}$	$y'=0, x\neq 0$
Sigmoid	$y=\dfrac{1}{1+e^{-x}}$	$y'=\dfrac{e^{-x}}{(1+e^{-x})^2}=y*(1-y)$

续表

激活函数	公 式	导 数
双曲正切函数（tanh）	$y=\dfrac{e^x-e^{-x}}{e^x+e^{-x}}=\dfrac{2}{1+e^{-2x}}-1$	$y'=\dfrac{4e^{2x}}{(e^{2x}+1)^2}=1-y^2$
HardSigmoid	$y=\begin{cases}0, & x<-3\\ \dfrac{x+3}{6}, & -3\leqslant x\leqslant 3\\ 1, & x>3\end{cases}$	$y'=\begin{cases}0, & x<-3\\ 1, & -3\leqslant x\leqslant 3\\ 0, & x>3\end{cases}$
ReLU6	$y=\begin{cases}0, & x\leqslant 0\\ x, & 0<x\leqslant 6\\ 6, & x>6\end{cases}$	$y'=\begin{cases}0, & x\leqslant 0\\ 1, & 0<x\leqslant 6\\ 0, & x>6\end{cases}$

阶跃函数和符号函数是非常原始的激活函数。由于这两个函数在其非零点的导数为0，所以在应用梯度下降方法时会使梯度始终为0，因此无法应用到深度神经网络中。其他的饱和激活函数各有优缺点，读者可以根据实际情况选择使用。

常见的非饱和激活函数如表 9-2 所示。

表 9-2 常见的非饱和激活函数

激活函数	公 式	导 数
线性整流函数（ReLU）	$y=\max(0,x)$	$y'=\begin{cases}0, & x<0\\ 1, & x>0\end{cases}$
参数整流线性单元（PReLU）	$y=\begin{cases}\omega x, & x\leqslant 0\\ x, & x>0\end{cases}$	$y'=\begin{cases}\omega, & x\leqslant 0\\ 1, & x>0\end{cases}$
Softplus	$y=\log(1+e^x)$	$y'=\dfrac{1}{1+e^{-x}}$
指数线性单元（ELU）	$y=\begin{cases}\alpha(e^x-1), & x\leqslant 0\\ x, & x>0\end{cases}$	$y'=\begin{cases}\alpha e^x, & x\leqslant 0\\ 1, & x>0\end{cases}$
Swish	$y=\dfrac{x}{e^{-\beta x}+1}$	$y'=y+\text{sigmoid}(x)(1-y)$
HardSwish	$y=\begin{cases}0, & x\leqslant -3\\ \dfrac{x(x+3)}{6}, & -3<x\leqslant 3\\ x, & x>3\end{cases}$	$y'=\begin{cases}0, & x\leqslant -3\\ \dfrac{2x+3}{6}, & -3<x\leqslant 3\\ 1, & x>3\end{cases}$
高斯误差线性单元（GELU）	略	略

总体来讲，非饱和激活函数具有比较好的通用性，在神经网络中优先使用，主要原因如下：

■ 非饱和激活函数能够避免梯度消失问题。

■ 非饱和激活函数具有更快的收敛速度。

但是这些激活函数并没有绝对的优劣之分。不同的激活函数应用在不同的场景下。例如,虽然 Sigmoid 函数可能存在梯度消失问题,但是常常作为二分类输出层激活函数配合交叉熵损失函数使用,也是 RNN 的门控函数发挥力量。

9.3 选择合适的优化器

在之前的学习中,介绍过随机梯度下降算法,并使用随机梯度下降优化器(SGDOptimizer)对网络参数进行更新。在这种方法中,梯度下降的方向是随机的,并且速度是恒定的。如果学习率选择过大,则可能会导致梯度下降的过程左右震荡(如图 9-12 所示),并且无法在极小值处收敛(如图 3-13 所示)。如果学习率选择过小,则可能会导致收敛速度过于缓慢。

9.3.1 节介绍动量梯度下降方法,用于优化梯度下降的方向,以及自适应学习率方法,用于自动调节梯度下降的速度,从而更好、更快地训练深度神经网络。

9.3.1 动量梯度下降

前文介绍过,神经网络的训练过程就是通过梯度下降方法不断迭代求代价函数的极小值的过程。这个过程就像"下山"。由于随机梯度下降选取了小批量作为迭代单元,所以"下山"的过程是随机的,不准确的,并可形象地将其比喻为"醉汉下山"。

1. 动量梯度下降的基本用法

动量梯度下降就是将物理学中的动量(Momentum,也称为冲量)引入下降过程中,让下降的过程存在一定的惯性,从而平滑下降过程,减弱其中的随机性,如图 9-12 所示。动量梯度下降可以有效地减弱随机梯度下降过程中的 Zigzag 现象,从"醉汉下山"升级为"小球滚下山"。

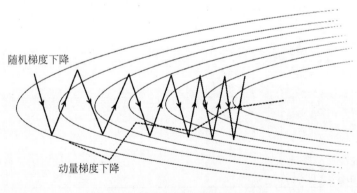

图 9-12　梯度下降过程的左右震荡

由于下降过程中的动量是依靠之前的下降过程所产生的,所以从本质上动量梯度下降就是依赖于梯度下降的历史数据修正当前的下降方向。在第 3 章中介绍过,SGD 的权重和偏置更新方法如下:

$$w^{(l)} \leftarrow w^{(l)} - \mu \nabla_w C^{(l)} \tag{9-59}$$

$$b^{(l)} \leftarrow b^{(l)} - \mu \nabla_b C^{(l)} \tag{9-60}$$

动量梯度下降中，需要将历史的动量考虑进来，计算当前的矩(moment)。更新第 l 层的权重时，首先需要计算该层权重的矩：

$$v_w^{(l)} \leftarrow u v_w^{(l)} + \nabla_w C^{(l)} \tag{9-61}$$

其中，u 表示动量，为标量。$v_w^{(l)}$ 会累积历史的惯性信息，然后通过学习率和矩更新第 l 层的权重：

$$w^{(l)} \leftarrow w^{(l)} - \mu v_w^{(l)} \tag{9-62}$$

类似地，更新第 l 层偏置的计算过程如下：

$$v_b^{(l)} \leftarrow u v_b^{(l)} + \nabla_b C^{(l)} \tag{9-63}$$

$$b^{(l)} \leftarrow b^{(l)} - \mu v_b^{(l)} \tag{9-64}$$

为了描述方便，将神经网络中的所有权重和偏置组合成一个向量：

$$\boldsymbol{W} = (\omega_{0,0}^{(1)}, \omega_{0,1}^{(1)}, \cdots, \omega_{n,m}^{(1)}, \cdots, \omega_{n,m}^{(L)}, b_0^{(1)}, b_1^{(1)}, \cdots, b_n^{(1)}, \cdots, b_n^{(L)})^{\mathrm{T}} \tag{9-65}$$

那么动量梯度下降方法可以描述为

$$V \leftarrow uV + \nabla \boldsymbol{W} \tag{9-66}$$

$$\boldsymbol{W} \leftarrow \boldsymbol{W} - \mu V \tag{9-67}$$

其中，$\nabla \boldsymbol{W}$ 为 $\boldsymbol{W}$ 的梯度；V 表示对应 $\boldsymbol{W}$ 所有权重和偏置的矩。

仓颉 TensorBoost 中定义了动量梯度下降优化器 MomentumOptimizer < T0 >，其构造函数如下：

```
init(net: T0, learningRate: Float32, momentum: Float32, weightDecay!: Float32 = 0.0,
lossScale!: Float32 = 1.0)
init(net: T0, learningRate: Tensor, momentum: Float32, weightDecay!: Float32 = 0.0,
lossScale!: Float32 = 1.0)
```

其中，net 表示输入神经网络；learningRate 表示学习率；momentum 表示动量；weightDecay 表示权重衰减参数(属于 L2 正则化，可参见 9.4.2 节的相关内容)；lossScale 表示梯度缩放系数。

注意　梯度缩放系数主要用于混合精度运算中，避免数据下溢导致的误差。混合精度运算是指使用低精度的数据类型(如 Float16)代替高精度的数据类型(Float32)进行运算，从而减少内存占用并提高运算速度，但是低精度的数据类型往往更容易产生数据下溢，对于神经网络中参数的梯度更是如此。此时，可以通过 lossScale 参数对梯度进行放大处理，计算完成后再缩小相应的倍数，从而减少计算误差。

例如，创建学习率为 0.1，动量为 0.9 的动量梯度下降优化器，代码如下：

```
var optim = MomentumOptimizer < Network >(net, 0.1, 0.9)
```

在训练过程中，即可通过其 update 函数对神经网络参数进行更新了。

2. Nesterov Accelerated Gradient 算法

Nesterov Accelerated Gradient(NAG)算法是动量梯度下降的改进方法。在上述动量梯度下降中,使用过去的梯度信息优化梯度方向,而 NAG 算法则在此基础上考虑未来的梯度信息优化梯度方向。在上述动量梯度下降算法中,∇W 中任何一个元素 Δw 的计算公式如下:

$$\Delta w = \frac{\partial C(\boldsymbol{W})}{\partial w} \tag{9-68}$$

NAG 算法是对齐进行修正,Δw 的计算公式如下:

$$\Delta w = \frac{\partial C(\boldsymbol{W} + \gamma V)}{\partial w} \tag{9-69}$$

即在计算代价函数时,神经网络不使用当前的参数,而是"向前一步",通过矩 γV 得到"未来"的神经网络参数,并计算代价函数。虽然来自未来的神经网络参数并不一定准确,但是在一定程度上在当前位置时梯度能够较为准确地反映其下降的趋势,尤其是在平滑度较高的函数形态下有很好的效果。这就好像骑自行车下山,通过观测前方的障碍物对其进行预先躲避。

在仓颉 TensorBoost 中,前面已经使用过的随机梯度下降优化器实际上已经涵盖了动量梯度下降和 NAG 算法。SGDOptimizer < T0 >的构造函数如下:

```
init(net: T0, learningRate: Tensor, momentum!: Float32 = 0.0, dampening!:Float32 = 0.0,
weightDecay!: Float32 = 0.0, nesterov!: Bool = false, lossScale!:Float32 = 1.0)
init(net: T0, learningRate!: Float32 = 0.1, momentum!: Float32 = 0.0,dampening!: Float32 =
0.0, weightDecay!: Float32 = 0.0, nesterov!: Bool = false,lossScale!: Float32 = 1.0)
```

其中,net 表示输入神经网络;learningRate 表示学习率;momentum 表示动量;dampening 表示动量阻尼;weightDecay 表示权重衰减参数;nesterov 表示是否启用 NAG 算法;lossScale 表示梯度缩放系数。当 nesterov 为 true 时,启用 NAG 算法。另外,在其构造函数中还增加了 dampening 动量阻尼参数,这个参数可以在计算矩时对∇W 前增加一个系数,以减弱当前梯度对这个梯度下降的权重。令动量阻尼参数为 r,那么矩的计算公式为

$$V \leftarrow uV + (1-r)\nabla W \tag{9-70}$$

例如,创建一个学习率为 0.1,动量为 0.9 且动量阻尼为 0.2,使用 NAG 算法的动量梯度下降的优化器,代码如下:

```
var optim = SGDOptimizer < Network >(net, 0.1, momentum: 0.9,dampening: 0.2, nesterov : true)
```

可以发现 SGDOptimizer 优化器比 MomentumOptimizer 优化器更加强大。

9.3.2 自适应学习率

动量梯度下降主要用于调整优化下降的方向,而自适应学习率主要用于调整优化下降的速度(步长)。本节介绍 AdaGrad、RMSProp 和 Adam 算法。

1. AdaGrad 算法

在梯度下降的过程中,不同的参数所需要的学习强度应当是不一样的。例如,在某个参数已经被较好地优化的情况下,另外一个参数可能还需要进一步调整才能达到最优,所以利用同一个固定的学习率对所有的参数进行优化显然是不合理的。AdaGrad(Adaptive Gradient)算法就是为了解决学习率对各个参数的自适应问题。在 AdaGrad 算法中,对不同的参数使用不同的学习率,在训练的不同阶段使用不同的学习率:

(1) 在训练的初期使用较大的学习率,随着训练的推进,学习率不断降低。

(2) 对梯度下降较快的参数降低学习速度,对梯度下降较慢的参数保持学习速度。

AdaGrad 算法更新网络参数的方法如下:

$$W \leftarrow W - \frac{\mu}{\sqrt{S} + \varepsilon} \nabla W \qquad (9\text{-}71)$$

其中,ε 为很小的数值,用于避免分母为 0;S 用于累积权重更新的过程,计算公式如下:

$$S \leftarrow S + \nabla W \odot \nabla W \qquad (9\text{-}72)$$

可以发现,公式中的 $\sqrt{S}$ 部分实际上是对累积的梯度的内积开方。当梯度下降过快时,$\sqrt{S}$ 会增大,该项作为分母的部分使学习速度降低;同理,当梯度下降不快时,保持学习速度。AdaGrad 通过修正不同维度上的学习率,以期更好的训练效果。

在仓颉 TensorBoost 中,AdaGrad 算法的实现为 applyAdagrad 函数,签名如下:

```
func applyAdagrad(input: Tensor, accum: Tensor, lr: Tensor, gradient: Tensor, update_slots!:
Bool = true): (Tensor, Tensor)
func applyAdagrad(input: Tensor, accum: Tensor, lr: Float32, gradient: Tensor, update_slots!:
Bool = true): (Tensor, Tensor)
```

其中,input 为输入张量;accum 为梯度累积项 S;lr 为学习率;gradient 为更新梯度;update_slots 为是否更新 input 和 accum 的锁,默认值为 true。当 update_slots 为 true 时,结果会更新到 input 和 accum 张量中;反之,当 update_slots 为 false 时,只将结果以函数返回的方式输出。该函数的输出为张量组成的元组,第 1 个张量为更新梯度后的张量;第 2 个张量为更新梯度后的梯度累积项。

【实例 9-7】 使用 AdaGrad 算法更新梯度,代码如下:

```
//code/chapter09/example9_7.cj
from CangjieAI import common. *
from CangjieAI import ops. *
main()
{
    //需要更新梯度的张量
    let input = parameter(Tensor([1.0f32, 2.0], shape:[2]), "input")
    //梯度累积项
    let accum = parameter(Tensor([1.0f32, 1.0], shape:[2]), "accum")
    //学习率
    let lr = Tensor(0.01f32)
    //梯度
    let gradient = Tensor([0.5f32, 1.0], shape: [2])
```

```
        //应用 AdaGrad 进行梯度更新
        let (output, output_accum) =
                applyAdagrad(input, accum, lr, gradient)
        print("梯度更新后的张量: ", output)
        print("梯度更新后的梯度累积项: ", output_accum)
}
```

编译并运行程序,输出的结果如下:

```
梯度更新后的张量:
Tensor(shape = [2], dtype = Float32, value =
[9.95527864e − 01 1.99292898e + 00])
梯度更新后的梯度累积项:
Tensor(shape = [2], dtype = Float32, value =
[1.25000000e + 00 2.00000000e + 00])
```

AdaGrad 算法比较适合稀疏数据。所谓稀疏数据就是那些维度很多,并且在分类中主要依靠维度差异的那些数据。因为在稀疏数据中,维度之间存在的差异较大,能够诱导 AdaGrad 算法很好地对下降过程进行处理,但是,AdaGrad 算法也有其固有的缺点,那就是学习率消失问题。因为 AdaGrad 算法也需要进行一个固定学习率的设置。如果这个学习率被设置得过大,则 AdaGrad 算法的优势很难体现,但是如果学习率被设置得过小,则学习率很有可能在训练中逐渐降低,甚至趋向于 0。当随机梯度下降的过程通过了很大的"平台"之后,学习速度会明显减慢。

2. RMSProp 算法

RMSProp(Root Mean Square Prop)算法是对 AdaGrad 算法进行改进后的算法。RMSProp 的原理是在计算梯度累积项 S 时,通过指数平均的方式不断地减弱之前梯度所带来的影响,其计算公式如下:

$$S \leftarrow \gamma S + (1 - \gamma) \nabla W \odot \nabla W \tag{9-73}$$

在仓颉 TensorBoost 中,RMSProp 算法结合了动量梯度下降算法,引入了动量的概念,增加了矩的计算:

$$V \leftarrow uV + \frac{\mu}{\sqrt{S} + \varepsilon} \nabla W \tag{9-74}$$

此时,网络参数的更新计算如下:

$$W \leftarrow W - V \tag{9-75}$$

可见,RMSProp 算法实际上在对梯度下降的过程中不断地削弱梯度历史的影响,并维持一个"怠速",因为梯度下降过快而"刹车"后还能够不断地恢复速度。经过实验验证,RMSProp 算法在神经网络训练中能够获得比 AdaGrad 更好的训练效果。

在仓颉 TensorBoost 中,applyRMSProp 函数实现了 RMSProp 算法,签名如下:

```
func applyRMSProp ( x: Tensor, meanSquare: Tensor, moment: Tensor, learningRate: Tensor,
gradOut: Tensor, decay: Float32, momentum: Float32, epsilon: Float32, useLocking!: Bool =
false): Tensor
```

```
func applyRMSProp (x: Tensor, meanSquare: Tensor, moment: Tensor, learningRate: Float32,
gradOut: Tensor, decay: Float32, momentum: Float32, epsilon: Float32,useLocking!: Bool =
false): Tensor
```

其中，x 为输入张量；meanSquare 为梯度累积项 S；moment 为矩；gradOut 为梯度；learningRate 为学习率；decay 为指数滑动平均系数 γ；momentum 为动量 u；epsilon 为了防止分母为 0 的很小的值 ε；useLocking 用于锁定输入的张量无法改变，默认值为 false。

【实例 9-8】 使用 RMSProp 算法更新梯度，代码如下：

```
//code/chapter09/example9_8.cj
from CangjieAI import common. *
from CangjieAI import ops. *
main()
{
    //待更新的网络参数
    let input = parameter(Tensor([1.0f32, 1.0],
                            shape:[2]), "input")
    //梯度累积项
    let meanSqr = parameter(Tensor([1.0f32, 2.0],
                            shape: [2]), "meanSquare")
    //矩
    let moment = parameter(Tensor([1.0f32, 1.0],
                            shape:[2]), "moment")
    //梯度
    let gradOut = Tensor([0.5f32, 1.0], shape:[2])
    let lr = Tensor(0.01f32)            //学习率
    let decay = 0.2f32                  //梯度累积项更新衰减速度
    let momentum = 0.0f32               //动量
    let epsilon = 0.001f32              //避免分母为0
    //应用 RMSProp 算法
    applyRMSProp(input, meanSqr, moment,
            lr, gradOut,decay, momentum, epsilon)
    print(input)
}
```

编译并运行程序，输出的结果如下：

```
Tensor(shape = [2], dtype = Float32, value =
[9.92104173e - 01 9.90875065e - 01])
```

9.3.3 Adam 算法

Adam(Adaptive Moment Estimation)算法是将动量梯度下降和 RMSProp 自适应学习率相结合的优化算法，也是在 RMSProp 的基础上进行改进后的算法，使其通用性更强，也更加强大。Adam 算法需要累积一阶梯度和二阶梯度的偏差。类似于 NAG 算法，一阶梯度偏差的计算公式如下：

$$V \leftarrow uV + (1 - u)\nabla W \tag{9-76}$$

类似于 RMSProp，二阶梯度偏差的计算公式如下：

$$S \leftarrow \gamma S + (1 - \gamma)\, \nabla \boldsymbol{W} \odot \nabla \boldsymbol{W} \tag{9-77}$$

其中,u 和 γ 分别称为一阶和二阶梯度累积系数。随后,对一阶、二阶梯度偏差公式进行修正,公式如下:

$$V \leftarrow \frac{V}{1 - u} \tag{9-78}$$

$$S \leftarrow \frac{S}{1 - \gamma} \tag{9-79}$$

最后,对网络参数进行更新,公式如下:

$$\boldsymbol{W} \leftarrow \boldsymbol{W} - \frac{\mu}{\sqrt{S} + \varepsilon} V \tag{9-80}$$

在仓颉 TensorBoost 中,提供了 Adam 优化器,其构造函数如下:

```
init(net: T0, learningRate!: Float32 = 0.001, beta1!: Float32 = 0.9, beta2!:Float32 = 0.999,
eps!: Float32 = 0. 00000001, weightDecay!: Float32 = 0. 0, lossScale!: Float32 = 1. 0,
useLocking!: Bool = false, useNesterov!: Bool = false)
init(net: T0, learningRate: Tensor, beta1!: Float32 = 0.9, beta2!: Float32 = 0.999, eps!:
Float32 = 0.00000001, weightDecay!: Float32 = 0. 0,lossScale!: Float32 = 1. 0, useLocking!:
Bool = false, useNesterov!: Bool = false)
```

其中,net 表示输入神经网络;learningRate 表示学习率;beta1 表示一阶梯度累积系数 u,默认为 0.9;beta2 表示二阶梯度累积系数 γ,默认为 0.999;eps 表示防止分母为 0 的 ε,默认为 0.00000001;weightDecay 表示权重衰减参数;lossScale 表示梯度缩放稀疏;useLocking 用于锁定输入的张量无法改变,默认值为 false;useNesterov 表示是否启用 Nesterov 算法。

默认的梯度累积系数和学习率设置都是经典的选择,读者在具体调参前可以使用默认设置尝试训练,因此,创建 Adam 优化器的典型代码如下:

```
var optim = AdamOptimizer < Net >(net, learningRate: 0.001)
```

随后,即可通过 optim 对象的 update 函数对网络参数进行更新了。

9.4 正则化与过拟合问题

机器学习的目的在于应用,即从已有的样本中寻找规律,并将规律应用到未知的新的数据之中。描述机器学习模型这一能力的概念是泛化(Generalization),也称为一般化。正则化(Regularization)就是泛指那些用于提高模型泛化能力的方法。本节介绍泛化的基本概念,以及正则化的主要方法。

9.4.1 过拟合和欠拟合

泛化能力就是指对已知的数据性能表现良好,对于未知的数据性能表现同样良好的能力。在之前的学习中,我们总是通过测试样本来验证一个模型是否优秀。通常来讲,只要模型能够正确拟合样本的特征,模型的泛化能力就应当较高。泛化能力弱的模型通常存在拟合样本特征的一些问题,具体表现在过拟合(Overfitting)和欠拟合(Underfitting)两个方面。

1. 过拟合和欠拟合

过拟合的模型往往超出了比数据本身特性更多的参数,如图 9-13 所示。为了尽可能地提高正确率,会对一些原本属于噪声或者错误的样本进行拟合。过拟合是无意义的,浪费资源且并不能提高识别新样本的正确率。欠拟合通常是模型过于简单,无法充分识别样本的特征。例如,使用线性函数拟合非线性的特征就是欠拟合的典型案例。

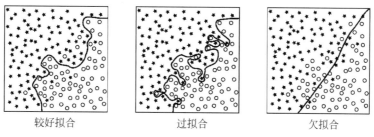

图 9-13 较好拟合、过拟合和欠拟合

对于神经网络,过拟合的问题往往更加严重。这是因为神经网络中往往包含了较多的权重和偏置参数,模型本身可以非常复杂,所以基本不存在欠拟合的问题。深层次、大量的神经元往往能够通用性地解决大量的实现问题,但是,如果开发者把握不当,往往就会陷入过拟合的深渊。虽然有很多防止过拟合产生的手段,但是控制好神经网络的复杂程度也是一件很重要的技能。

在设计神经网络的复杂度时,可以参考奥卡姆剃刀原则(Occam's Razor)。奥卡姆剃刀原则可表述为"如无必要,勿增实体",即尽可能地保持事物的简单性,越简单越好。例如,如果 5 层神经网络能够解决问题就不要扩展到 6 层;如果 30 个神经元能够解决问题,就不需要第 31 个神经元。事实上,复杂的神经网络更容易产生过拟合问题,泛化能力也更弱。关于模型的复杂度和泛化能力之间的关系,如图 9-14 所示。

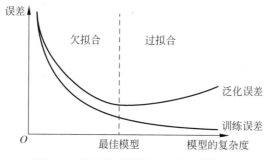

图 9-14 误差和模型复杂度之间的关系

训练误差（Training Error）是指在训练时模型表现出来的误差。泛化误差（Generalization Error）是指模型应用在真实条件下的误差。开发者需要做的就是找到泛化误差最小的模型复杂度。

2．如何判断模型产生了过拟合现象

前文使用训练数据集（Training Dataset）作为已知数据，使用测试数据集（Testing Dataset）作为未知数据，对神经网络进行训练和调整，但是，如果需要真实反映模型的泛化能力，则还需要用到验证数据集（Validation Dataset）。通常，验证数据集从训练数据集中划分出来，其比例可以由开发者自行调整，但是数量不宜过少，如图 9-15 所示。

图 9-15　划分验证数据集

之前，在没有验证数据集时，一直在使用测试数据集分析神经网络的表现，并作为依据调整神经网络的结构和超参数。有了验证数据集以后，这一部分工作应该由验证数据集完成，保证测试数据集不再作为调整神经网络的任何依据。这样一来，通过测试数据集计算的误差就能够作为泛化误差的估计值，在一定程度上能够反映神经网络的泛化能力。

验证数据集的职能包括以下几方面：

（1）测试网络模型性能是否良好，并作为依据调节网络结构和超参数。

（2）测试网络模型是否出现过拟合或者欠拟合现象。

当验证数据集误差和测试数据集误差都较大时，可能出现欠拟合现象，可以尝试提高模型的复杂度。当验证数据集误差很小，但是测试数据集误差很大时，说明出现了过拟合现象，此时可以尝试降低模型的复杂度。

通常，一个深度神经网络的设计过程如图 9-16 所示。

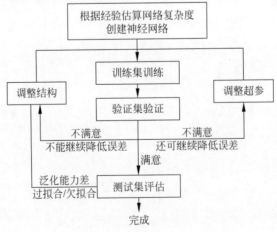

图 9-16　神经网络的设计过程

当出现过拟合现象时,除了可以调整网络结构,还有以下技术方案。

3. 如何抑制过拟合

通过以下技术手段可以有效地抑制过拟合现象的发生。

(1)增加样本量:这是最为简单粗暴的方法。

(2)数据增强:通过数据增强的方式变相增加样本量。例如,对于图像识别任务,可以对样本中的图片进行变换、裁剪、缩放等处理,人为地扩展训练数据集。

(3)正则化:正则化是提高泛化能力的方法的统称,常用的包括 L1 正则化、L2 正则化等。

(4)DropOut:在训练过程中,随机性地丢失前向传播中的数据可以提高泛化能力。广义地讲,DropOut 也属于正则化技术。

下面介绍 L1 和 L2 正则化,以及 DropOut 方法,这是几种比较通用的避免过拟合的方法。

9.4.2 L1 和 L2 正则化

在神经网络中,网络的权重是塑造神经网络形状的主要部分,因此权重是影响泛化能力的重要因素,比偏置带来的影响要大得多,因此 L1 和 L2 正则化也是针对权重进行操作的。具体地讲,L1、L2 正则化都是在损失函数中增加一个正则项进行训练(也称为惩罚项)。显然,在损失函数中增加一项大于 0 的项,一定会增加训练误差,所以 L1、L2 正则化在提高泛化能力的同时,会在一定程度上影响训练效果。

1. L2 正则化

在之前的 MNIST 数字识别问题中,每次训练神经网络都能达到相似的、较为满意的效果,但是如果观察其内部的网络参数配置,则可谓是天壤之别,所以对于同样的样本数据,神经网络有很多完全不同的解,但是,这些不同的解的泛化能力不同。

正则化的工作是让模型简单化。对于相同的网络结构,可以通过抑制权重的复杂度来使模型更加简单。依据最大熵原理,权重之间的差异越小,熵值越大,复杂度也就越低。此时,神经网络能够更加简单地描绘特征规律。L2 正则化就是通过抑制权重的复杂度来提高泛化能力的,所以 L2 正则化也称为权重衰减(Weight Decay)方法,即在损失函数中增加权重的平方和,公式如下:

$$\text{loss} = \text{loss}_0 + \alpha \sum \parallel w \parallel_2 \tag{9-81}$$

其中,$\sum \parallel w \parallel_2$ 就是 L2 正则项;α 为正则化系数。在仓颉 TensorBoost 中,L2 正则化能力实际上已经被纳入优化器之中。上文介绍过,在 AdamOptimizer、SGDOptimizer 等优化器的构造函数中,均包含了权重衰减项 weightDecay。开发者可以直接修改 weightDecay 参数来使用 L2 正则化。

2. L1 正则化

与 L2 正则化类似,L1 正则化(也称为 Loss 正则)也是在损失函数中增加一个惩罚项,这个惩罚项是权重的绝对值的和：

$$loss = loss_0 + \alpha \sum \| w \|_1 \tag{9-82}$$

其中，$\sum \| w \|_1$ 就是 L1 正则项；α 为正则化系数。虽然 L1 正则化和 L2 正则化都通过抑制权重的复杂度的方法来提高泛化性能，但是 L1 正则化的效果和 L2 正则化的效果却是不同的。L1 正则化能够更加倾向于消除不显著的维度，提高特征选择的稀疏性。

9.4.3　DropOut

DropOut 方法是 Hinton 等在 2012 年提出的提高网络性能的方法，其本质是在训练的过程中随机性地丢失部分数据（大约一半），从而使其在瞬时成为简单的网络结构，如图 9-17 所示。

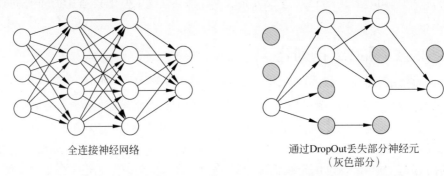

全连接神经网络　　　　　　　　通过DropOut丢失部分神经元
（灰色部分）

图 9-17　通过 DropOut 丢失部分神经元

DropOut 层能够很好地提高其泛化能力。由于 DropOut 排除了部分神经元的作用，所以减弱了层与层之间的依赖关系，在调整参数时也能够更加"大胆"。随机性地关闭部分神经元可以理解为每次前馈都是完全不一样的神经网络。这些不同的神经网络之间的过拟合相互抵消，形成较为"中庸"的参数结构。

在仓颉 TensorBoost 中，通过 DropOut 层的张量，会随机性地将部分数据设置为 0，并将剩余数据扩大 1/keep-prob 倍，其构造函数如下：

```
init(keepProb!: Float32 = 0.5, training!:Bool = true)
```

其中，keepProb 为元素保留（置 1）的概率，training 为状态设置，默认值为 false。当 training 为 false 时，元素不会丢失。

【实例 9-9】　通过 DropOut 层随机丢失张量中的数据，代码如下：

```
//code/chapter09/example9_9.cj
from CangjieAI import nn.layers.DropOut
from CangjieAI import ops. *

main(){
    //创建输入数据
    let input = Tensor([1.0f32, 2.0, 3.0, 4.0], shape : [2, 2])
```

```
    //创建 DropOut 层
    let DropOut = DropOut(keepProb: 0.5)
    //将 input 张量的元素随机丢失,各个元素丢失的概率均为 50%
    let output = DropOut(input)
    print(output)
}
```

编译并运行程序,输出的类似结果如下:

```
Tensor(shape = [2, 2], dtype = Float32, value =
[[ 2.00000000e + 00   0.00000000e + 00]
 [ 0.00000000e + 00   8.00000000e + 00]])
```

多次执行上述程序,置 0 的元素位置是随机的,并且其余的元素都会在原来的基础上扩大 1/keep-prob 倍。将 DropOut 层引入深度神经网络,不仅可以抑制过拟合问题,而且可以在一定程度上加快训练速度。

9.5 改进深度神经网络

本节将优化 7.2 节中的深度神经网络(多层感知机),使其识别数字的准确率达到 97%左右,具体的优化手段如下:

(1) 优化神经网络结构,增加隐藏神经元的数量。

(2) 改进激活函数,采用 ReLU。

(3) 改进损失函数,采用交叉熵损失函数,并配合 Softmax 激活函数使用。

(4) 改进优化器,采用 Adam 优化器。

另外,本节还将介绍如何从训练数据集拆分出验证数据集,以便于观察其泛化能力。改进的深度神经网络程序可以在本书配套代码 code/chapter09/mlp 目录中找到。在该目录中,执行 build. sh 即可编译源代码,生成 mlp 可执行程序。

9.5.1 采样器、训练数据集和验证数据集的加载

本节介绍采样器的用法,以及如何通过采样器创建训练数据集和验证数据集。

1. 采样器

采样器(Sampler)用于定义数据集的采样方法,包括随机采样器和顺序采样器。在默认情况下,数据集(DataSet)使用随机采样器采样样本。在 7.2 节中,加载 MNIST 训练数据集和测试数据集时都使用了随机采样,于是每次执行程序时采样的样本顺序都是不同的。

随机采样器类(RandomSampler)和顺序采样器类(SequentialSampler)均继承于父类 BuildInSampler。RandomSampler 构造函数如下:

```
init(replacement!: Bool = false, numSamples!: Int64 = 0)
```

其中,参数 replacement 表示是否采样后放回,当其为 true 时会采样到相同的样本;参数

numSamples 表示采样数量。SequentialSampler 构造函数如下：

```
init(startIndex!: Int64 = 0, numSamples!: Int64 = 0)
```

其中，参数 startIndex 表示采样的起始位置，参数 numSamples 表示采样数量。例如，在 MNIST 数据集中，可以分别创建两个顺序采样器对训练数据集和验证数据集进行采样，代码如下：

```
//加载前 50 000 个样本作为训练数据集
var sampler = SequentialSampler(startIndex : 0, numSamples: 50000)
//加载后 10 000 个样本作为验证数据集
var sampler = SequentialSampler(startIndex : 50000, numSamples: 10000)
```

对于 MnistDataset、MindDataDataset 等数据集都可以通过 sampler 参数指定其采样器类型。

2. 加载训练和验证数据集

改进多层感知机程序，通过 loadMnistTrain 函数加载前 50 000 个样本作为训练数据集，通过 loadMnistValidation 函数加载后 10 000 个样本作为验证数据集，代码如下：

```
//加载 MNIST 训练数据集
func loadMnistTrain(batchSize!: Int32 = 10, epoch!: Int32 = 1)
{
    //加载前 50 000 个样本作为训练数据集
    var sampler = SequentialSampler(startIndex : 0, numSamples: 50000)
    //创建 MnistDataset
    var ds = MnistDataset("./mnist/train", epoch: epoch, sampler: sampler)
    var rescale = rescale(1.0 / 255.0, 0.0)          //将像素值缩放至 0~1
    var typeCast = typeCast(INT32)                    //将标签值转换为 INT32 类型
    ds.datasetMap([rescale], "image")                 //数据增强
    ds.datasetMap([typeCast], "label")                //数据增强
    ds.shuffle(10000)                                 //打乱数据
    ds.batch(batchSize, true)                         //形成长度为 10 的小批量
    return ds
}

//加载 MNIST 验证数据集
func loadMnistValidation()
{
    //加载后 10 000 个样本作为验证数据集
    var sampler = SequentialSampler(startIndex : 50000, numSamples: 10000)
    //创建 MnistDataset
    var ds = MnistDataset("./mnist/train", sampler: sampler)
    var rescale = rescale(1.0 / 255.0, 0.0)          //将像素值缩放至 0~1
    var typeCast = typeCast(INT32)                    //将标签值转换为 INT32 类型
    ds.datasetMap([rescale], "image")                 //数据增强
    ds.datasetMap([typeCast], "label")                //数据增强
    return ds
}
```

在上述代码中，函数 loadMnistTrain 通过 shuffle 打乱数据并且形成小批量，用于训练

数据,而 loadMnistValidation 不需要打乱数据,并且不需要形成小批量。在测试准确率函数中增加 dataset 参数,用于传入验证数据集或测试数据集进行准确率分析,代码如下:

```
//测试准确率
func test(network: Network, dataset: MnistDataset) {
    //承载测试数据的参数
    let image = parameter(zerosTensor([1, 784], dtype: FLOAT32), "data")
    let label = parameter(zerosTensor([], dtype: INT32), "label")

    //加载测试数据
    var dataset = loadMnistTest()

    var count = 0                                           //正确样本数量
    let sum = dataset.getDatasetSize()                      //总样本数量

    //计算正确样本数量
    for (index in 0..dataset.getDatasetSize()) {
        dataset.getNext([image, label])
        var output = network(image)
        let real =   label.toScalar<Int32>()                //真实值
        let predicted = argmax(output).evaluate().toArrayInt32()[0]  //预测值
        if (real == predicted) {
            count ++
        }
    }
    println("Result: ${count} / ${sum}")
}
```

随后,即可在 main 函数中,通过调用 test 函数对网络模型进行验证了,代码如下:

```
//通过验证数据集检验精度
test(network, loadMnistValidation())
//通过测试数据集检验精度
test(network, loadMnistTest())
```

在每次循环(Epoch)之后,均使用验证数据集(代替之前的测试数据集)测试识别准确率。在训练完成后使用(或者适时使用)测试数据集分析准确率,检验模型的泛化能力。

9.5.2 改进激活函数和损失函数

本节改进多层感知机的激活函数和损失函数,并适当增加神经元的数量,提高网络模型的复杂度。

1. 改进激活函数并增加神经元的数量

为了避免梯度消失问题,将多层感知机中各层之间的激活函数调整为 ReLU 函数。由于输出层使用 Softmax 激活函数和交叉熵损失函数配合使用,所以在网络结构定义中暂不设激活函数。另外,将多层感知机的两个隐藏层的神经元的数量从 20 个分别提高到 500 个和 300 个,代码如下:

```
@OptDifferentiable
struct Network {
    let input: Dense                    //输入层
    let hidden: Dense                   //隐含层
    let output: Dense                   //输出层

    //初始化各层的神经元,值符合正态分布
    init() {
        input = Dense(784, 500,
                RandomNormalInitializer(sigma: 0.3))
        hidden = Dense(500, 300,
                RandomNormalInitializer(sigma: 0.3))
        output = Dense(300, 10,
                RandomNormalInitializer(sigma: 0.3))
    }

    //神经网络数据流
    @Differentiable
    operator func ()(data: Tensor): Tensor {
        data |> this.input |> ReLU |>
             this.hidden |> ReLU |>
             this.output
    }
}
```

2. 使用交叉熵损失函数

修改前馈计算的 loss 函数,增加传入 SoftmaxCrossEntropyWithLogits 类型的参数 lossFunc,以用于计算损失值,代码如下:

```
//前馈计算代价函数的值
@Differentiable[except: [lossFunc, image, label]]
func loss(network : Network, lossFunc : SoftmaxCrossEntropyWithLogits, image: Tensor, label:
Tensor)
{
    //前馈计算
    var output = network(image)
    //计算交叉熵损失函数的值
    let loss = lossFunc(output, label)
    return loss
}
```

注意将 lossFunc 参数通过@Differentiable 宏排除在自动微分的计算范围之外。修改反向传播计算梯度 gradient 函数,由于在自动微分过程中仍然需要 SoftmaxCrossEntropyWithLogits 层,所以需要增加 lossFunc 参数,并且在求得反向传播器时传入 lossFunc 变量,代码如下:

```
//反向传播计算梯度
func gradient(network : Network, lossFunc : SoftmaxCrossEntropyWithLogits, image: Tensor,
label: Tensor)
{
```

```
        //获得 loss 函数的伴随函数
        var lossAdj = @AdjointOf(loss)
        //求得反向传播器 backward_prop
        var (value, backward_prop) = lossAdj(network, lossFunc, image, label)
        value.evaluate()
        //求得梯度值
        return backward_prop(onesLike(value))
    }
```

在 main 函数中,创建交叉熵损失函数对象,并在调用反向传播计算梯度函数 gradient 时将其作为参数传入,代码如下:

```
main()
{
    …

    //创建交叉熵损失函数对象
    let lossFunc = SoftmaxCrossEntropyWithLogits(sparse: true)
    …
    //开始训练
    for (e in 0..epoch) {
        print("Epoch : ${e}\n")
        //遍历小批量数据
        for (b in 0..dataset.getDatasetSize()) {
            //将小批量数据读取到 image 和 label 中
            dataset.getNext([image, label])
            //反向传播,求解梯度
            var gradient = gradient(network, lossFunc, image, label)
            //将梯度传递给优化器,更新权重和偏置参数
            optim.update(gradient)
        }
        //通过验证数据集检验精度
        test(network, loadMnistValidation())
    }
    …
}
```

此时,就完成了从 MSE 到交叉熵损失函数的替换。

9.5.3 改进优化器

本节将随机梯度下降优化器改进为 Adam 优化器,只需修改 optim 对象的定义,以及根据需要调整 Adam 优化器的学习率、小批量大小等超参数,代码如下:

```
main()
{

    //超参数的定义
    let epoch = 30i32        //训练轮数
    let batch_size = 30      //小批量大小
    let lr = 0.001f32        //学习率
```

```
    …
        var optim: AdamOptimizer < Network > = AdamOptimizer < Network >(network, learningRate :
    lr)
        …
    }
```

将小批量大小调整为 30，将学习率调整为 0.001，编译并运行程序，输出的类似结果如下：

```
Network shape : [784, 500, 300, 10]
epoch : 30, batch_size : 30, eta : 0.001000
Epoch : 0
Result: 9253 / 10000
Epoch : 1
Result: 9339 / 10000
Epoch : 2
Result: 9435 / 10000
Epoch : 3
Result: 9520 / 10000
…
Epoch : 27
Result: 9683 / 10000
Epoch : 28
Result: 9691 / 10000
Epoch : 29
Result: 9729 / 10000
训练完成，通过测试数据集检验精度：
Result: 9707 / 10000
```

经过优化后的多层感知机，经过 4 次迭代后其识别准确率可以达到 95% 左右，而最终的识别准确率可以达到 97%。不仅多层感知机的收敛速度更快，而且具有更好的识别能力。由于该神经网络在验证数据集和测试数据集的表现相似，所以具有良好的泛化能力。如果调整神经网络后发现结果欠佳，则可以使用正则化方法对模型进行修改，以便提高其泛化能力。

9.6 本章小结

在深度学习中，神经网络的优化和正则化是深度神经网络中最为重要的两个方向。选择合适的损失函数、激活函数、随机梯度下降、动量梯度下降、Adam 算法、批标准化等都属于优化的范畴。优化的本质就是用最简单、最科学的方式改进网络结构、参数和计算方法，提高网络的性能，使经验风险最小。正则化的本质则是降低模型的复杂度，提高泛化能力。这些方法都属于比较通用的方法，第 10 章和第 11 章将介绍两种最为重要且最为常用的深度神经网络结构。在这些神经网络中，将涉及本章所介绍的各种优化和正则化方法。

9.7　习题

1. 用 SmoothL1Loss 层实现 MAE 损失函数,用 L2Loss 层实现 MSE 损失函数,并应用在第 7 章构建的神经网络中。

2. 尝试在多层感知机中使用不同的激活函数,分析其主要区别。

3. 通过自定义损失函数的方式自行实现 L1 和 L2 正则化。

第 10 章
卷积神经网络

卷积神经网络(Convolutional Neural Network,CNN)是非常重要的神经网络模型。在图像识别领域,CNN 因超凡的识别正确率而赫赫有名。对于前文介绍的 MNIST 数据集,经过精心设计准备的 CNN 可以达到 99.8% 左右的正确率,已经达到了人工标注的能力水平。实际上,CNN 不仅应用在图像识别领域,在自然语言处理、金融分析、遥感影像分析等领域都有较为广泛的应用。甚至,打败人类围棋世界冠军的 AlphaGo 也应用了 CNN。不得不说,CNN 是深度学习理论中的一颗璀璨的明珠。

本章将揭开卷积神经网络的奥秘,核心知识点如下:

- 卷积和卷积神经网络。
- 批标准化。
- LeNet-5。

10.1 卷积神经网络与图像识别

卷积神经网络最为主要的应用领域还是图像识别。实际上,卷积神经网络和人脑视觉中枢具有很强的相似性。在人脑中,视觉系统的信息处理实际上是分级的,包括 V1、V2、V3、V4 和 V5 处理区域。在人眼视网膜得到原始信息后,通过 V1 视觉处理区域提取边缘和方向特征信息,然后通过 V2 视觉处理区域进一步得到形状信息,并不断迭代得到更高层级的抽象信息,最后通过内容通路和空间通路到达 V4 和 V5,分别用于识别物体和处理物体的空间位置信息。

在卷积神经网络中,同样存在边缘和方向特征信息系统的过程,也同样存在不断迭代提取更高层级抽象信息的过程。本节将介绍卷积神经网络进行图像识别的原理和过程。

10.1.1 卷积和图像卷积

卷积是卷积神经网络的核心。本节介绍卷积和图像卷积的基本概念。

1. 卷积的基本概念
在数学中,卷积的基本定义如下:

$$(f * g)(n) = \int_{-\infty}^{\infty} f(\tau)g(x-\tau)\,d\tau \tag{10-1}$$

公式可能较为抽象,但是卷积的核心要义很简单,就是对 g 函数翻转,然后以滑动的方式和 f 函数相乘叠加,因此卷积也可以理解为"翻转积分"。

为了理解这个卷积公式的含义,下面构造 f 函数和 g 函数,如图 10-1 所示。

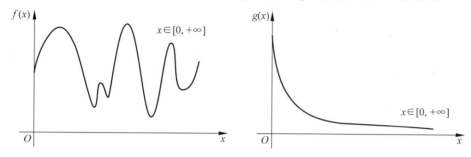

图 10-1　f 函数和 g 函数

假设 x 表示时间,$f(x)$ 表示某学生在各时刻学习英语单词的数量,$g(x)$ 表示该同学学习的英语单词随着时间遗忘的程度函数。那么,如何计算在 T 时刻该学生所记住的英语单词的数量呢? 可以通过 $f(\tau)g(T-\tau)$ 表示在 T 时刻所记住的 τ 时刻学习的英语单词,其中 $f(\tau)$ 是 τ 时刻所学习的单词,而 $g(T-\tau)$ 表示 τ 时刻所学习的英文单词的遗忘程度。如果将 $f(\tau)g(T-\tau)$ 从 0 到 T 时刻进行积分,就得到了 T 时刻该学生记住的英语单词的数量,即

$$\int_0^T f(\tau)g(T-\tau)\,d\tau$$

从图像上看,由于 τ 和 $T-\tau$ 在横轴上的位置是关于 $T/2$ 对称的,所以如果将 $g(x)$ 进行反转,就可以很清晰地看出两个函数的相乘和积分关系,如图 10-2 所示。

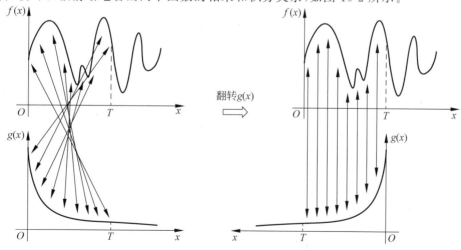

图 10-2　卷积的过程

如果将 $f(x)$ 和 $g(x)$ 定义域拓展到 $(-\infty, +\infty)$，则其积分公式可拓展成卷积的公式了。

从本质上看，卷积是研究"相关"的工具，包括互相关（Cross-correlation）和自相关（Autocorrelation）。卷积就是来探究 T 时刻和之前各时刻 $f(x)$ 和 $g(x)$ 之间的互相关关系的。在上述例子中，随着 T 时刻和之前某时刻的时间间距 τ 的增加，$g(T-\tau)$ 的值不断减小，其相关性逐渐变弱。

2. 图像的卷积操作

在图像处理领域中，卷积操作就是分析图像的各像素和周围像素之间的互相关关系，并从一维拓展到二维。图像的卷积离不开卷积核，所谓卷积核（Convolutional Kernel）就是 3×3、5×5、7×7 等行列数为奇数（通常行列数相等）的矩阵。例如，平滑卷积核如图 10-3 所示。

1/9	1/9	1/9
1/9	1/9	1/9
1/9	1/9	1/9

图 10-3　平滑卷积核

图像卷积操作就是将卷积核的中心对准图像中的每个像素（目标像素），并按照卷积核中的数值作为权重，分别和其所覆盖的像素求积后平均（加权平均），所得到的数值为这个目标像素的新像素值，如图 10-4 所示。

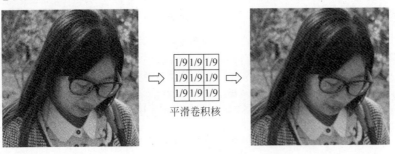

平滑卷积核

图 10-4　图像卷积

除了平滑卷积以外，使用不同的卷积核可以对图像完成各种类型的卷积操作。一般地，新像素值 $f*g(x,y)$ 的计算公式如下：

$$f*g(x,y) = \sum f(x-\tau)g(\tau) = f(x-1,y+1)\times g(1,-1) + f(x,y+1)\times$$
$$g(0,-1) + f(x+1,y+1)\times g(-1,-1) + f(x-1,y)\times g(1,0) +$$
$$f(x,y)\times g(0,0) + f(x+1,y)\times g(-1,0) + f(x-1,y-1)\times$$
$$g(1,1) + f(x,y-1)\times g(0,1) + f(x+1,y-1)\times g(-1,1)$$

上述计算过程如图 10-5 所示。

新像素的计算过程是对原图像中卷积核所覆盖的每个像素进行遍历并加权求和。为了能够使图像最外层的像素值参与计算，可以通过增加边框（Padding）的方式参与计算。例如，可以在图像周围增加一圈均为 0 的像素值（Zero Padding）。这样一来，就可以保证由新像素组成的图像和原图像的分辨率相同，如图 10-6 所示。

卷积核规定了周围像素是如何影响到当前像素的。利用卷积核可以提取图像的边缘信

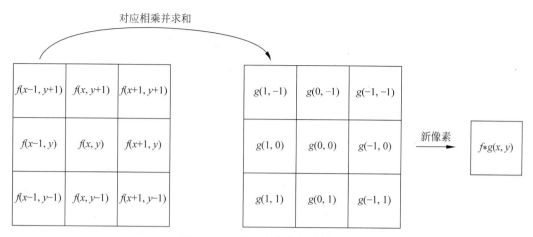

图 10-5　图像卷积操作的计算过程

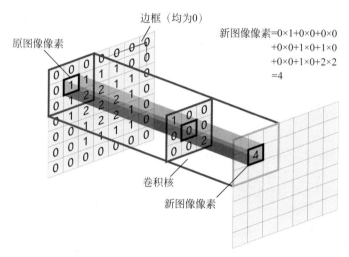

图 10-6　为图像增加边框

息和方向信息。例如,可以使用水平边界卷积核(见图 10-7)和垂直边界卷积核(见图 10-8)对图像的边界进行提取。

1	1	1
0	0	0
-1	-1	-1

1	0	-1
1	0	-1
1	0	-1

图 10-7　水平边界卷积核　　　图 10-8　垂直边界卷积核

以水平边界卷积核为例,如果在某个像元的位置遇到图像中某些物体的边缘边界,则在像元周围的上下两侧的像元会明显不同。水平边界卷积核会通过正负增强这种差异,使该位置的新像元变得很大或者很小,从而达到边界提取的效果,如图 10-9 所示。

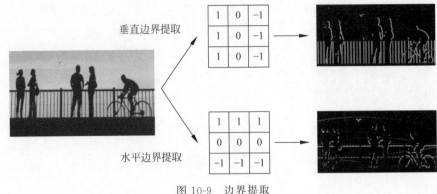

图 10-9　边界提取

　　利用类似的原理,还可以提取斜向的边界信息。对于文字、数字等字符,这种边界信息的提取是非常重要的。因为字符的绝大部分由横线、竖线、斜线组成,如图 10-10 所示。

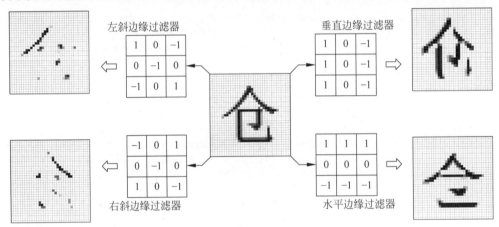

图 10-10　提取水平、垂直和斜向的边缘信息

　　可见,过滤器对周围像素进行主动试探和选择,把图片中有用的特征保留下来。

10.1.2　初识卷积神经网络

　　传统深度神经网络在处理较高分辨率图像时是不合适的。例如,包含红、绿、蓝 3 种颜色通道且分辨率为 200×200 的图像就具有 $3 \times 200 \times 200 = 120\,000$ 个数值。当使用传统的深度神经网络进行处理时,就需要使用 120 000 个神经元作为输入层。如此大量的参数很容易在训练神经网络的过程中产生过拟合现象,并且如此之多的神经元也是没有太大意义的(图像中的很多像素和输出结果是无关的),况且并没有很好地体现像素和像素之间的关系。目前,许多相机和手机拍摄的照片超过了 1 亿像素(如 $12\,032 \times 9024$ 分辨率),在神经网络的输入层平铺 1 亿个神经元真的很难以想象。

　　对于这样较大的输入图像,通过卷积核能够更好地把图像信息提取出来,而不是像传统的深度神经网络那样对图像的所有像元逐一处理。卷积神经网络就是包含卷积核操作的神经网络。通常,CNN先通过卷积操作提取图像信息,然后通过传统的神经网络(如全连接层)进行处理。

CNN都至少包含卷积层和池化层。

1) 卷积层(Convolutional Layer)

卷积层是CNN中最为重要的部分,可以通过卷积操作把图像的局部特征挑出来。对于两个相似的图像,虽然绝对像素的位置可能有很大差异,但是像素和像素之间的位置关系通常有迹可循。例如,对于两个包含字母X的图像,如图10-11所示,从局部上看具有很多重复的部分,但是其具体的像素位置却有很大的差异。

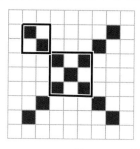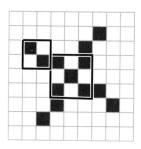

图 10-11　字母 X 的局部差异

卷积层就是通过多个卷积核对图像进行特征提取。图像经过卷积核处理后得到的结果称为特征图谱(Feature Map,FM)。卷积层输出的特征图谱的数量与卷积核的数量一致。不同的卷积核所提取的特征是不同的,在定义卷积层时可以对卷积核中的各个值随机初始化,并在训练神经网络的过程中进行学习及调整,从而有针对性地寻找图像特征。

在仓颉 TensorBoost 中,通过 Conv2d 定义卷积层,其主要的构造函数如下:

```
init(in_channels: Int64, out_channels: Int64, kernel_size: Array < Int64 >, stride!: Array
< Int64 > = Array < Int64 >([1, 1]), pad_mode!: String = "same", padding!: Array < Int64 > =
Array < Int64 >([0, 0, 0, 0]), dilation!: Array < Int64 > = Array < Int64 >([1, 1]), group!:
Int64 = 1,has_bias!: Bool = false, weight_init!: InitType = InitType.NORMAL, bias_init!:
InitType = InitType.ZERO)
init(in_channels: Int64, out_channels: Int64, kernel_size: Array < Int64 >, weight_init:
BaseInitializer, bias_init: BaseInitializer, stride!: Array < Int64 > = Array < Int64 >([1,
1]), pad_mode!: String = "same", padding!: Array < Int64 > = Array < Int64 >([0, 0, 0, 0]),
dilation!: Array < Int64 > = Array < Int64 >([1, 1]), group!: Int64 = 1, has_bias!: Bool =
false)
init(in_channels: Int64, out_channels: Int64, kernel_size: Array < Int64 >, weight_init:
Tensor, bias_init: Tensor, stride!: Array < Int64 > = Array < Int64 >([1, 1]), pad_mode!:
String = "same", padding!: Array < Int64 > = Array < Int64 >([0, 0, 0, 0]), dilation!: Array
< Int64 > = Array < Int64 >([1, 1]), group!: Int64 = 1, has_bias!: Bool = false)
```

各个参数的含义如下:

- in_channels:输入通道数,即输入图片(或特征图)的通道数量。
- out_channels:输出通道数,即输出特征图的通道数量。
- kernel_size:卷积核大小,使用二维数组定义,例如[3,3]或[5,5]等。

- stride：卷积核移动步长,使用二维数组定义,默认为[1,1]。
- pad_mode：边框填补模式,包括 same、valid 和 pad 这 3 种模式。
- padding：边框大小,当填补模式为 pad 时进行设置,表示向外填补的数量。
- dilation：卷积核膨胀系数,表示卷积核元素之间的距离,默认为[1,1]。当距离大于 1 时,在特征图上计算时需要跨过相应的距离后取值。
- group：卷积核分组数,默认为 1。
- has_bias：是否有偏置。
- weight_init：初始化权重方式。
- bias_init：初始化偏置方式。

其中,输入通道数(in_channels)、输出通道数(out_channels)和卷积核大小(kernel_size)是必选的,其他的参数都是可选的。在选择参数时,需要注意以下几个方面:

(1) 输入通道数和卷积核的层数一致,输出通道数和卷积核的个数一致。对于具有多个通道的特征图作为输入,那么就需要使用多层卷积核进行处理。在 ResNet 等深度神经网络中,可以使用形状为 1×1 的卷积核配合指定个数的输出通道来调整特征图的深度。

(2) 在卷积核移动步长相同的情况下,两个 3×3 的卷积核与使用一个 5×5 的卷积核的作用相近,但通常小而多的卷积核具有更高的效率。例如,两个 3×3 的卷积核通常要比一个 5×5 卷积核的效率更高。

(3) 边框填补模式的相关含义如下。

- same：用 0 向外填补边框,使输出的特征图和输入的特征图尺寸一致。
- valid：不进行边框填补,直接计算。
- pad：用 0 向外填补边框,通过指定的 padding 参数来填补指定宽度(和高度)的边框。

(4) 当参数 has_bias 为 true 时,在每次通过卷积核进行卷积运算时都会通过偏置进行"激活"。

卷积层是典型的非全连接神经网络结构,抓住了图像特征的主要矛盾,从而实现简化网络连接的目的,提高神经网络性能。

Conv2d 卷积层创建后,就可以对图片(或特征图)进行处理了,其输入参数仅为 input 张量,其形状为 $N\times C_{in}\times H_{in}\times W_{in}$,其中,$N$ 表示小批量的大小,C 表示图片(特征图)的通道数量,H 和 W 表示图片(特征图)的高度和宽度,下标 in 表示输入。相应地,Conv2d 卷积层的输出是一个形状为 $N\times C_{out}\times H_{out}\times W_{out}$ 的 output 张量,其中下标 out 表示输出。

2) 池化层(Pooling Layer)

池化层也称为子采样层(Subsample Layer),主要用于缩减特征图谱的规模。子采样可以理解为降低特征图谱的分辨率(牺牲部分信息),同时保留特征规律。例如,对 32×32 的特征图谱进行平均采样,将其分辨率缩小至 16×16,即取得原图像中每个 2×2 区域内像元的平均值作为新的图像的像元值,如图 10-12 所示。

可以发现,经过池化后的特征图谱依然大致包含了原特征图谱的特征,但是其像元值更小了。子采样方法包括最大值合并、平均值合并和随机合并等,采用不同子采样方法的池化方法分别称为最大值池化（Max Pooling）、平均值池化（Average Pooling）和随机池化（Stochastic Pooling）。例如，最大值池化就是取得采样区域内的最大值作为结果，形成新的特征图，如图 10-13 所示。

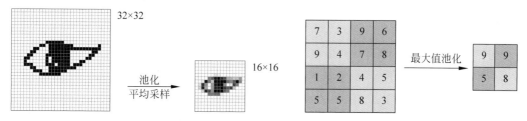

图 10-12　平均值池化　　　　　　　图 10-13　最大值池化

在仓颉 TensorBoost 中，最大值池化层通过 MaxPool2d 定义，其构造函数如下：

```
init(kernel_size!: Array< Int64 > = Array< Int64 >([1, 1]), stride!:
Array< Int64 > = Array< Int64 >([1, 1]), pad_mod! : String = "VALID")
```

各个参数的含义如下。

- kernel_sizes：采样区（滑框）大小，使用二维数组定义，默认为[1，1]。通常，可以设置为[2，2]或[4，4]等。
- strides：采样区移动步长，使用二维数组定义，默认为[1，1]。
- pad_mod：边框填补模式，具体模式的使用方式可参考 Conv2d 层的相关介绍。

和 Conv2d 层类似，MaxPool2d 层也需要将特征图组织为 $N \times C \times H \times W$ 的格式进行处理。通常，卷积后通过 ReLU 函数激活后再进行池化，组成一个 CNN 中的基本单元，即"卷积→ReLU→池化"操作。在 CNN 中，通常会对图像执行多次"卷积→ReLU→池化"操作，以便于更加精确地把握图像特征。在这一过程中，图像的深度会增加，图像的高度和宽度（分辨率）会降低，如图 10-14 所示。

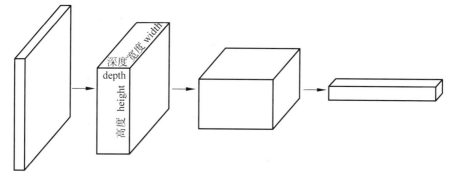

图 10-14　增加图像的深度

最后，将最终得到的特征图谱摊平，通过传统方法（如全连接层）进行处理并输出结果。在仓颉 TensorBoost 中，可以通过 Flatten 层对特征图进行摊平处理，该层的构造函数没有参数，可直接创建使用。Flatten 层将任何维度大于 2 的张量（如 $N \times C \times H \times W$ 形状）拍平处理为维度为 2 的张量(如 $N \times (C \times H \times W)$)。

10.2 LeNet 神经网络

使用 LeNet-5 神经网络对 MNIST 手写数字进行识别,其准确率可以提高至 98.5% 左右。本节首先介绍 LeNet-5 神经网络的基本结构,然后介绍其代码实现。本节所介绍的 LeNet 神经网络程序可以在本书配套代码 code/chapter10/LeNet 目录中找到。在该目录中,执行 build.sh 即可编译源代码,生成 LeNet 可执行文件。

10.2.1 LeNet-5 神经网络结构

LeNet 神经网络由著名人工智能科学家 Yann Lecun 提出,该网络的名称也是由 Lecun 冠名的,即 Lecun Net(LeNet)。LeNet-5 是 LeNet 中的一个版本,1998 年发表在 *Gradient-Based Learning Applied to Document Recognition* 论文中,被奉为 CNN 中的经典,是一种能够非常高效地识别手写体字符的卷积神经网络。很长一段时间,美国的银行使用 LeNet 模型识别支票上的手写数字,可见其识别效果是十分出众的。

LeNet-5 共分为 7 个层次,分别为卷积层(C1)、池化层(S2)、卷积层(C3)、池化层(S4)、全连接层(C5)、全连接层(F6)、全连接层(OUTPUT),如图 10-15 所示。

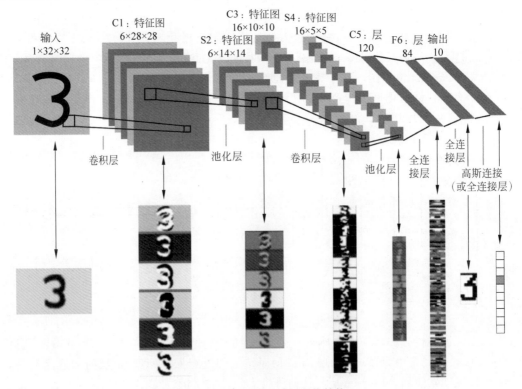

图 10-15 LeNet-5 神经网络结构

原始的 LeNet-5 的最后一层是高斯连接层,在后文中均使用简单的全连接层代替,能够使训练更加简单方便。LeNet-5 的具体计算过程如下:

(1) C1 卷积层使用 6 个卷积核(形状为 $1\times5\times5$),将输入为 $1\times32\times32$ 的图片处理为 $6\times28\times28$ 的特征图(不进行边界填充)。由于每个卷积核包含了 5×5 个元素,以及 1 个偏置,所以 C1 卷积层的参数总数为 156 个。

(2) S2 池化层将特征图的长度和宽度减半,把 $6\times28\times28$ 的特征图处理为 $6\times14\times14$ 的特征图。

(3) C3 卷积层使用 16 个卷积核(形状为 $6\times5\times5$),将输入为 $6\times14\times14$ 的图片处理为 $16\times10\times10$ 的特征图(不进行边界填充),参数总数为 1516 个。

(4) S4 池化层与 S2 池化层类似,将特征图的长度和宽度减半,把 $16\times10\times10$ 的特征图处理为 $16\times5\times5$ 的特征图。为了参与后面的 C5 全连接层的计算,需要将特征图拍平,形成长度为 400 的一维张量。

(5) 随后是 C5、F6 和 OUTPUT 全连接层(神经元的数量分别为 120、84 和 10),将 S4 的处理结果进一步进行抽象处理,得到最终的识别结果。

可以在 https://cs.stanford.edu/people/karpathy/convnetjs/demo/mnist.html 网站中通过直观可视化的方式观察 LeNet-5 识别 MNIST 数据集的训练过程。在 10.2.2 节中,将介绍 LeNet 神经网络的具体实现。

10.2.2　手写数字识别的实现

在仓颉 TensorBoost 中,Conv2d、MaxPool2d 的输入张量都是按照 $N\times C\times H\times W$ 的形式表示图片(特征图)信息的,所以在加载 MNIST 数据时需要通过 resize 数据增强方法将样本转换为 32×32 形状的张量。另外,为了能够使 LeNet 更好地收敛,通过 rescale 数据增强方法对样本数据进行归一化(MNIST 的均值和方差分别为 0.1307 和 0.3081)。本节在第 9 章多层感知机的基础上进行开发,主要包括定义 LeNet 网络结构和调整输入张量形状两个主要部分。

1. 定义 LeNet 网络结构

定义 LeNet 卷积神经网络,替换原多层感知机的网络结构,代码如下:

```
//LeNet 卷积神经网络
@OptDifferentiable
struct Network {
    let conv1: Conv2d
    let conv2: Conv2d
    let pool: MaxPool2d
    let dense1: Dense
    let dense2: Dense
    let dense3: Dense

    init() {
        conv1 = Conv2d(1, 6, [5, 5], pad_mode: "valid")
```

```
            conv2 = Conv2d(6, 16, [5, 5], pad_mode: "valid")
            pool = MaxPool2d(kernel_size: [2, 2], stride: [2, 2])
            dense1 = Dense(400, 120, RandomNormalInitializer(sigma: 0.02))
            dense2 = Dense(120, 84, RandomNormalInitializer(sigma: 0.02))
            dense3 = Dense(84, 10, RandomNormalInitializer(sigma: 0.02))
    }

    @Differentiable
    operator func ()(input: Tensor): Tensor {
        input |> this.conv1 |> ReLU |> this.pool |>
            this.conv2 |> ReLU |> this.pool |>
            flatten |>
            this.dense1 |> ReLU |>
            this.dense2 |> ReLU |>
            this.dense3
    }
}
```

该神经网络对原始的 LeNet 进行了调整,将激活函数改为 ReLU,使训练收敛更加高效。

2. 修改输入张量的形状

由于输入神经网络的张量形状发生了变化,所以需要对加载数据集等相关代码进行修改和调整。

首先,修改 loadMnistTrain 函数,代码如下:

```
//加载 MNIST 训练数据集
func loadMnistTrain(batchSize!: Int32 = 10, epoch!: Int32 = 1)
{
    //加载前 50000 个样本作为训练数据集
    var sampler = SequentialSampler(startIndex : 0, numSamples: 50000)
    //创建 MnistDataset
    var ds = MnistDataset("./mnist/train", epoch: epoch,
                                                sampler: sampler)
    //转换为 32 × 32 张量形状
    var resize = resize([32, 32])
    //归一化
    var rescale_nml = rescale(1.0 / 0.3081, - 1.0 * 0.1307 / 0.3081)
    var rescale = rescale(1.0 / 255.0, 0.0)
    var typeCast = typeCast(INT32)
    ds.datasetMap([resize, rescale_nml, rescale], "image")
    ds.datasetMap([typeCast], "label")
    ds.shuffle(10000)
    ds.batch(batchSize, true)
    return ds
}
```

类似地,loadMnistValidation 和 loadMnistTest 函数也做类似的调整。

然后,还需要对 test 函数和 main 函数中用于承载 MNIST 样本数据的参数进行调整。对 test 函数中 image 和 label 变量的定义进行修改,修改后的代码如下:

```
main {
    //承载测试数据的参数
```

```
        let image = parameter(zerosTensor([1, 1, 32, 32],
                                            dtype: FLOAT32), "data")
        let label = parameter(zerosTensor([],
                                            dtype: INT32), "label")
        …
    }
```

类似地,对 main 函数中 image 和 label 变量的定义进行修改,修改后的代码如下:

```
//测试准确率
func test(network: Network, dataset: MnistDataset) {
    …
    let image = parameter(zerosTensor([batch_size, 1, 32, 32],
                                        dtype: FLOAT32), "data")
    let label = parameter(zerosTensor([batch_size],
                                        dtype: INT32), "label")
    …
}
```

其余的代码与第 9 章深度神经网络识别手写数字的代码基本相同,保持训练轮数
(Epoch)为 30 轮,小批量大小(batch_size)为 30,学习率为 0.001。编译和运行程序,输出的
结果如下:

```
Epoch : 30, batch_size : 30, eta : 0.001000
Epoch : 0
Result: 9677 / 10000
Epoch : 1
Result: 9747 / 10000
Epoch : 2
Result: 9744 / 10000
Epoch : 3
Result: 9806 / 10000
…
Epoch : 27
Result: 9847 / 10000
Epoch : 28
Result: 9856 / 10000
Epoch : 29
Result: 9856 / 10000
训练完成,通过测试数据集检验精度:
Result: 9840 / 10000
```

可见,本节所介绍的 LeNet 网络结构不仅具有更快的收敛速度(在第 3 轮就已经达到
了 98% 以上的识别准确率),并且具有更好的识别效果(能够达到 98.5% 左右的识别准确
率),同时具有良好的泛化性能。

10.3 VGG 神经网络

VGG(Visual Geometry Group)也是一种常用的卷积神经网络,曾在 2014 年的
ILSVRC 竞赛中获得第二名的好成绩。本节首先介绍 CIFAR10 数据集,然后介绍 VGG 中

使用的批标准化 BN 层,最后介绍 VGG 神经网络的基本概念和特性,并使用 VGG-16 神经网络对 CIFAR10 数据集进行分类。

VGG-16 神经网络程序可以在本书配套代码 code/chapter10/VGG-16 目录中找到。在该目录中,执行 build. sh 即可编译源代码,生成 VGG-16 可执行文件。

10.3.1 CIFAR10 数据集

与 MNIST 类似,CIFAR10 也是图像处理中比较常用的数据集。CIFAR10 由 CIFAR 机构(Canadian Institute For Advanced Research)制作和发布,其中的 10 表示该数据集中包含了 10 种类型。除了 CIFAR10 以外,CIFAR 还发布了包含 100 种类型图像的 CIFAR100 数据集。

注意 读者可以访问 http://www. cs. toronto. edu/~kriz/cifar. html 了解关于 CIFAR10 和 CIFAR100 的详情。

相对于 MNIST,CIFAR10 具有以下特点:

(1)具有色彩信息,即包含了 R、G、B 共 3 个通道。

(2)CIFAR10 中为真实世界事物的图像,相对于 MNIST 抽象的数字更加复杂。

1. CIFAR10 数据集及其基本特征

CIFAR10 为 10 类 60 000 个三通道(R、G、B)32×32 分辨率的图像,其中 50 000 个作为训练集,10 000 个作为测试集,这 10 类分别是飞机(airplane)、汽车(automobile)、鸟类(bird)、猫(cat)、鹿(deer)、狗(dog)、蛙类(frog)、马(horse)、船(ship)和卡车(truck),如图 10-16 所示。

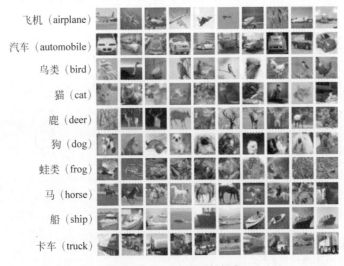

图 10-16　CIFAR10 数据集

在 CIFAR10 中,无论是训练集还是测试集,这些分类是均匀分布的。训练集中的每类图像都是 5000 个, 测试集中每类图像都是 1000 个。

CIFAR10 提供了 3 种基本数据组织结构: CIFAR10 Python 版(Python Version)、CIFAR10 MATLAB 版(MATLAB Version)和 CIFAR10 二进制版本(Binary Version), 本书中使用其二进制版本 cifar-10-binary.tar.gz, 通过以下命令可以对其解压:

```
tar zxvf cifar - 10 - binary.tar.gz
```

解压后, 打开目录, 共包含如下文件。

- batches.meta.txt: 元数据信息, 指明数据集中所包含的分类。
- data_batch_1.bin: 训练数据集, 包含了 10 000 个图像。
- data_batch_2.bin: 训练数据集, 包含了 10 000 个图像。
- data_batch_3.bin: 训练数据集, 包含了 10 000 个图像。
- data_batch_4.bin: 训练数据集, 包含了 10 000 个图像。
- data_batch_5.bin: 训练数据集, 包含了 10 000 个图像。
- test_batch.bin: 测试数据集, 包含了 10 000 个图像。
- readme.html: 说明文档。

2. 获取 CIFAR10 数据集

在仓颉语言中, 通过 CIFAR10Dataset 数据集类(继承于 Dataset 类)即可轻松读取 CIFAR10 二进制版本数据, 其构造函数如下:

```
init(dataPath: String, epoch!: Int32 = 1, usage!: String = "all")
```

参数说明如下。

- dataPath: 指定 CIFAR10 数据所在路径。
- epoch: 循环次数, 默认为 1。
- usage: 数据集用途, 可以指定为 all(整个数据集)、train(训练数据集)和 test(测试数据集)。

例如, 获取 CIFAR10 训练数据集和测试数据集的代码如下:

```
//获取训练数据集
var ds_train = CIFAR10Dataset("./cifar - 10 - batches - bin", usage : "train")
//获取测试数据集
var ds_test = CIFAR10Dataset("./cifar - 10 - batches - bin", usage : "test")
```

但是, 需要通过数据增强方法对这些数据集进行处理, 这主要包含以下 3 方面:

(1) 通过 typeCast 数据增强方法将像元值从整型转换为 FLOAT32 浮点型。

(2) 通过 rescale 数据增强方法对图像像素值进行归一化, 将像素值从 0~255 范围缩放至 0~1 范围。

(3) 通过 normalize 数据增强方法对像素值进行标准化, 其函数签名如下:

```
func normalize(meanIn: Array < Float32 >, stdIn: Array < Float32 >): MSDsOperationHandle
```

其中,meanIn 和 stdIn 分别设置为标准化中所需要的各个通道像素值的平均值和方差。由于 CIFAR10 图像在 R、G、B 通道上的平均值分别为 0.4914、0.4822、0.4465,方差分别为 0.2023、0.1994、0.2010,因此其数据增强处理对象的创建方法如下:

```
var normalize = normalize([0.4914, 0.4822, 0.4465],
                          [0.2023, 0.1994, 0.2010])
```

(4) HWC2CHW 数据增强。相比于 MNIST,CIFAR10 图像多了一个维度(用于表示 R、G、B 通道),因此其数据的张量表达包含了 3 个维度,即通道(Channel,C)、图像高度(Height,H)和图像宽度(Width,W),其默认顺序为 H、W、C,因此,对于一个 CIFAR10 图像,其张量形状为 32×32×3,但是,在仓颉 TensorBoost 中多数算子和神经网络层仅支持 C、H、W 的顺序,此时就需要将 H、W、C 向 C、H、W 转换。此时,可以使用 HWC2CHW 数据增强方法进行转换,其函数签名如下:

```
func hwc2chw(): MSDsOperationHandle
```

注意　对于 TensorFlow 框架,数据的组织方式通常使用 H、W、C 顺序,但是对于 MindSpore、PyTorch 框架,数据的组织方式通常使用 C、H、W 顺序。

加载 CIFAR10 训练数据集的代码如下:

```
//加载 CIFAR10 训练数据集
func loadCIFAR10Train(batch_size!: Int32 = 10, epoch!: Int32 = 1)
{
    var ds = CIFAR10Dataset("./cifar-10-batches-bin",
                    epoch: epoch, usage: "train")
    //将像元值缩放至 0~1
    var rescale = rescale(1.0 / 255.0, 0.0)
    //标准化
    var normalize = normalize([0.4914, 0.4822, 0.4465],
                              [0.2023, 0.1994, 0.2010])
    //HWC2CHW 操作要在 normalize 之后,否则会导致错误
    ds.datasetMap([typeCast(FLOAT32), rescale,
                    normalize, hwc2chw()], "image")
    ds.datasetMap([typeCast(INT32)], "label")
    ds.shuffle(10000)               //打乱数据
    //形成小批量,要在数据增强之后(尤其是 HWC2CHW 之后,否则会导致错误)
    ds.batch(batch_size, true)
    return ds
}
```

需要注意的是,在数据增强的顺序上,通常 typeCast 数据增强要放置在数组的最前方,便于归一化和标准化;HWC2CHW 数据增强要放在最后进行处理。形成小批量要防止在数据增强(HWC2CHW)的后面完成,否则会导致维度错误。

类似地,加载 CIFAR10 测试数据集的代码如下:

```
//加载 CIFAR10 测试数据集
func loadCIFAR10Test(batch_size! : Int32 = -1)
{
    var ds = CIFAR10Dataset("./cifar-10-batches-bin",
                    usage : "test")
    var rescale = rescale(1.0 / 255.0, 0.0)
    var normalize = normalize([0.4914, 0.4822, 0.4465],
                        [0.2023, 0.1994, 0.2010])
    ds.datasetMap([typeCast(FLOAT32), rescale,
                    normalize, hwc2chw()], "image")
    ds.datasetMap([typeCast(INT32)], "label")
    //默认不形成小批量,否则按照指定的 batch_size 形成小批量
    if (batch_size > 1) {
        ds.batch(batch_size, true)
    }
    return ds
}
```

只有当 batch_size 参数为大于 1 的值时,才会对测试数据集设置小批量。

10.3.2　批标准化

批标准化(Batch Normalization,BN)是在 CNN 中非常重要的优化方法。在深度神经网络的训练过程中,参数是不断发生变化的,当前方的参数发生微弱变化时,通过多个层的处理可能会引起后方的数据输出分布发生很大变化,这就是内协变量位移(Internal Covariate Shift)问题。内协变量位移会极大地影响收敛速度和性能。

批标准化就是对小批量(Mini Batch)在某一层的运算结果进行标准化(归一化),然后进行线性映射,这样可以让这一层的输出更加稳定。批标准化的"批"就是指小批量。批标准化的计算公式如下:

$$Z^{(l)} \leftarrow \gamma \frac{Z^{(l)} - \mu}{\sqrt{\sigma^2 + \varepsilon}} + \beta \tag{10-2}$$

其中,$Z^{(l)}$ 表示第 l 层神经元经过线性计算后未激活的 z 值组成的向量,即

$$Z^{(l)} = (z_0^{(l)}, z_1^{(l)}, \cdots, z_m^{(l)})^{\mathrm{T}} \tag{10-3}$$

另外,μ 和 σ^2 是 $Z^{(l)}$ 元素的期望和方差;ε 是防止分母为 0 的很小的值;γ 和 β 是用于线性变化的变量。通过 $\dfrac{Z^{(l)} - \mu}{\sqrt{\sigma^2 + \varepsilon}}$ 计算可以使其平均值为 0,标准差为 1。随后,再通过线性变化后输出结果。在批标准化后,由于其分布稳定在原点附近,所以在使用 Sigmoid 函数激活时,绝大多数数据可以落入函数的非饱和区域,从而在一定程度上避免梯度消失问题。

在使用 BN 层时,需要注意以下两方面:

(1) BN 层在训练时和测试时的表现不同。在训练时,使用小批量的平均值 μ 和方差 σ^2 作为批标准化参数,并且通过动量法(类似于动量梯度下降中的算法)不断累积计算测试时的平均值和方差,以便于在测试时使用。

（2）BN 层处理的图像数据张量必须符合 NCHW 的顺序。

在仓颉 TensorBoost 中，可以使用 BatchNorm2d 层对特征图进行批标准化处理，其主要构造函数如下：

```
init(num_features: Int64, eps!: Float32 = 1e-5, momentum!: Float32 = 0.9, affine!: Bool =
true, gamma_init!: InitType = InitType.ONE, beta_init!: InitType = InitType.ZERO, moving_
mean_init!: InitType = InitType.ZERO, moving_var_init!: InitType = InitType.ONE, use_batch_
statistics!: Int64 = -1, isTraining!: Bool = false)
```

构造函数中的各个参数的含义如下。

- num_features：特征数量，即特征图的维度。
- eps：分母中的极小值 ε，默认为很小的数值。
- momentum：计算运行时的平均值和方差的动量比例参数，默认为 0.9。
- affine：是否对 γ 和 β 进行训练，默认值为 true。当 affine 为 false 时，γ 和 β 恒为 0。
- gamma_init：参数 γ 的初始化方法，可以设置为 ZERO、ONE（默认）等。
- beta_init：参数 β 的初始化方法，可以设置为 ZERO（默认）、ONE 等。
- moving_mean_init：运行时平均值 μ 的初始化方法，可以设置为 ZERO（默认）、ONE 等。
- moving_var_init：运行时方差 σ^2 的初始化方法，可以设置为 ZERO、ONE（默认）等。
- use_batch_statistics：当值为 1 时使用当前小批量的平均值和方差进行批标准化；当值为 0 时使用特定的平均值和方差进行批标准化；当值为 -1 时，平均值和方差的选取取决于 isTraining 参数。
- isTraining：当 use_batch_statistics 为 -1 时有效，并且当 isTraining 为 true 时使用当前小批量的平均值和方差进行批标准化；当 isTraining 为 false 时使用运行时的平均值和方差进行批标准化。

在 VGG-16 神经网络中，会在每次的卷积计算后都进行一次批标准化，因此需要定义带有批标准化的卷积层，代码如下：

```
//带有批标准化的卷积层
@OptDifferentiable
struct Conv2dWithBN {
    let conv: Conv2d                        //卷积层
    let bn: BatchNorm2d                     //批标准化层
    //初始化
    init(in_channels : Int64, out_channels: Int64,
                kernel_size!: Int64 = 3,
                training!: Bool = false) {
        //初始化卷积层
        conv = Conv2d(in_channels, out_channels,
                    [kernel_size, kernel_size],
                    RandomNormalInitializer(sigma: 0.02),
```

```
                    RandomNormalInitializer(sigma: 0.02),
                    pad_mode: "valid")
        //初始化批标准化层
        bn = BatchNorm2d(out_channels,
                        use_batch_statistics : -1,
                        isTraining : training) //区分训练模式和测试模式

    }

    //运算过程
    @Differentiable
    operator func ()(input: Tensor): Tensor {
        //仅在 W 和 H 上进行扩展
        pad( input, [[0,0], [0,0], [1,1], [1,1]]) |>
            this.conv |> this.bn
    }
}
```

这里通过 pad 算子对特征图的 W 和 H 进行扩展,然后进行卷积运算,可以保证每次计算后特征图的 W 和 H 大小不变。之所以这里没有直接使用 same 的边框填补模式,是因为当特征图的宽度或高度(如长度为 2)小于卷积核长度(VGG 中多为 3)时会导致报错。

Conv2dWithBN 构造函数中的 training 参数用于指定当前神经网络的运行状态(训练或测试),当神经网络为测试时将会使用运行时的平均值和方差进行批标准化。

10.3.3 VGG-16 神经网络结构

VGG 神经网络根据设计层数的不同,分为 VGG-11、VGG-13、VGG-16、VGG-19 等,名称后面的序号表示层数。例如,VGG-19 表示其深度为 19 层。这几种 VGG 神经网络只是层数(深度)不同,其基本结构类似,面对具体问题的表现与此类似。可以根据输入图像的分辨率的不同选择不同深度的 VGG 神经网络。本节介绍 VGG-16 神经网络,如图 10-17 所示。

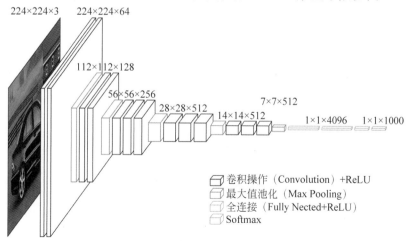

图 10-17 VGG-16 神经网络结构

和 LeNet 类似,VGG 同样包含了卷积部分和全连接部分,分别称为卷积子网络和全连接子网络。卷积子网络由 5 个模块构成,其中每个模块都由"若干次卷积+一次池化"层级组成。

VGG 神经网络具有以下特点:

(1) 小卷积核。所有的卷积层基本使用 $3×3$(部分也存在 $1×1$)的卷积核,参数更少,深度可以设计得更深。

(2) 小池化核。所有的池化层的池化核大小均为 $2×2$。

(3) 卷积子网络中包含了 5 个结构类似的单元,逐步提高特征图的维度,降低特征图的分辨率。

在实际应用中,VGG 神经网络常常作为尝试性的网络结构。当面对具体问题时,通常可以使用 VGG 神经网络对数据集进行测试,观察神经网络的表现,然后根据经验选择更加复杂的神经网络类型。

注意 VGG-16 原型处理的图像维度要求是 $3×224×224$,但是后文中 VGG-16 用于处理 CIFAR10 图像,其输入图像维度为 $3×32×32$,因此在后文的描述中每层的特征图维度都是以处理 CIFAR10 图像为基础的。

下面介绍 VGG-16 神经网络中的基本结构:

1. 卷积子网络

卷积子网络包含 5 个基本单元,其中每个基本单元都是类似的。在第 1 单元中,包含了两次卷积(每次卷积后带批标准化和 ReLU 函数)和 1 次最大值池化。第 1 次卷积的输入通道数为 3,输出通道数为 64,第 2 次卷积的输入通道数和输出通道数均为 64。经过最大值池化后,图像的分辨率减半,其形状的变化过程如图 10-18 所示。

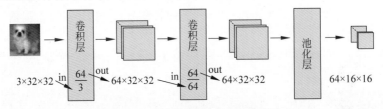

图 10-18 VGG-16 卷积子网络第 1 单元

在第 2 单元中,整个计算流程是类似的,将特征图的形状从 $64×16×16$ 处理为 $128×8×8$,如图 10-19 所示。

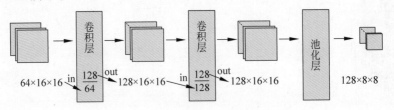

图 10-19 VGG-16 卷积子网络第 2 单元

在第 3 单元中,包含了 3 个卷积层和 1 个池化层,将特征图的形状从 128×8×8 处理为 256×4×4,如图 10-20 所示。

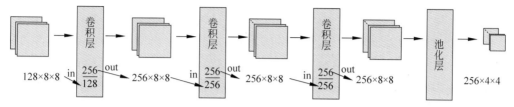

图 10-20 VGG-16 卷积子网络第 3 单元

在第 4 单元中,其结构和第 3 单元类似,将特征图的形状从 256×4×4 处理为 512×2×2,如图 10-21 所示。

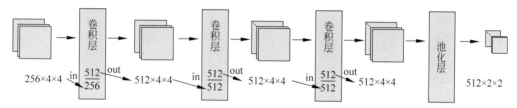

图 10-21 VGG-16 卷积子网络第 4 单元

在第 5 单元中,虽然其结构和第 4 单元类似,但是其特征数量不再增加,将特征图的形状从 512×2×2 处理为 512×1×1,如图 10-22 所示。

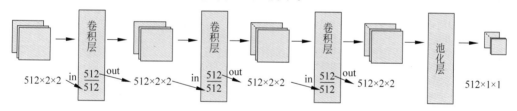

图 10-22 VGG-16 卷积子网络第 5 单元

在上述 5 个单元中,所有的卷积核的大小均为 3,并且每次卷积操作只(可能)改变特征图的特征数,但是不改变特征图的分辨率。在每次通过池化层时,特征图的分辨率都会减半。卷积子网络最终得到一个 512×1×1 形状的特征图。

2. 全连接子网络

在全连接子网络中,将 512×1×1 形状的特征图"拍平",得到一个 512 个输入神经元作为全连接自网络的输入,但是通过 3 层全连接子网络得到最终的 10 个分类结果(采用独热编码),如图 10-23 所示。

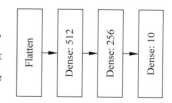

图 10-23 VGG-16 全连接子网络

这个全连接子网络的参数是针对 CIFAR10 数据集进行改进了的,以符合最终特征图的形状和最终的分类数量。

下面通过仓颉 TensorBoost 实现 VGG-16 神经网络结构,代码如下:

```
//VGG – 16 卷积神经网络
@OptDifferentiable
struct Network {
    //池化层
    let pool: MaxPool2d
    //卷积层(带 BN)
    let conv1_1: Conv2dWithBN
    let conv1_2: Conv2dWithBN
    let conv2_1: Conv2dWithBN
    let conv2_2: Conv2dWithBN
    let conv3_1: Conv2dWithBN
    let conv3_2: Conv2dWithBN
    let conv3_3: Conv2dWithBN
    let conv4_1: Conv2dWithBN
    let conv4_2: Conv2dWithBN
    let conv4_3: Conv2dWithBN
    let conv5_1: Conv2dWithBN
    let conv5_2: Conv2dWithBN
    let conv5_3: Conv2dWithBN
    //全连接层
    let dense1: Dense
    let dense2: Dense
    let dense3: Dense
    //DropOut 层
    let DropOut: DropOut

    //初始化 VGG – 16 卷积神经网络
    init(training! : Bool = false) {
        pool = MaxPool2d(kernel_size: [2, 2], stride : [2, 2])
        conv1_1 = Conv2dWithBN(3, 64, training : training)
        conv1_2 = Conv2dWithBN(64, 64, training : training)
        conv2_1 = Conv2dWithBN(64, 128, training : training)
        conv2_2 = Conv2dWithBN(128, 128, training : training)
        conv3_1 = Conv2dWithBN(128, 256, training : training)
        conv3_2 = Conv2dWithBN(256, 256, training : training)
        conv3_3 = Conv2dWithBN(256, 256, training : training)
        conv4_1 = Conv2dWithBN(256, 512, training : training)
        conv4_2 = Conv2dWithBN(512, 512, training : training)
        conv4_3 = Conv2dWithBN(512, 512, training : training)
        conv5_1 = Conv2dWithBN(512, 512, training : training)
        conv5_2 = Conv2dWithBN(512, 512, training : training)
        conv5_3 = Conv2dWithBN(512, 512, training : training)
        dense1 = Dense(512, 512, RandomNormalInitializer(sigma: 0.02))
        dense2 = Dense(512, 256, RandomNormalInitializer(sigma: 0.02))
        dense3 = Dense(256, 10, RandomNormalInitializer(sigma: 0.02))
        DropOut = DropOut(training : training)

    }

    @Differentiable
    operator func ()(input: Tensor): Tensor {
```

```
    //卷积子网络
    //第 1 单元
    input |>                          //3 * 32 * 32
        this.conv1_1 |> ReLU |>       //64 * 32 * 32
        this.conv1_2 |> ReLU |>       //64 * 32 * 32
        this.pool |>                  //64 * 16 * 16
    //第 2 单元
        this.conv2_1 |> ReLU |>       //128 * 16 * 16
        this.conv2_2 |> ReLU |>       //128 * 16 * 16
        this.pool |>                  //128 * 8 * 8
    //第 3 单元
        this.conv3_1 |> ReLU |>       //256 * 8 * 8
        this.conv3_2 |> ReLU |>       //256 * 8 * 8
        this.conv3_3 |> ReLU |>       //256 * 8 * 8
        this.pool |>                  //256 * 4 * 4
    //第 4 单元
        this.conv4_1 |> ReLU |>       //512 * 4 * 4
        this.conv4_2 |> ReLU |>       //512 * 4 * 4
        this.conv4_3 |> ReLU |>       //512 * 4 * 4
        this.pool |>                  //512 * 2 * 2
    //第 5 单元
        this.conv5_1 |> ReLU |>       //512 * 2 * 2
        this.conv5_2 |> ReLU |>       //512 * 2 * 2
        this.conv5_3 |> ReLU |>       //512 * 2 * 2
        this.pool |>                  //512 * 1 * 1
    //全连接子网络
        flatten |>
        this.dense1 |> ReLU   |> DropOut |>
        this.dense2 |> ReLU   |> DropOut |>
        this.dense3
    }
}
```

Dense 层选用 ReLU 作为激活函数，并且在 Dense 层之间通过 DropOut 层提高网络的泛化能力。

10.3.4　图片分类的实现

VGG-16 神经网络的前馈计算和训练方法与 LeNet-5 相同，这里不再详细列举代码，其主函数的定义如下：

```
main()
{
    //超参数的定义
    let epoch = 30i32                 //训练轮数
    let batch_size = 80               //小批量大小
    let lr = 0.0001f32                //学习率

    let start_time = Time.now()
```

```
//加载训练数据
var dataset = loadCIFAR10Train(batch_size : Int32(batch_size), epoch : epoch)
//创建 VGG-16 神经网络
var network = Network(training : true)
//创建损失函数对象
let lossFunc = SoftmaxCrossEntropyWithLogits(sparse: true)
//创建优化器对象
var optim: AdamOptimizer<Network> = AdamOptimizer<Network>(network, learningRate : lr)

println("epoch : ${epoch}, batch_size : ${batch_size}, eta : ${lr}")


//承载训练数据的参数
let image = parameter(zerosTensor([batch_size, 3, 32, 32], dtype: FLOAT32), "image")
let label = parameter(zerosTensor([batch_size], dtype: INT32), "label")
//开始训练
for (e in 0..epoch) {
    print("Epoch : ${e}\n")
    let epoch_start_time = Time.now()
    //遍历小批量
    for (b in 0..dataset.getDatasetSize()) {
        //将小批量数据读取到 image 和 label 中
        dataset.getNext([image, label])
        //反向传播,求解梯度
        var (loss, gradi) = gradient(network, lossFunc, image, label)
        //将梯度传递给优化器,更新权重和偏置参数
        optim.update(gradi)
        let lossValue = loss.evaluate().toScalar<Float32>()
        if (b % 100 == 0) {
            //输出 loss 值
            print("epoch: ${e}, step: ${b}, loss is: ${lossValue}\n")
        }
    }
    //保存网络结构后测试准确度
    saveCheckpoint(optim.getParameters(), "./VGG-16.ckpt")
    test()
    println("duration : ${Time.since(epoch_start_time).seconds()} s")
}

println("训练完成, duration : ${Time.since(start_time).minutes()} min")

}
```

对于性能较好(显存较大)的主机,可以将小批量大小扩展到 100 或 128 等值,能够更好更快地收敛。由于 VGG-16 在训练和测试时表现不同,所以在每次测试之前都将网络参数保存下来,并在测试函数 test 中创建一个新的 VGG-16 网络对象进行测试,代码如下:

```
//测试准确率
func test(batch_size! : Int64 = 5) {
```

```
//创建 VGG - 16 神经网络
var network = Network()
//创建优化器对象
var optim: SGDOptimizer < Network > = SGDOptimizer < Network >(network)
//将 ckpt 文件中的数据加载到模型参数
loadCheckpoint(optim.getParameters(), "./VGG - 16.ckpt")

let dataset = loadCIFAR10Test(batch_size : Int32(batch_size))
//承载测试数据的参数
let image = parameter(zerosTensor([batch_size, 3, 32, 32], dtype: FLOAT32), "image")
let label = parameter(zerosTensor([batch_size], dtype: INT32), "label")

var count = 0                                    //正确样本数量
let sum = dataset.getDatasetSize() * batch_size   //总样本数量

//计算正确样本数量
for (index in 0..dataset.getDatasetSize()) {
    dataset.getNext([image, label])
    var output = network(image)
    let predicted = reshape(argmax(output),[batch_size]).evaluate() //预测值
    count = count + Int64(equalCount(predicted, label).toArrayInt32()[0])

}
println("Result: ${count} / ${sum}")
}
```

该代码使用了小批量的方式进行识别准确率的测试,能够显著提高性能。

在学习率为 0.0001,小批量大小为 80 且训练次数设置为 30 的情况下,VGG-16 对 CIFAR10 的识别准确率可以达到 83% 以上。编译并运行程序,输出的类似结果如下:

```
Epoch : 30, batch_size : 80, eta : 0.000100
Epoch : 0
Result: 6002 / 10000
Epoch : 1
Result: 7106 / 10000
Epoch : 2
Result: 7533 / 10000
…
Epoch : 27
Result: 8296 / 10000
Epoch : 28
Result: 8381 / 10000
Epoch : 29
Result: 8296 / 10000
```

在第 6 个 Epoch 左右就可以达到 80% 以上的准确率,而在第 28 个 Epoch 时可以达到 83.81% 的识别准确率,可见该 VGG-16 在识别 CIFAR10 上具有较为优秀的性能和泛化能力。

10.4　本章小结

本章介绍了卷积神经网络的内涵和本质,介绍并实现了 LeNet 深度神经网络。经典的卷积神经网络还有很多,例如 Inception、AlexNet、ResNet、GoogLeNet 等。事实上,只要数据可以呈现类似图像的特征,就可以使用卷积神经网络处理,例如视频、声频(语谱图)等。CNN 风起云涌,近年来大量出现在复杂深度神经网络中。事实上,卷积神经网络已经深入到我们的日常生活中了,例如人脸识别、自动驾驶、医学诊断等。

第 11 章将介绍另外一种重要的神经网络类型——循环神经网络。卷积神经网络用于解决空间相关的问题,而循环神经网络用于解决时间序列相关的问题,让我们拭目以待。

10.5　习题

1. 简述卷积核的作用,如何正确地选择卷积核的大小?
2. 简述批标准化的作用,以及在训练时和测试时表现有何差异。
3. 使用仓颉 TensorBoost 实现 AlexNet 和 ResNet 卷积神经网络。

第 11 章

循环神经网络

之前介绍的例子都是将一个样本的所有信息作为整体输入神经网络中进行处理的，即使拟处理的信息和输入层不匹配，也总是能够找到相应的方法进行数据处理使其匹配。例如，某个 CNN 的输入层只能使用 512×512 的图像数据，而拟处理的图像为 1000×500，那么可以通过图像变换和增强（如裁剪、缩放等）手段使这个数据改变为 512×512 尺寸，符合输入层的需要，但是，对于序列数据（Sequence）则不同了。以文本数据为例，一篇文章可能有 500 字，也有可能有 5 万字，甚至更多。我们很难对文本数据进行合理缩放（如将 5 万字的文本处理为 5000 字的文本），也不可能将输入层的神经元数目扩展到能够处理所有文本数据的程度，所以通常的做法是将序列信息分成许多单元信息，然后传入神经网络进行处理。

然而，序列信息是存在前后关系的，输入神经网络的序列单元信息和之前的序列单元信息一定存在某些联系，传统的神经网络很难应付这类数据。本节介绍的循环神经网络（Recurrent Neural Network，RNN）就是用于处理序列信息的神经网络。

本章将揭开循环神经网络的奥秘，核心知识点如下：

- 序列数据和循环神经网络。
- LSTM 及门控机制。
- 堆叠 LSTM。

11.1 循环神经网络基本原理

本节分别介绍初识循环神经网络（RNN）、长短期记忆网络（LSTM）的基本原理。

11.1.1 初识循环神经网络

为了处理前后关联的序列信息，神经网络必须有一定的记忆能力。当处理序列中的某部分时，神经网络能够根据上下文进行分析，因此，循环神经网络中神经元的输出不仅包括传统的输入数据，还包括上一次神经元的输出数据，如图 11-1 所示。

其中，A 表示循环神经网络中的单元结构（神经元），而 X_t 和 O_t 分别为神经元的输入和输

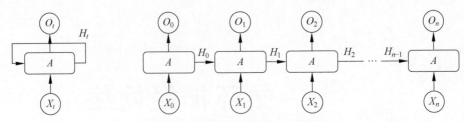

图 11-1　循环神经网络的典型结构

出。在神经元 A 中,包含了一个隐藏变量 H_t,用于保存上下文信息。每次有输入 X_t 进入神经元时,首先会根据输入 X_t 和上次计算得到的隐藏变量 H_{t-1} 计算此次的隐藏变量 H_t,公式如下:

$$H_t = \sigma(W_{xh}X_t + W_{hh}H_{t-1} + b_r) \tag{11-1}$$

随后,通过隐藏变量 H_t 计算神经元输出,公式如下:

$$O_t = \sigma(W_{ht}H_t + b_o) \tag{11-2}$$

可见,隐藏变量 H_t 衔接融合了当前神经元处理的信息和之前历次神经元处理的信息,相当于神经元的"记忆"。循环神经网络(Recurrent Neural Network,RNN)就是包含了上述神经元结构且可以沿着序列反复迭代的神经网络。上述神经元结构也就是 RNN 基本结构。

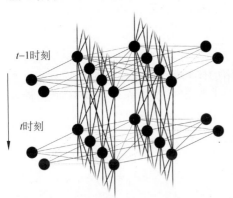

$t-1$时刻

t时刻

图 11-2　深度循环神经网络

循环神经网络通常用于处理序列信息,只要是有序的数据都可以使用 RNN 进行处理。除了上面提到的文本数据以外,还可以是语音、股票、气象等各类序列信息。对于复杂的序列信息,就需要许多 RNN 基本结构,形成更深、更加复杂的层次,即深度循环神经网络(Deep RNN),如图 11-2 所示。

经过大量的实践验证,RNN 对于简单的数据比较有效,但是难以应付数据量较大、序列较长的数据。这主要因为 RNN 基本结构中的隐藏变量只能记住较近的信息,距离当前节点较远的数据会被遗忘。可以说,RNN 基本结构比较"健忘",只能拥有短期记忆(Short Memory)。

11.1.2　长短期记忆网络

长短期记忆网络(Long Short Term Memory Networks,LSTM)是特殊的循环神经网络,对 RNN 基本结构进行了调整,增加了长期依赖(Long-Term Dependency)。顾名思义,LSTM 同时拥有长期记忆和短期记忆。LSTM 的单元结构如图 11-3 所示。

其中,A 表示循 LSTM 中的单元结构,而 X_t 和 H_t 分别为 LSTM 单元结构的输入和输出。与 RNN 基本结构类似,包含了两个隐藏变量,分别是神经元状态(Cell State)C_t 和隐藏状态(Hidden State)H_t,如图 11-4 所示。C_t 用于存储长期记忆,而 H_t 用于存储短期记忆。

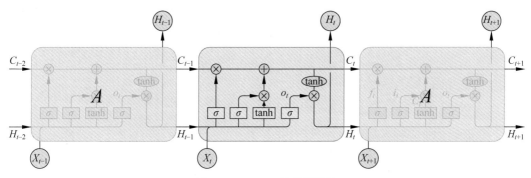

图 11-3　LSTM 的单元结构

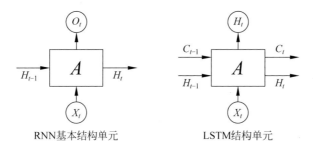

RNN基本结构单元　　　　　　　LSTM结构单元

图 11-4　RNN 和 LSTM 结构单元的区别

LSTM 结构单元每次计算所得的 H_t 不仅作为隐藏状态,也作为该单元结构的输出。在 LSTM 单元结构内部,通过门控方式控制神经元状态(也称为单元状态)和隐藏状态的变化,并进行数据输出。LSTM 单元包括 3 个主要门控机制。

(1) 遗忘门(Forget Gate):用于控制在神经元状态中遗忘信息。

(2) 输入门(Input Gate):用于控制在神经元状态中记住信息。

(3) 输出门(Output Gate):通过神经元状态和隐藏状态,更新隐藏状态并输出信息。

下面依次介绍这几个门控机制的用法,以及 LSTM 单元的计算流程。

1. 遗忘门

遗忘门用于控制从神经元状态中删除(遗忘)信息,对输入信息 X_t 和隐含信息 H_{t-1} 进行线性处理后再通过 Sigmoid 激活,即可得到遗忘门控制变量,用 f_t 表示,其公式如下:

$$f_t = \sigma(W_f X_t + W_{hf} H_{t-1} + b_f) \tag{11-3}$$

当 f_t 的输出值为 1 时,表示保留信息;当 f_t 的输出值为 0 时,表示遗忘信息。遗忘门是整个 LSTM 计算流程的第 1 步,其过程如图 11-5 所示。

2. 输入门

输入门用于控制在神经元状态中记住信息,包括计算输入门控制变量 i_t 和计算输入向量 $\widetilde{C}_t$ 两个主要部分,如图 11-6 所示。

输入门控制变量 i_t,用于控制哪些信息需要记住。与 f_t 类似,i_t 也是通过对输入信息 X_t 和隐含信息 H_{t-1} 进行线性处理后再通过 Sigmoid 激活得到,并且当 i_t 输出值为 1 时,

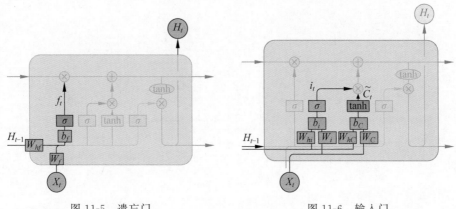

图 11-5　遗忘门　　　　　　　　　图 11-6　输入门

表示记住信息；当 i_t 输出值为 0 时，表示不记住信息。输入门控制变量 i_t 的计算公式如下：

$$i_t = \sigma(W_i X_t + W_{hi} H_{t-1} + b_i) \tag{11-4}$$

输入向量 $\widetilde{C}_t$ 是需要记住的信息（候选信息），是通过对输入信息 X_t 和隐含信息 H_{t-1} 进行线性处理后再通过 tanh 激活得到，其公式如下：

$$\widetilde{C}_t = \tanh(W_C X_t + W_{hC} H_{t-1} + b_C) \tag{11-5}$$

3. 更新神经元状态

更新单元状态就是将遗忘后的信息和需要更新的信息组合，形成新的神经元状态，其计算公式如下：

$$C_t = f_t \odot C_{t-1} + i_t \odot \widetilde{C}_t \tag{11-6}$$

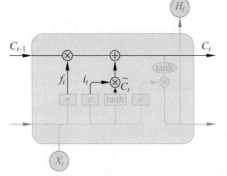

图 11-7　更新神经元状态

其中，C_{t-1} 和 C_t 分别表示上一次神经元状态和本次神经元状态；f_t 为遗忘门控制变量；i_t 为输入门控制变量；$\widetilde{C}_t$ 表示输入变量。更新神经元状态的流程如图 11-7 所示。

可以发现，LSTM 的长期记忆是通过输入门和遗忘门控制的，如表 11-1 所示。

表 11-1　输入门和遗忘门的控制

输入门控变量	遗忘门控变量	LSTM 行为
0	1	记忆
1	0	覆盖记忆
0	0	遗忘
1	1	综合输入和记忆

4. 输出门

输出门用于计算新的隐藏状态 H_t，并作为输出，即在长期和短期记忆控制下，有选择地进行输出,输出门控制变量 O_t 由输入信息 X_t 和隐含信息 H_{t-1} 计算得到,其计算公式如下:

$$O_t = \sigma(W_O X_t + W_{hO} H_{t-1} + b_O) \quad (11\text{-}7)$$

在 O_t 变量的控制下,对神经元状态变量 C_t 进行处理,并得到新的隐藏状态 H_t,其计算公式如下:

$$H_t = O_t \odot \tanh C_t \quad (11\text{-}8)$$

隐藏状态 H_t 同时也作为 LSTM 结构单元的输出,输出门的计算流程如图 11-8 所示。

总结一下,LSTM 基本单元的计算主要由公式(11-3)到公式(11-8)共 6 个公式组成,如图 11-9 所示。

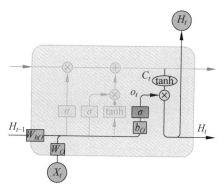

图 11-8　输出门

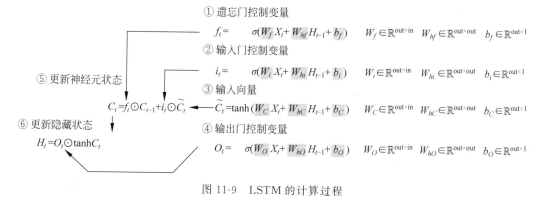

图 11-9　LSTM 的计算过程

图 11-9 中,in 和 out 分别表示输入的特征数(输入特征维度)和输出的特征数(输出特征维度)。不难看出,遗忘门控制变量、输入门控制变量、输入向量和输出门控制变量的计算方法是非常类似的,其包含参数的张量形状也都相同。可见,一个 LSTM 的参数数量为

$$\text{ParamNum} = (\text{out} \times \text{in} + \text{out} \times \text{out} + \text{out} \times 1) \times 4 = 4 \times \text{out} \times (\text{in} + \text{out} + 1)$$

$$(11\text{-}9)$$

例如,输入有 100 个特征维度,输出有 200 个特征维度,那么参数数量就是 240 800。通常,将 LSTM 结构作为一个整体,以便作为神经网络的某一层次进行训练,同样是通过反向传播算法对这些参数进行更新的。

11.2　用 LSTM 解决序列问题

本节通过简单实例(拟合预测航班的载客量)介绍仓颉 TensorBoost 中 LSTM 的基本用法,首先介绍堆叠 LSTM 的用法,然后处理航班载客量数据并通过 LSTM 进行训练和验证。本节所介绍的 LSTM 程序可以在本书配套代码 code/chapter11/lstm 目录中找到。在该目录中,执行 build.sh 即可编译源代码,生成 lstm 可执行文件。

11.2.1 堆叠 LSTM

堆叠 LSTM(Stacked LSTM)就是将一个 LSTM 结构的输出作为另外一个 LSTM 结构的输入,形成多层 LSTM。由于堆叠 LSTM 的层次更深,所以拥有更强的模型拟合能力。在应用中,通常每层只存在一个 LSTM 结构,并且通过一个或多个全连接层(Dense)对最后一个 LSTM 的输出进行处理,得到最终的结果。典型的堆叠 LSTM 用法如图 11-10 所示。

图 11-10 典型的堆叠 LSTM 用法

在堆叠 LSTM 中,多层 LSTM 结构的计算是同步进行的,而不是像全连接层那样一层一层计算的。定义 $C^{(l)}$ 和 $H^{(l)}$ 分别为第 l 层的隐藏状态和神经元状态,那么一个两层的堆叠 LSTM 的计算过程如图 11-11 所示。

可见,每次处理序列中的一个元素都会带动所有 LSTM 层的计算,并相应地输出一个结果。当序列中的所有元素全部处理后,才能组合完整的输出结果进行下一步处理。在训练过程中,整个神经网络计算完成后,再进行反向传播对 LSTM 层中的参数进行更新。

仓颉 TensorBoost 为我们提供了堆叠 LSTM 层,可以自定义堆叠 LSTM 的层数,其构造函数如下:

```
init(inputSize: Int64, hiddenSize: Int64, numLayers! : Int64 = 1, hasBias! : Bool = true,
batchFirst! : Bool = false, DropOut! : Float32 = 0.0,  bidirectional ! : Bool = false)
```

构造函数中的参数说明如下。
- inputSize:输入的特征数,即输入特征维度。
- hiddenSize:隐藏层的特征数,即隐藏状态和神经元状态的维度。由于隐藏状态也作为 LSTM 单元的输出结果,所以隐藏层的特征数就是输出特征维度。
- numLayers:LSTM 堆叠层数,默认为 1。
- hasBias:是否使用偏置,默认值为 true。
- batchFirst:表示第 1 个维度是否代表小批量,默认值为 false。
- DropOut:通过元素丢失概率指定是否在每个 LSTM 层之间增加 DropOut 层,默认为 0,表示没有 DropOut 层。
- bidirectional:是否为双向 LSTM,默认值为 false。

通过上述参数创建了堆叠 LSTM 层对象后,即可进行 LSTM 的前向计算。在前向计算过程中,包含以下 3 个主要参数。
- x:输入张量。
- hx:初始的隐藏状态(Hidden State),通常输入元素全部为 0 的张量。
- cx:初始的神经元状态(Cell State),通常输入元素全部为 0 的张量。

前向计算的输出也由 3 部分组成,分别如下。
- output:输出张量。

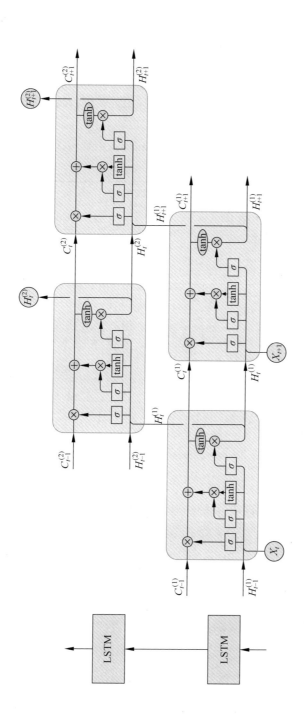

图 11-11 堆叠 LSTM 的计算过程

- hN：最终的隐藏状态。
- cN：最终的神经元状态。

参与 LSTM 层计算的张量形状必须符合一定要求。分别用 inputSize、hiddenSize、r、batchSize、layerNum 和 dirNum 表示输入特征维度、输出特征维度、序列长度、小批量大小、LSTM 堆叠层数和 LSTM 方向数(当 bidirectional 为 false 时为 1,否则为 2)。hx 和 cx 张量的形状需为 seqLen×batchSize×(dirNum×hiddenSize),hN 和 cN 的形状也和 hx 和 cx 的形状相同。

对于输入张量 x 和输出张量 output,其形状和 batchFirst 参数有关,如表 11-2 所示。

表 11-2　LSTM 层输入张量和输出张量的形状

张　　量	张　量　形　状	
	batchFirst 为 false	**batchFirst 为 true**
输入张量(x)	seqLen×batchSize×inputSize	batchSize×seqLen×inputSize
输出张量(output)	seqLen × batchSize × (dirNum × hiddenSize)	batchSize × seqLen × (dirNum × hiddenSize)

除了 LSTM 层可用以外,仓颉 TensorBoost 还提供了 LSTM 算子,其函数签名如下:

```
func lstm(x: Tensor, hx: Tensor, cx: Tensor, w: Tensor, inputSize: Int64, hiddenSize: Int64,
numLayers: Int64, hasBias: Bool, bidirectional: Bool, DropOut: Float32): (Tensor, Tensor,
Tensor, Tensor, Tensor)
```

其中,w 为初始化权重张量,其余的参数含义可以参考 LSTM 层的定义。该算子的输出为张量组成的元组,其各个张量的含义按照顺序分别如下。

- output：输出张量。
- hN：最终的隐藏状态。
- cN：最终的神经元状态。
- reverse：反向计算时使用的备用张量。
- state：反向计算时使用的随机数生成状态。

注意　在仓颉 TensorBoost 的 0.33.3 版本以来,移除了 LSTM 层的实现,只能使用 LSTM 算子实现。

对于堆叠 LSTM 层,权重的数量是各层权重的数量的总和。需要注意的是,在仓颉 TensorBoost(即 MindSpore 中)由于输入向量和各控制向量的计算都是采用 Dense 层模拟而来的,所以每次计算会多出一个偏置,参数的数量的计算公式如下:

$$ParamNum = 4 \times out \times (in + out + 2) \tag{11-10}$$

11.2.2　序列数据的表示方法

航班的载客量(见图 11-12)就是一种典型的序列数据,序列中的元素按顺序排列,并且存在一定的规律。

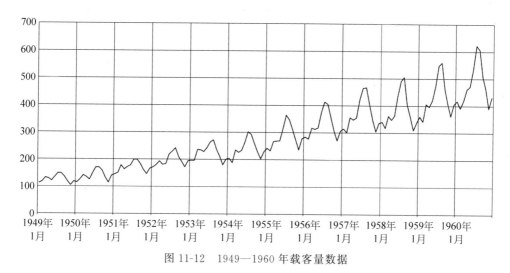

图 11-12　1949—1960 年载客量数据

图 11-12 中展现了某个航空公司从 1949 年 1 月到 1960 年 12 月（共 144 个月）期间每个月的载客量数据（单位：千人）。本节通过 LSTM 学习这个序列中的规律，并实现预测航班载客量的能力。由于训练样本量很小，所以直接将这些载客量数据以数组的形式写在程序之中。另外，为了能够使神经网络更快收敛，同时提高泛化能力，所以需要对这些数据进行归一化，公式如下：

$$normalized = \frac{value - min}{max - min} \qquad (11-11)$$

定义 Passenger 类，通过 data 数组存储原始的载客量数据。在构造函数中，将载客量数据进行归一化，并存储在 passengers 张量中，代码如下：

```
class Passenger {
    //乘客数据总体序列
    let data    = [112, 118, 132, 129, 121, 135, 148, 148, 136, 119,
        104, 118, 115, 126, 141, 135, 125, 149, 170, 170, 158, 133,
        114, 140, 145, 150, 178, 163, 172, 178, 199, 199, 184, 162,
        146, 166, 171, 180, 193, 181, 183, 218, 230, 242, 209, 191,
        172, 194, 196, 196, 236, 235, 229, 243, 264, 272, 237, 211,
        180, 201, 204, 188, 235, 227, 234, 264, 302, 293, 259, 229,
        203, 229, 242, 233, 267, 269, 270, 315, 364, 347, 312, 274,
        237, 278, 284, 277, 317, 313, 318, 374, 413, 405, 355, 306,
        271, 306, 315, 301, 356, 348, 355, 422, 465, 467, 404, 347,
        305, 336, 340, 318, 362, 348, 363, 435, 491, 505, 404, 359,
        310, 337, 360, 342, 406, 396, 420, 472, 548, 559, 463, 407,
        362, 405, 417, 391, 419, 461, 472, 535, 622, 606, 508, 461,
        390, 432]
    //经过归一化的乘客数据总体序列
    var passengers : Tensor

    //构造函数,归一化乘客总体序列
    init() {
```

```
        //乘客数据
        passengers = Tensor(data, shape : [data.size], dtype: FLOAT32)
        //归一化
        let min = reduceMin(passengers).toScalar<Float32>()
        let max = reduceMax(passengers).toScalar<Float32>()
        passengers = (passengers - min) / (max - min)
    }
}
```

虽然在实际应用中 LSTM 对输入序列的长度没有要求,但是训练 LSTM 时需要固定序列长度,这是为了能够更好地应用反向传播算法。可以将这拥有 144 个元素的序列拆分为 134 个子序列,其中每个子序列中包含了 11 个元素,作为训练样本。在每个样本中,前面 10 个元素作为样本特征,最后一个元素作为样本结论,即通过前面 10 个月的载客量预测其后 1 个月的载客量,如图 11-13 所示。

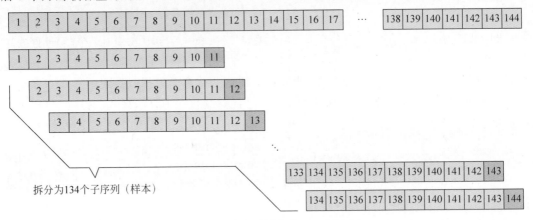

图 11-13　将序列拆分为 134 个样本

由于样本量很小,将 134 个样本作为训练样本,同时也作为验证样本。在 Passenger 类中,定义 getData 和 getTestData 函数,分别用于获取小批量样本(作为训练样本)和获取所有样本(作为验证样本),代码如下:

```
class Passenger {
    ...

    //通过 batch 中各个序列的起始位置得到子序列,并形成小批量
    func getData(batch : ArrayList<Int64>) : (Tensor , Tensor){

        let seq = ArrayList<Tensor>()
        let res = ArrayList<Tensor>()
        for (index in batch) {
            seq.append(reshape(slice(passengers, [index], [10]), [10, 1]))
            res.append(slice(passengers, [index + 10], [1]))
        }
        //通过 stack 将所有的子序列组合为一个张量(小批量)
        //通过 transpose 将小批量的维度和序列的维度调换
```

```
        let seq_tensor = transpose(stack(Array<Tensor>(seq)), [1, 0, 2])
        let res_tessor = stack(Array<Tensor>(res))
        return (seq_tensor, res_tessor)
    }

    //获取所有的子序列,用于测试 MSE 损失
    func getTestData() : (Tensor , Tensor){

        let seq = ArrayList<Tensor>()
        let res = ArrayList<Tensor>()
        for (i in 0..(data.size - 10)) {
            seq.append(reshape(slice(passengers, [i], [10]), [10, 1]))
            res.append(slice(passengers, [i + 10], [1]))
        }
        let seq_tensor = transpose(stack(Array<Tensor>(seq)), [1, 0, 2])
        let res_tessor = stack(Array<Tensor>(res))
        return (seq_tensor, res_tessor)
    }
}
```

通过 slice 算子可以将序列拆分为若干个子序列。由于样本输入的特征数量只有一个,
所以需要通过 reshape 算子将输入序列的最后一个维度设置为 1。另外,在默认情况下输入
序列的第 2 个维度表示小批量大小,所以还需要通过 transpose 算子进行维度变换。

下面进行简单测试,创建乘客数据集对象并获取全部样本的样本序列和样本结果,代码
如下:

```
//创建乘客数据集对象
let passenger = Passenger()
let (seq, res) = passenger.getTestData()
println(seq.getShape())
println(res.getShape())
```

上述代码的输出结果如下:

```
[10, 134, 1]
[134, 1]
```

张量 seq 可以直接作为 LSTM 层的输入张量,并可对其输出结果进行处理,然后和张
量 res 进行比对,计算损失函数并反向传播,进行模型训练。11.2.3 节将创建包含 LSTM
层的神经网络并对上述数据进行处理,实现载客量的预测。

11.2.3 预测航班载客量的实现

本节通过堆叠 LSTM 对航班载客量进行预测。

1. 定义网络结构

将堆叠 LSTM 设定为 2 层并且将其输出特征维度设定为 256,然后通过全连接层对其
进行处理,得到最终的预测结果。首先,定义 4 个全局变量,代码如下:

```
//LSTM 输出特征维度(隐藏单元状态的维度)
let lstm_hidden_dim = 256
//LSTM 层次
let lstm_layer_num = 2
//总序列长度
let sequence_length_sum = 144
//序列长度
let sequence_length = 10
```

然后,定义神经网络 Network,代码如下:

```
@OptDifferentiable
struct Network {
    let output: Dense              //输出层

    //LSTM 参数
    //堆叠 2 层的 LSTM 中每层参数的数量
    //第 1 层:(1 + 256 + 2) * 256 * 4 = 265216
    //第 2 层:(256 + 256 + 2) * 256 * 4 = 526336
    let w = parameter(randomNormalTensor([791552, 1, 1], dtype: FLOAT32), "weight")
    //初始化各层的神经元
    init() {
        //输出(全连接)层
        output = Dense(lstm_hidden_dim, 1,
                RandomNormalInitializer(sigma: 0.3))
    }

    //神经网络数据流
    @Differentiable
    operator func ()(data: Tensor, c0 : Tensor, h0 : Tensor): Tensor {
        //LSTM 计算
        let (out, h, c, m, n) = lstm(data, h0, c0, w, 1, 256, 2,
                    true, false, 0.0)
        //取得序列在 LSTM 计算中最后一次输出
        var res = unstack(out, axis : 0)
        //最后一次输出参与全连接层计算并输出
        res[9] |> this.output //9 代表序列长度减 1,即 sequence_length - 1
    }
}
```

由于 lstm 计算的输出中包含了其中各层 LSTM 单元的输出结果,但我们只需最后一层的输出结果,所以可通过 untack 算子对结果进行拆分,取得最后一个 LSTM 层的输出,参与全连接层的处理并输出结果,整个过程如图 11-14 所示。

对于第 1 层 LSTM,输入特征数量为 1,输出特征数量为 256,因此其参数数量为

$$\text{ParamNum}^{(1)} = 4 \times 256 \times (1 + 256 + 2) = 265\,216 \tag{11-12}$$

对于第 2 层 LSTM,输入特征数量为 256(第 1 层 LSTM 的输出特征数量),输出特征数量为 256,因此其参数数量为

$$\text{ParamNum}^{(1)} = 4 \times 256 \times (256 + 256 + 2) = 526\,336 \tag{11-13}$$

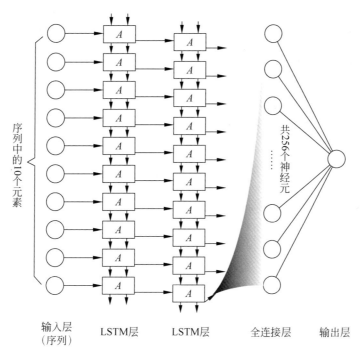

图 11-14 预测航班载客量的神经网络结构

对于最后一个全连接层,其权重数量为 256,偏置数量为 1,共 257 个参数。综上,该神经网络的总参数数量为 791 809,已经具有相当的复杂度了。

2. 实现神经网络的前馈计算和反向传播

首先,实现神经网络的前馈计算,代码如下:

```
//前馈计算代价函数的值
@Differentiable[except: [sequence, res, c0, h0]]
func loss(network : Network, sequence : Tensor, res: Tensor, c0: Tensor, h0: Tensor)
{
    //前馈计算
    var output = network(sequence, c0, h0)
    //计算 MSE 代价函数的值
    let loss = reduceMean((output - res) * (output - res))
    return loss
}
```

这里使用 MSE 作为损失函数。与之前所介绍的神经网络类似,只不过该神经网络的前馈计算还需要传入 LSTM 的神经元状态和隐藏状态张量 c0 和 h0。

然后,实现神经网络的反向传播计算函数 gradient,代码如下:

```
//反向传播计算梯度
func gradient(network : Network, sequence : Tensor, res: Tensor)
{
    //初始化神经元状态
```

```
        let c0 = zerosTensor([lstm_layer_num, batch_size, lstm_hidden_dim])
        //初始化隐藏状态
        let h0 = zerosTensor([lstm_layer_num, batch_size, lstm_hidden_dim])

        //获得 loss 函数的伴随函数
        var lossAdj = @AdjointOf(loss)
        //求得反向传播器 backward_prop
        var (value, backward_prop) = lossAdj(network, sequence, res, c0, h0)
        value.evaluate()
        //求得梯度值
        return backward_prop(onesLike(value))
    }
```

将神经元状态和隐藏状态的元素值均初始化为 0,其形状符合 LSTM 层的要求,然后通过仓颉的自动微分特性求解神经网络中各个参数的梯度。

3. 对验证样本进行测试

实现神经网络对某个样本的预测函数 test,用于对验证数据集进行处理,测试 MSE 损失,代码如下:

```
func test(network: Network, seq : Tensor, res : Tensor) {
    //初始化神经元状态
    let c0 = zerosTensor([lstm_layer_num,
            sequence_length_sum − sequence_length, lstm_hidden_dim])
    //初始化隐藏状态
    let h0 = zerosTensor([lstm_layer_num,
            sequence_length_sum − sequence_length, lstm_hidden_dim])
    let output = network(seq, c0, h0)
    let loss = reduceMean((output − res) * (output − res))
    println("Loss: ${loss.evaluate().toScalar<Float32>()}")
}
```

4. 训练神经网络

首先,定义超参数的全局变量,代码如下:

```
//超参数的定义
let epoch = 1500i32          //训练轮数
let batch_size = 20          //小批量大小
let lr = 0.001f32            //学习率
```

这些超参数可以在随后进行调整,从而使神经网络更快且更好收敛。

实现训练并测试神经网络的 main 函数,代码如下:

```
main() {
    //创建乘客数据集对象
    let passenger = Passenger()
    //创建含有双层 LSTM 的神经网络
    var network = Network()
    //创建优化器对象
    var optim: AdamOptimizer<Network> = AdamOptimizer<Network>(network, learningRate : lr)
    //输出超参数信息
```

```
println("epoch : ${epoch}, batch_size : ${batch_size}, eta : ${lr}")

//开始训练
for (e in 1..epoch + 1) {
    //生成小批量
    let batches = batches(134, batch_size)
    //遍历小批量
    for (batch in batches) {
        //将小批量数据读取到 seq 和 res 中
        let (seq, res) = passenger.getData(batch)
        //反向传播,求解梯度
        var gradient = gradient(network, seq, res)
        //将梯度传递给优化器,更新权重和偏置参数
        optim.update(gradient)
    }
    //通过验证数据集检验精度
    if (e % 100 == 0) {
        print("Epoch : ${e}\n")
        let (seq, res) = passenger.getTestData()
        test(network, seq, res)
    }
}

}
```

训练方法和之前介绍的神经网络是类似的,这里不再赘述。编译并运行程序,输出的结果如下:

```
epoch : 1500, batch_size : 20, eta : 0.001000
Epoch : 100
Loss: 0.002645
Epoch : 200
Loss: 0.002078
Epoch : 300
Loss: 0.001000
Epoch : 400
Loss: 0.000527
...
Epoch : 1300
Loss: 0.000096
Epoch : 1400
Loss: 0.000160
Epoch : 1500
Loss: 0.000048
```

可见,经过 400 轮的训练后,其损失值就已经降低到 0.001 以下。经过 1000 轮次左右就可以将损失值降低到 0.0001 以下了。将各个验证样本的预测数据导出后可以发现其预测结果已经能够很好地拟合真实情况了,如图 11-15 所示。

取得 1960 年的预测结果,可以更加清楚地观察预测值和真实值之间的差异,如图 11-16 所示。

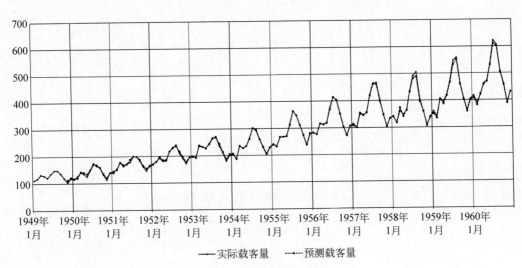

图 11-15　航班载客量预测结果

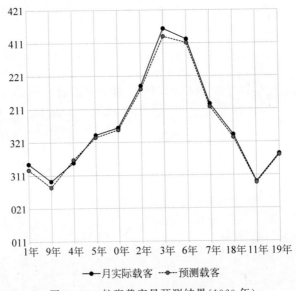

图 11-16　航班载客量预测结果(1960 年)

从上面的例子可以看出,LSTM 对于处理序列具有优秀的处理和分析能力,但是在本例中数据量太小,所以很可能存在过拟合现象,此时可以通过 DropOut 层及提高样本量的方法进行改进。

11.3　本章小结

本章介绍了循环神经网络和长短期记忆网络(LSTM)的基本用法。RNN 基本结构为序列数据的处理提供了基本思路,而 LSTM 更具有实用性。LSTM 是 RNN 的变体,而

LSTM 也拥有众多变体,如 BiLSTM、Tree-LSTM、GS-LSTM 等,还有将 LSTM 和 CNN 相结合的 LSTM-CNN 应用模型。对于解决复杂的序列问题,LSTM 具有更好的表现。目前,RNN 的绝大多数成果离不开 LSTM 的支持,LSTM 已经广泛地应用在文本分析和预测、语音识别、机器控制等领域,成为深度学习中的璀璨明珠。

11.4 习题

1. 简述 LSTM 中遗忘门、输入门和输出门的作用。
2. 通过 LSTM 拟合正弦曲线。
3. 通过 LSTM 进行文本分析,对语言段落进行情感分析。

附录 A

张量的操作符重载

张量的操作符重载如表 A-1 所示。

表 A-1　张量的操作符重载

操作符	等价的算子	描　　述
—	neg(input1)	所有元素取相反数
+	add(input1，input2)	所有元素对应相加
—	sub(input1，input2)	所有元素对应相减
*	mul(input1，input2)	所有元素对应相乘
/	realDiv(input1，input2)	所有元素对应相除
<	less(input1，input2)	小于(比较结果为 BOOL 类型张量,下同)
<=	lessEqual(input1，input2)	小于或等于
>	greater(input1，input2)	大于
>=	greaterEqual(input1，input2)	大于或等于
==	equal(input1，input2)	等于
!=	notEqual(input1，input2)	不等于
[]	getTupleItem(input：Tensor,index：Int64)	获取张量元组中的某个张量
** 2.0	square(input1)	平方
** 0.5	sqrt(input1)	开方
**	pow(input1，input2)	幂运算(除平方、开方外)

注：对于双目操作符,当左操作数为 0 阶张量(标量)时,操作符重载支持 Float16、Float32、Float64、Int32 类型。

图 书 推 荐

书　　名	作　　者
仓颉语言实战(微课视频版)	张磊
仓颉语言核心编程——入门、进阶与实战	徐礼文
仓颉语言程序设计	董昱
仓颉程序设计语言	刘安战
仓颉语言元编程	张磊
仓颉语言极速入门——UI 全场景实战	张云波
HarmonyOS 移动应用开发(ArkTS 版)	刘安战、余雨萍、陈争艳 等
公有云安全实践(AWS 版·微课视频版)	陈涛、陈庭暄
Vue＋Spring Boot 前后端分离开发实战(第 2 版·微课视频版)	贾志杰
TypeScript 框架开发实践(微课视频版)	曾振中
精讲 MySQL 复杂查询	张方兴
Kubernetes API Server 源码分析与扩展开发(微课视频版)	张海龙
编译器之旅——打造自己的编程语言(微课视频版)	于东亮
Spring Boot＋Vue.js＋uni-app 全栈开发	夏运虎、姚晓峰
Selenium 3 自动化测试——从 Python 基础到框架封装实战(微课视频版)	栗任龙
Unity 编辑器开发与拓展	张寿昆
跟我一起学 uni-app——从零基础到项目上线(微课视频版)	陈斯佳
Python Streamlit 从入门到实战——快速构建机器学习和数据科学 Web 应用(微课视频版)	王鑫
Java 项目实战——深入理解大型互联网企业通用技术(基础篇)	廖志伟
Java 项目实战——深入理解大型互联网企业通用技术(进阶篇)	廖志伟
深度探索 Vue.js——原理剖析与实战应用	张云鹏
前端三剑客——HTML5＋CSS3＋JavaScript 从入门到实战	贾志杰
剑指大前端全栈工程师	贾志杰、史广、赵东彦
JavaScript 修炼之路	张云鹏、戚爱斌
JavaScript 基础语法详解	张旭乾
Flink 原理深入与编程实战——Scala＋Java(微课视频版)	辛立伟
Spark 原理深入与编程实战(微课视频版)	辛立伟、张帆、张会娟
PySpark 原理深入与编程实战(微课视频版)	辛立伟、辛雨桐
HarmonyOS 应用开发实战(JavaScript 版)	徐礼文
HarmonyOS 原子化服务卡片原理与实战	李洋
鸿蒙操作系统开发入门经典	徐礼文
鸿蒙应用程序开发	董昱
鸿蒙操作系统应用开发实践	陈美汝、郑森文、武延军、吴敬征
HarmonyOS 移动应用开发	刘安战、余雨萍、李勇军 等
HarmonyOS App 开发从 0 到 1	张诏添、李凯杰
Android Runtime 源码解析	史宁宁
恶意代码逆向分析基础详解	刘晓阳
网络攻防中的匿名链路设计与实现	杨昌家
深度探索 Go 语言——对象模型与 runtime 的原理、特性及应用	封幼林
深入理解 Go 语言	刘丹冰
Spring Boot 3.0 开发实战	李西明、陈立为

书　名	作　者
编程改变生活——用 PySide6/PyQt6 创建 GUI 程序(基础篇·微课视频版)	邢世通
编程改变生活——用 PySide6/PyQt6 创建 GUI 程序(进阶篇·微课视频版)	邢世通
编程改变生活——用 Python 提升你的能力(基础篇·微课视频版)	邢世通
编程改变生活——用 Python 提升你的能力(进阶篇·微课视频版)	邢世通
Python 量化交易实战——使用 vn.py 构建交易系统	欧阳鹏程
Python 从入门到全栈开发	钱超
Python 全栈开发——基础入门	夏正东
Python 全栈开发——高阶编程	夏正东
Python 全栈开发——数据分析	夏正东
Python 编程与科学计算(微课视频版)	李志远、黄化人、姚明菊 等
Python 数据分析实战——从 Excel 轻松入门 Pandas	曾贤志
Python 概率统计	李爽
Python 数据分析从 0 到 1	邓立文、俞心宇、牛瑶
Python 游戏编程项目开发实战	李志远
Java 多线程并发体系实战(微课视频版)	刘宁萌
从数据科学看懂数字化转型——数据如何改变世界	刘通
Flutter 组件精讲与实战	赵龙
Flutter 组件详解与实战	[加]王浩然(Bradley Wang)
Dart 语言实战——基于 Flutter 框架的程序开发(第 2 版)	亢少军
Dart 语言实战——基于 Angular 框架的 Web 开发	刘仕文
IntelliJ IDEA 软件开发与应用	乔国辉
FFmpeg 入门详解——音视频原理及应用	梅会东
FFmpeg 入门详解——SDK 二次开发与直播美颜原理及应用	梅会东
FFmpeg 入门详解——流媒体直播原理及应用	梅会东
FFmpeg 入门详解——命令行与音视频特效原理及应用	梅会东
FFmpeg 入门详解——音视频流媒体播放器原理及应用	梅会东
FFmpeg 入门详解——视频监控与 ONVIF+GB28181 原理及应用	梅会东
Python Web 数据分析可视化——基于 Django 框架的开发实战	韩伟、赵盼
Python 玩转数学问题——轻松学习 NumPy、SciPy 和 Matplotlib	张骞
Pandas 通关实战	黄福星
深入浅出 Power Query M 语言	黄福星
深入浅出 DAX——Excel Power Pivot 和 Power BI 高效数据分析	黄福星
从 Excel 到 Python 数据分析：Pandas、xlwings、openpyxl、Matplotlib 的交互与应用	黄福星
云原生开发实践	高尚衡
云计算管理配置与实战	杨昌家
虚拟化 KVM 极速入门	陈涛
虚拟化 KVM 进阶实践	陈涛
HarmonyOS 从入门到精通 40 例	戈帅
OpenHarmony 轻量系统从入门到精通 50 例	戈帅
AR Foundation 增强现实开发实战(ARKit 版)	汪祥春
AR Foundation 增强现实开发实战(ARCore 版)	汪祥春